江南大学产品创意与文化研究中心
中央高校基本科研业务费专项资金（2019JDZD02）专项资助

Urban Public Space as Social Media

# 作为社会介质的城市公共空间

魏娜◎著

中国建筑工业出版社

**图书在版编目（CIP）数据**

作为社会介质的城市公共空间／魏娜著. —北京：中国建筑工业出版社，2019.11
ISBN 978-7-112-24215-3

Ⅰ. ① 作… Ⅱ. ① 魏… Ⅲ. ① 城市空间–公共空间–空间规划–研究 Ⅳ. ① TU984.11

中国版本图书馆CIP数据核字（2019）第205202号

责任编辑：贺 伟 吴 绫 李东禧
书籍设计：锋尚设计
责任校对：王 瑞

**作为社会介质的城市公共空间**
魏娜 著
*
中国建筑工业出版社出版、发行（北京海淀三里河路9号）
各地新华书店、建筑书店经销
北京锋尚制版有限公司制版
北京中科印刷有限公司印刷
*
开本：787×1092毫米 1/16 印张：16½ 字数：292千字
2019年11月第一版 2019年11月第一次印刷
定价：79.00元
ISBN 978-7-112-24215-3
（34708）

# 序

和魏娜博士认识并有幸成为她的博士研究导师的过程颇有些戏剧性，原本环境艺术和建筑背景的她申请研修的并非我的研究方向。阴差阳错中，魏娜不仅仅成为我在江南大学招收的第一批博士生中的一个，而且在不少人看似并不合理的学术组合也恰恰是我希望有的结果，因为这样的“跨界”正好符合了博士教育培养独立学者而非学习某个特定领域专业知识的教育本义和特征。《作为社会介质的城市公共空间》就是魏娜在其博士研究期间所取得的学术成果，其选题并没有依托我的任何科研课题，理论总结也没有参照我的任何研究成果，都是魏娜博士本人，在充分观察、调研和实践的基础上，经过反思和哲学抽象所获得的独立研究成果。作为导师，我需要做的则是帮助她了解和逐渐掌握哲学抽象的一般规律，协助她定义研究问题、选择研究方法、提炼研究成果，并陪伴她走过一段充满挑战而又富于启思性的成长旅程。

鉴于其本科和硕士的学习背景和工作经历，魏娜博士选择了城市公共空间设计作为其关注的重点。研究之初，她尝试从诸多公共空间实际使用情况和设计初衷不相吻合的现象中，寻找公共空间设计方法的创新和突破，其研究目标在方法层面有一定的现实意义，但问题本身仍然是如何解决一个实效性的问题（question）。在调研了国内外百余个城市公共空间后，魏娜意识到公共空间在不同历史时期、不同文化背景下都有着不同的社会作用和相应的理论解读，其研究开始转为重新理解公共空间属性和意义，她开始尝试质疑（questioning）人们对公共空间这一概念的认知，也就是建立理论冲突（problem）的博士开题。从解决实效性的问题到先破后立的理论建构过程正是哲学博士（PhD）教育的一个核心目标。

受布鲁默符号互动论和杜威经验主义哲学的启发，魏娜博士尝试从公共空间对社会关系建构作用的角度，定义并系统阐述了公共空间的载体、渠道和角色属性。从社会介质角度对公共空间的属性分析，既不同于以侧重物理特征为主的传统城市形态学或建筑与城市设计视角，也有别于关注空间对个体行为或群体生活如何产生影响的空间行为学或社会生态学视角，它是从公共空间如何成为建立联系和新型社会关系的载体和渠道的角度，重新认识公共空间的另一种哲学本体特征。当空间成为社会关系介质的时候，其本身也具备了一定角色属性。基于对公共空间属性的重新解读，魏娜博士用“MCEM: Material Base-Connection-Engagement-Meaning物质基础-连接-参与-意义”模型为公共空间设计提供了一个全新的理论框架。在这一模型里，空间的物理属性是社会互动的基础条件，在此基础上，空间可以承担的社会功能包括提供人们在空间里建立联系的不同渠道和可能性（连接类型），参与社会互动的不同形式（参与方式），以及由此可能产生的社会意义。有别于传统的空间设计，当连接类型、参与方式以及社会意义成为公共空间设计中的关键决策内容的时候，公共空间的社会介质特征就得到了充分的体现，连接的效率、参与方式的合理性以及社会意义的价值取向都成为公共空间设计的新的设计原则。

虽然学术界对公共空间有不同的解读，魏娜博士对公共空间作为社会介质的理念探索，既不只是概念的不同表述，也并非要否定过去任何一种公共空间研究的成果，而是新的技术条件支撑下不同社会群体，尤其是新时代多元生活方式相互融合和共同成长新的社会需求牵引下，重新思考公共空间属性、社会功能以及意义实现过程的必然。作为社会介质的公共空间理论虽然尚待完善，但却为我们在新的社会、技术和商业条件下重新认识公共空间、重新建构公共空间设计方法提供了新的思路和启发。

感谢魏娜博士让我有机会和她一起探索、合作研究和共同进步！

辛向阳

XXY Innovation 创始人

# 目录

## 第三章

## 公共空间的社会介质属性研究



## 第四章

## 作为社会介质的公共空间构成要素

# 绪论

人的行为是客观条件制约下人对环境感知的一种反应，立足于行为的视角可以更好地审视人与环境之间的关系①。通过行为的空间结果来解构物理空间、社会空间形成的机制，便可剖析空间对人社会行为的制约及在这种制约下形成的行为决策。

## 1　同一公共空间对不同人的意义

无锡市作为中国最发达城市群之一的长三角地区的经济发达城市，数十年来始终站在科学发展、和谐发展的战略高度，以创建国家生态园林城市为目标，全面推进“绿色无锡”的建设。根据无锡市规划设计研究院公开发表的报告显示②，2001～2015年15年间，无锡城市绿地率、城市覆盖率逐年增长。至2015年年底，市区建成区绿化覆盖率达到42.98%，人均公园绿地面积超过14.91平方米，如图0-1所示。同时，根据无锡市公园绿地十分钟服务圈规划的问卷调查结果显示，参加调查的无锡市民对

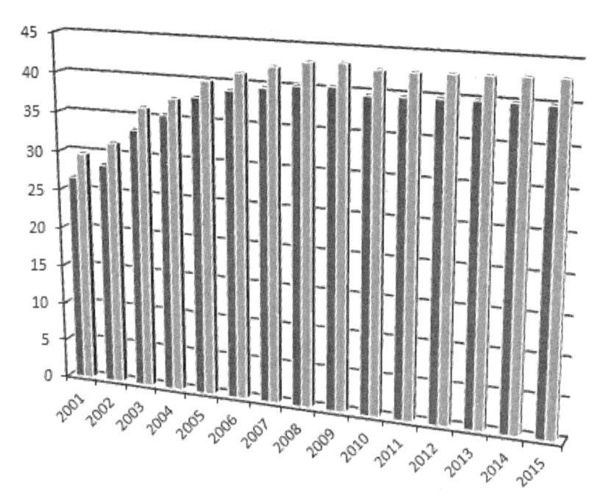


图0-1　无锡市绿地覆盖率
（图片来源：无锡市规划设计研究院）

---

① 柴彦威．中国城市老年人的活动空间［M］．北京：科学出版社，2010，8.

② 任夏婧．以人为本、提质增效——共建满足人民美好需要的公园绿地十分钟服务圈［EB/OL］．［2017-12-25］. http://mp.weixin.qq.com/s?__biz=MzAwMTg0ODczMw==&mid=2247484842&idx=1&sn=cd99581f1aa34ebfbdd84a291fed6931&chksm=9ad22158ada5a84e0f7db41dd729777ee2ff9720911046d611e19e26daddb1bc71db996faa0f&mpshare=1&scene=23&srcid=0315t3ZVQYLnMJgMWimZDXne#rd.

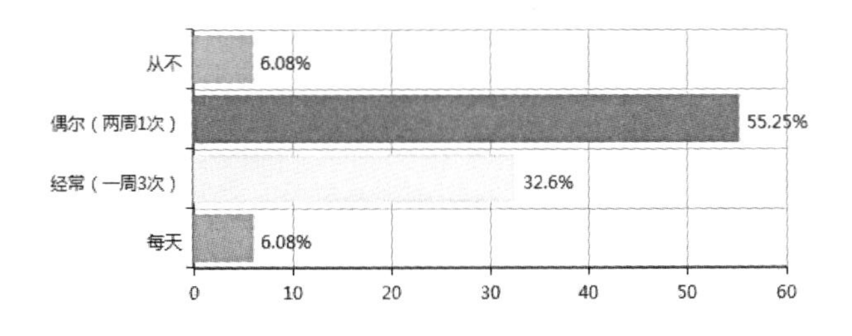


图0-2 无锡市民去公园绿地的频率
（图片来源：无锡市规划设计研究院）

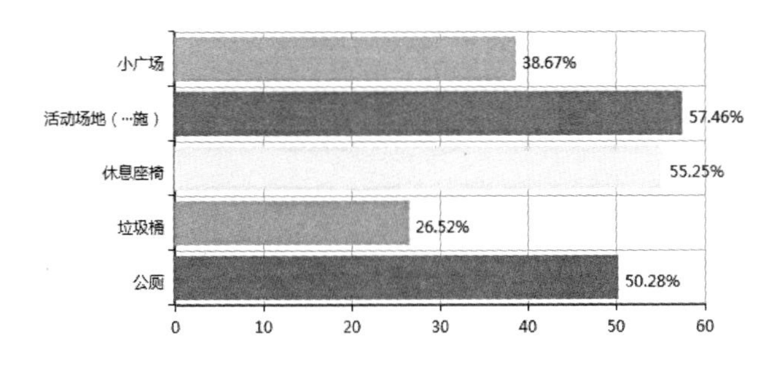


图0-3 无锡市民对于公园绿地内增加项目的需求
（图片来源：无锡市规划设计研究院）

于公园绿地使用率高、需求度大、关注度强，对未来公园绿地的规划建设有很高期待。在该调查问卷结果中显示，无锡市民去公园的频率为（图0–2）：6.08%的被调查者每天去公园绿地；32.6%的被调查者经常去公园绿地，一周三次以上频率；55.25%的被调查者偶尔去公园绿地，两周一次左右频率；还有6.08%的被调查者从不去公园绿地。该调查问卷还搜集了无锡市民对于公园绿地内希望增加的项目。从结果显示（图0–3），57.46%的被调查者希望增加活动场地，包括健身场地及设施；55.25%的被调查者希望增加休息座椅；50.28%的被调查者希望增加公共厕所。从该问卷调查的结果来看，无锡市虽然已有了面积充裕的公园绿地空间，人们的使用频率也较高，但人们对于公园绿地这类公共空间的需求程度依然保持很高的要求。

城市公共空间是否只有在满足基础设施的前提下才能提升使用者的满意度？带着这个问题，笔者从无锡城市公共空间实例开始调研，在调研过程中发现以下两个典型案例。

（1）无锡城中公园

首先是占地面积50亩（约合0.33平方公里）的位于无锡老城中心区的城中公园。其于1905年由无锡各界民众出资建设，始称“锡金公花园”，俗称“公花园”，后称“无锡公园”，中华人民共和国成立后一直称“城中公园”，是近代无锡工商城市的一个文化标志，也是我国最早的近代公园，有华夏第一公园的美誉。一百年来，城中公园（无锡公花园）始终不收门票，对公众免费开放，体现出近代公园公众性、平民性的特征。然而随着城市商业化的建设，城中公园的周边环境被不断侵蚀，公园面积在逐年缩减，周边环境杂乱无章，毫无秩序感与美感。但在调研过程中，笔者却发现，该公园充满人气，每天都有众多老年人聚集于此，进行下棋会友、锻炼身体、喝茶聊天等社交活动（图0–4）。城中公园看似杂乱的和缺乏基础设施的物理空间下究竟是什么吸引了老年人去活动呢？

（2）无锡锡惠公园及锡惠大桥桥底空间

锡惠公园坐落于无锡市北塘区惠山古镇，以锡山、惠山命名，是无锡市具有传统历史的老公园，地理位置便利，公共交通发达。笔者在该处调研时发现，每天从6点起这里便聚集了大量的老年人，他们多以社团形式聚集于此，进行体育锻炼，如打太极拳、跳各类群体性舞蹈、大合唱排练等，一年365天除去周末时间和天气恶劣情况，大部分老年人每天都到此参与活动。从图0–5中照片可以看出，老年人充分利用自己的主观能动性，对公共空间场地进行改造，以达到他们使用的目的。在常人眼中，一个看似平常普通的老公园，为何会吸引如此众多的老年人前来参与活动？公共

图0–4 无锡市城中公园老年人活动

图0-5　无锡市锡惠公园老年人活动

空间对于老年人来说具有特殊而重要的意义。他们在公共空间中的活动不仅仅受物理环境的影响，同时还受到其他因素的影响，例如个人经历、个人偏好、活动类型与方式等因素都会对他们选择公共空间产生制约作用。因此，我们需要从一个更为全面和宏观的角度出发来看待人们对于公共空间的选择，思考公共空间对于不同人具有的不同意义。

## 2　设计现状的不合理

（1）公共空间的使用人群矛盾已经显化

1）老年人对公共空间的使用

随着中国老年人人口数量的急剧增长以及老年人收入水平和生活质量的提升，越来越多的老年人愿意走出家门到公共空间中参加社团活动、锻炼身体等户外活动。老年人已经成为中国城市公共空间中最常见的使用主体。但这群特殊人群在公共空间中的行为活动又具有非常明显的年龄特征，他们的行为需求与公共空间设计之初的功能布局并不能很好地结合与协调统一。两者之间的矛盾日益显现。例如，近些年来经常发生老年人的户外活动噪声过大影响周边居民正常生活的新闻。其中的广场舞问题，几乎已经成为一种中国城市病。香港屯门公园在2006年5月13日曾因老年人的歌舞活动引发官民冲突，一名老翁因此不幸死去。随后香港政府及媒体判定他们的活动为噪声，政府更施以限制①。同时，公共空间中的设施种类单一，无法适应老年人的使用也是眼下一个比较突出的问题。笔者在调研中发现，不少老人在公共空间中会借助树干锻炼身体，做撞树、压腿等身体锻炼活动，但公共空间的管理者们却对此非常头疼，他们反映，将大树当做健身器材的行为一直屡禁不止，甚至还有过树枝被折断的事件发生，除劝导阻止外，作为公共空间管理者目前也很难找到更好的解决办法。

作为研究者，我们应该思考为何在受到不断的投诉与限制的情况下，老年人仍然热衷于在公共空间中进行表演及参加广场舞等活动？这些广场舞等表演活动对他们的意义究竟是什么？我们为什么不能提供专门的公共空间供老年人使用与娱乐？公共空间的发展与老年人的使用行为之间是否可以找到一条共生发展的路径？

2）中青年人对公共空间的使用

通过调研发现，如今的中青年人已经很少去传统的城市绿地、城市公园游玩。传统的城市公共空间无法满足中青年群体的社会交往活动。那么中青年人究竟去哪里进行公共活动呢？中青年人进行公共活动的地方某种意义来说也是公共空间，只是空间的物质类型未必再是过去传统形式上的城市公园、城市绿地或城市广场。例如，星巴克咖啡店，其在全球范围内受到极大的追逐与热议。在美国纽约曼哈顿，几乎每个街角都能找到它的踪影。而其在中国也快速扩张，从1999年在北京开设中国第一家门店以来已经在中国130多个城市开设了超过3000家门店②。对星巴克来说，中国已成为其发展速度最快、规模最大的海外市场。年轻一代相较于传统的城市公园，更愿意选择去星巴克的原因不仅是因为这里可以买到美味的咖啡，而是星巴克的咖啡店铺能够为人们提供适合交谈的舒适座椅、有品位的文化氛围，以及便捷的无线WIFI网络。同时，星巴克经营的也不仅仅是咖啡饮料，其将咖啡文化、为社会服务等理念也纳入了星巴克的企业文化之中。通过俱乐部的形式，星巴克的店铺会定期或不定期地举办各类关于咖啡文化的

① 郭恩慈．东亚城市空间生产［M］．台北：田园城市文化事业有限公司，2011：52.

② https://www.starbucks.com.cn/about.

沙龙活动；星巴克也会开展企业社会责任项目。自2011年起，星巴克的中国伙伴和志愿者们一共贡献了超过55万小时的社区服务，增进了与社区和顾客的情感联系。

星巴克的流行，让我们看到中青年人对于城市公共空间使用与行为选择的转变。他们更愿意选择那些能为他们提供公共行为交流以及产生社会关系接触点的空间去停留与驻足。传统的城市广场、城市公园已经无法满足他们的行为需求和文化生活。这对研究者和设计者来说，是一个亟待正视与反思的问题。

通过调研发现中国城市公共空间中被老年人占据的现状与青年人、中年人及其他人群对于公共空间的逃离形成了对比与反差。作为面向所有人开放的城市公共空间，其设计的初衷并非是只针对一类人群。但现实的使用情况却反映出城市公共空间无法吸引所有人的使用和参与。在这个以公共著称的场地中，我们并不能看到良好的社会关系的建立。单一使用人群的城市公共空间也限制了社会关系的发生与拓展。人们在公共空间中的行为需求与精神诉求无法得到充分的满足，所以才出现了城市公共空间在使用上的衰落。

（2）第四次工业革命对于公共空间的影响

今天，人类社会已经进入了第四次工业革命的开端。回顾第一次工业革命，从1760年延续至1840年，由铁路建设和蒸汽机的发明开启的第一次工业革命，带领人类社会进入机械生产的时代。第二次工业革命，开始于19世纪60年代后期，结束于20世纪初。这是一次电力发明和生产线的出现，带来大批量规模化生产的革命。第三次工业革命开始于20世纪四五十年代，这次革命被称为计算机革命、数字革命。因为导致这场革命的技术是半导体技术、60年代大型计算机、七八十年代的个人计算机和90年代互联网的发展。第四次工业革命则是在数字革命的基础之上发展起来的①。人类社会已经从机械技术时代、批量生产时代、自动化时代来到了连接一切的时代。这个工业4.0时代是一个将真实与虚拟融合于一体的时代。

城市公共空间如何应对时代的新变化？在克劳斯·施瓦布（Klaus Schwab）所著的《第四次工业革命：转型的力量》中，其指出根据在大数据和虚拟现实技术的影响下，人们可以做出更多更快的决定，有更多有效时间来进行决策的制定，用来创新的开源数据，为城市公民降低复杂性同时提供更多的便利性，等等。在这个大背景之下，越来越多的国家和城市都在发展智慧城市。科技帮助人们实现在任何时候都可以

① （德）施瓦布. 第四次工业革命［M］. 李菁，译. 北京：中信出版社，2016，4.

到达任何地方的可能性，这迫使人们重新思考："在哪里"的意义是什么；为什么今天的我们还需要聚集在公共空间这一实体环境中；设计师如何通过公共空间重新把人们拉回现实生活中；是与技术的完全对抗，还是利用最新的技术，将公共空间与新时代联系起来？答案必然是后者，留给设计师们的机会与可能性依然十分宽广。那些对城市公共空间充满忧虑的担心反而给予我们更强的信念，在保持城市公共空间精髓与初衷不变的基础上，利用最新的科技手段，结合人们的日常生活方式，吸引更多人进入公共空间，将公共空间作为社会连接点而非终点去设计。在工业4.0时代，怀揣以人为中心的设计原则，将传统的城市公共空间物质对象结合人的使用、人的需求，努力融入第四次工业革命的转型之中。

## 3　城市公共空间属性的再诠释

通过对于具有公共特征的空间进行分类练习，如图0-6和图0-7所示，发现这些具有公共特征的空间会根据其属性、意图、目标的不同而进行不同的分类。如

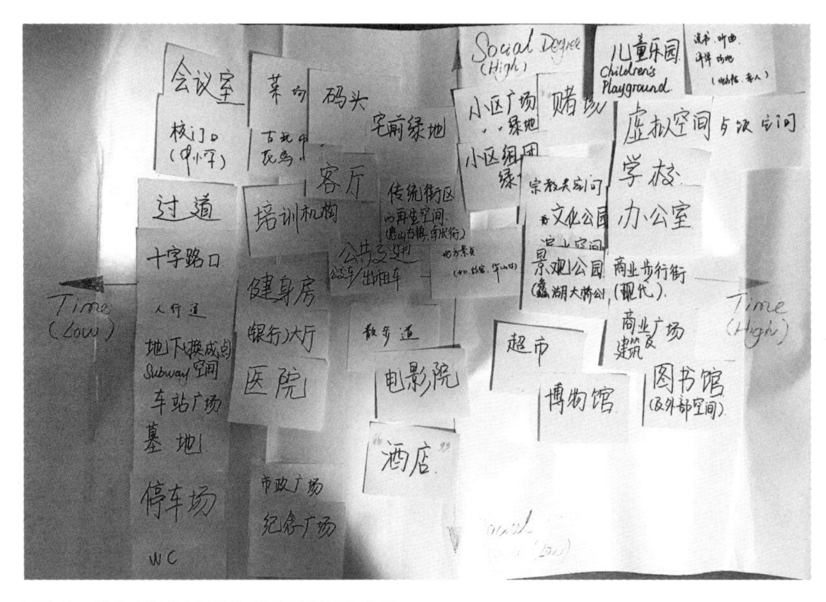


图0-6　公共空间根据时间与社会性维度的分类

图0-6是将公共空间根据时间与社会性维度进行分类，图中表明从时间和社会维度来看，虚拟空间、餐饮空间、图书馆、电影院、酒店房间和健身房都可以成为公共空间。人们会根据时间的多少和社会性的高低来进行公共空间的选择。图0-7则反映了公共空间可以根据不同的使用需求、行为需求来进行不同的分类。从这些分类练习中可以发现，公共空间的属性特征能够通过不同的分类而获得全新的认识与理解。例如，对于学生来说，食堂、澡堂、画室、图书馆、学院教学楼就是他们每天使用的公共空间。而咖啡馆、电影院、练习场、超市则是他们每周都会去的公共空间。过去被我们忽视的公共空间的属性，通过分类练习而重新被激发与重视起来。比如公共空间的社会属性决定了很多传统概念中的公共空间已经不具备了这个属性特征，一些新兴的空间则又具备了公共空间的社会性，是社会关系交融的空间。

(a)

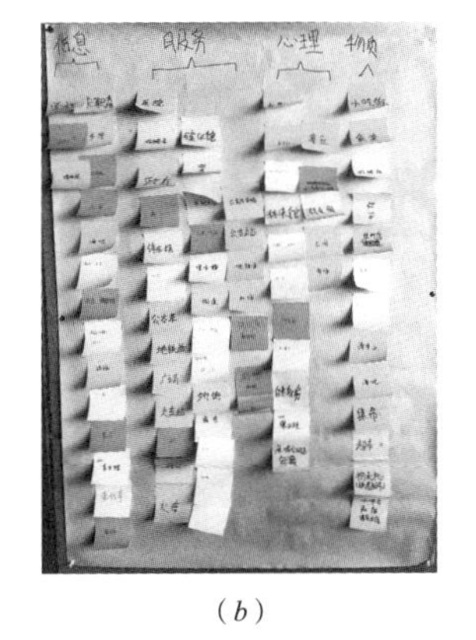

(b)

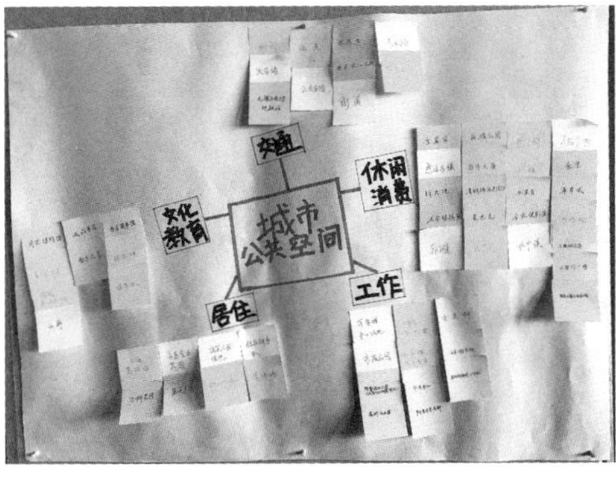


(c)

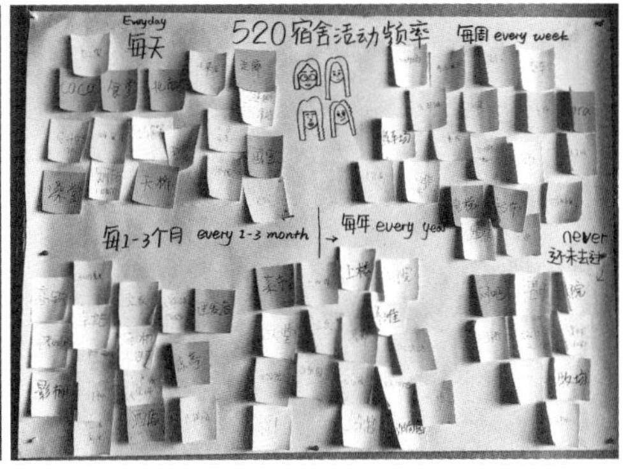


(d)

图0-7　公共空间根据不同属性维度的分类

由此，发现城市公共空间的属性当中有很多特征是被人所忽略的。人们惯常从公共空间传统概念的角度出发去看待它，那些对所有人开放的、能够直接到达的场地就是公共空间。但公共空间除了对所有人开放和能够直接到达外，还具有其他的属性特征，例如特定时间下对人开放、使用频率的高低会影响空间的公共性。以及从社会性的维度看，对社会开放的空间才是公共空间，对社会封闭的空间不能称之为公共空间。

从这些原本被忽视的属性特征中，可以引发人们对于公共空间定义的再思考。公共空间的传统定义已经无法涵盖今天公共空间的类型。从不同的属性维度去思考公共空间，对于公共空间的本体概念研究有着重要的拓展和启示作用。

从公共空间对不同人意义的探索，到公共空间设计现状的不合理，再到公共空间属性的再诠释，本研究的缘起经历了一个由具象到抽象的思考过程。从公共空间实地调研的案例中发现了使用人群的问题，再到重新思考公共空间的属性。笔者发现，对于公共空间的研究并非仅仅针对某类人群就能解决其本体属性的问题。公共空间的研究与设计是一个面对所有人群、所有社会的宏观问题。只有从公共空间本体概念角度去思考，才能解决公共空间的本质问题，吸引所有人群去参与和使用，更好地承担起和谐社会的公共生活。

## 4　研究思路和方法

（1）研究思路

理论基础：

1）布鲁默符号互动论

布鲁默的符号互动论（symbolic interacionism）通过对微观社会过程的研究，对人的社会化、人际互动进行探讨中。互动（interaction）是一种相互的社会行动。互动中人与人之间进行沟通，把行为导向他人[①]。布鲁默对于符号互动和非符号互动做了以下的具体区分，他说："当一个人直接对另一个人的行动做出反应，而不对这种行动

① 胡荣．符号互动论的方法论意义［J］．社会学研究．1989（01）：96，98.

加以解释时，出现的就是非符号互动；符号互动则指一个人对另一个人的动作做出反应，并且对这种动作做出了具体解释。[①]”因此，符号互动的关键在于，人们对于他人行动所做出的一个解释和定义的过程，只有在此基础上，人们才会决定采取何种行动来进行互动。

符号互动论研究的是微观世界的人际互动关系，人的社会化、人际互动是其研究的重点。因此在人们使用公共空间的过程中，存在着两种互动关系。第一种是存在于使用者和公共空间的客体物质对象之间的互动，即人们与空间物质的互动关系，如空间环境、空间设施等公共空间的物质载体与人的互动关系。第二种是存在于公共空间中的使用者之间的互动关系，即人与人之间的互动关系，这种人与人之间的微观互动也就形成了公共空间这一特定场域范围下的社会性符号互动关系。

同时符号互动论把世间一切都看成是变化、运动的一个过程。因此，人的行为是一个变化、动态的过程；社会也是一个变化不定的过程。由此公共空间作为本书研究的对象，不再是一成不变的物质客体，而是一个变化、动态的发展过程。用一个发展的视角去看待公共空间，有助于我们重新理解公共空间的价值与意义。对于瞬息万变的21世纪，城市公共空间的定义与意义随着社会的动态发展而变化。公共空间不再是设计师设计的终点，而是在变化过程的社会互动关系中的一个途径与手段，是人们参与社会互动时的一个社会介质。

将人的互动与行为和环境联系起来，站在互动的视角可以更好地审视人与公共空间之间的关系。通过互动的行为结果来解构城市公共空间的物理空间，分析人的作用和公共空间的社会价值形成机制，进而剖析作为社会介质属性的公共空间对于人行为的制约及影响。

2）杜威经验主义哲学

杜威的经验主义哲学改变了以往对于世界的二元论分析方法。他认为人与动物一样，都是一个“活的生物”。人与动物一样都没有主客体意识，他们与自己的生活环境是结合在一起的连续体。杜威指出人与环境的关系也是一个连续体。人是环境的一部分，环境也是人的一部分[②]。人类的活动是在环境影响下产生的，是与环境中的其他因素互相作用的结果。因此我们无法将环境与人隔离开来研究，如果将人剥离于环

① 布鲁默．论符号互动论的方法论［J］．霍桂桓，译．国外社会学，1996（04）．

② 杜威．艺术即经验［M］．高建平，译．北京：商务印书馆，2005，6．

境，那么环境就变成了对象。杜威还认为人是无法置于环境之外而只能处于环境之中，人不是环境的旁观者，而是参与者。人与公共空间接触才产生了体验。这种体验既有主动的一面，也有被动的一面，它是人与公共空间发生相互作用的产物。作为社会介质的公共空间将人与空间的互动关系联系在一个连续体中，当人与空间相遇的时候，才产生了这种体验。而在这种体验中，即包括了公共空间作用于人所产生的"受"（undergo），也包括人作用于公共空间所产生的"做"（do）。因此体验并不是只有被动的一面，它还有主动的一面。并且，体验是动态而非静态的。在这个动态平衡的过程中，公共空间成了属于人的环境，而人也适应了富有意义的公共空间。

从杜威的哲学观点出发，本研究旨在探讨城市公共空间的体验过程（图0-8）。在这个过程之中，人的活动转变为一个表现行动，而公共空间中的事物：包括各类物质要素则转变成了社会介质和手段、工具。在城市公共空间的"一个体验"之中，汇聚了人与公共空间相互作用的结果，体现了符号互动论的过程。

（2）研究意义

1）理论意义

①为公共空间的研究提供一个以问题为出发点，运用本体研究的视角来解决问题的研究方法。

城市公共空间是人类在城市中进行社会公共性活动的必备场所。我国进入新时代后，城市公共空间的发展随着城市现代化的进步而不断变化，城市公共空间的角色与作用也已发生显著变化。虽然这种变化是客观存在的，但在理论界由于公共空间本质

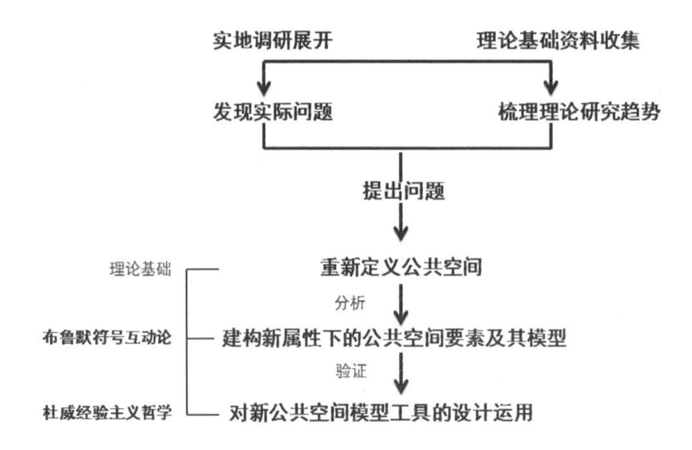


图0-8　研究路径图

和范畴的模糊性与不确定性，学科专业上的交叉特性导致在涉及城市公共空间的设计与发展及研究理论上存在着认知上的分歧。尽管学术界对公共空间的关注逐年增多，但各学科间的研究成果依然较为匮乏。要理解城市公共空间的本质，亟需对其从本体研究视角来进行分析与研究。从纵向角度直面新时代背景下城市公共空间发展的问题，推进城市公共空间设计的理论研究。

②提出城市公共空间设计新属性下的构成要素及其模型

本研究希望能为城市公共空间的设计方法论提供一个扎实而有效的理论研究成果，定义新的城市公共空间概念及属性特征，并建构出相关要素的关系模型，进一步从理论维度出发促进城市公共空间设计方法的理论研究。

2）实践意义

①为城市公共空间的设计与发展的动力提供信息和调查研究的指导。

尽管中国房地产的开发与城市建设已逐步放慢了速度，但对于城市公共空间的设计与改造依然是城市设计者们的兴趣所在。本研究希望能对当前乃至今后社会发展下的城市公共空间的建设发展提供切实有效的理论依据，为设计者和决策者们提供社会变化发展的信息依据。

②为城市公共空间的发展引入市民的参与和社会舆论的监督。

由于环境问题和城市体验质量的关注在不断提高，对城市公共空间规划与建设的争论吸引了公众的注意力。中国的城市公共空间建设不再是单纯的政府职能部门的“面子”工程，市民的参与和社会舆论的监督已成为城市建设发展的方向。本研究旨在研究掌握使用人群的第一手资料，为设计实践提供真实有效的研究数据。

作为曾是人民大众日常生活与信息交流的空间场所，公共空间在第四次工业革命的数字时代下却面临着日渐衰落的困境。针对中国城市公共空间意义缺失的问题，本研究试图从布鲁默符号互动论和杜威经验主义哲学中一元论角度出发，对于公共空间进行本体概念的重新定义。从设计学的角度出发，运用定性研究的方法，辨析出公共空间在新时代背景下的特点，即公共空间具有社会介质的属性特征。运用演绎法，定义公共空间作为社会介质的三个属性特征。归纳作为社会介质的城市公共空间的四个要素，并将四个要素的运行机制进行了建构，提出了MCEM模型工具，分别运用实证法和科学实验法对MCEM模型工具进行了案例研究和应用实例的研究分析。

全书共七个章节，可分为三个部分。

第一部分包括前两章。首先，第一章中根据对无锡本地城市公共空间的初步田野调研法和较为详尽的文献研究法，提出了本研究的研究目标“通过研究新时代背景下公共空间的属性特征，创建一套分析与评估公共空间新的属性特征的模型工具，为学术界提供公共空间研究的新思路、新观点与新方法。”其次，第二章介绍了本研究的研究基础，即城市公共空间必须具备“公共性”特征。总结了公共空间“公共性”研究的历史发展脉络，梳理了三种经典的公共空间“公共性”模型，提出了新时代下的公共空间“公共性”内涵。

第二部分包含第三章、第四章、第五章。首先，在第三章中提出了关于城市公共空间的新定义，即公共空间具有社会介质属性。总结了作为社会介质的公共空间属性特征：载体性、渠道性和角色性。并且归纳了作为社会介质的公共空间的四个要素，即物质基础、连接类型、参与方式和意义的可能性。其次，在第四章中建构了公共空间四要素的运行机制：MCEM模型工具。详细阐述了关于MCEM模型的两种运行机制。最后，在第五章节运用具体的案例分析来进一步解读MCEM模型的两种运行机制在公共空间具体案例中的实际运用。

第三部分为第六章、第七章，通过工作坊的科学实验方法和教学过程中的实际学生设计方案，说明MCEM模型工具如何在设计过程中被运用，同时也验证了MCEM模型工具在公共空间设计中的实践性意义。充分证明了该模型工具的理论可靠性，为公共空间的设计与研究提供了新的方法与视角。

本书通过对城市公共空间的本体研究及具体要素的挖掘和模型工具的建构，指出了城市公共空间具有社会介质属性的特征。本书推进了对于城市公共空间研究的深度与广度，为城市公共空间的研究提供了新的视角与方法。同时，还为设计师和研究者提供了设计与评估城市公共空间的模型工具。作为本体研究的理论探索，为城市公共空间的研究提供了经验和范例，也为其他城市设计类研究提供了有益的参考。

# 第一章

# 新时代背景下的城市公共空间特征

## 1.1 公共空间社会关系特征

公共空间从1889年卡米洛·塞特的研究开始，就一直被视为是发生公民生活的场所，社会性是其最基本的功能属性[①]。芒福德（Mumford）在1960年发表的论文《开放空间的社会功能是将人们聚集在一起》中对于美国城市公共空间的讨论提出“在城市中开放空间的社会功能是将人们汇聚在一起”，“当私人和公共空间被共同设计的时候，在可能的最愉悦条件下，混合与会面有可能会发生”[②]。

我国进入新时代后，城市公共空间的发展随着城市现代化的进步而不断变化，城市公共空间的角色与作用也已发生显著改变。很多原本为所有人群设计的城市公共空间却变成了特定人群使用的场所，这一现状无法体现公共空间是为所有人使用的设计初衷，亦无法将人们汇聚在一起，从而真正意义上实现公共空间的社会功能。要理解城市公共空间中社会功能及社会关系的变化，亟需从纵向角度直面新时代背景下城市公共空间发展的新问题，从而推进城市公共空间设计的理论研究。本书选取以下两个城市公共空间进行对比，一个是地处中国经济核心区的长三角地区之无锡市的历史文化街区，一个是位于美国中西部地区第一大城市芝加哥的经典城市公共空间千禧公园。它们分别代表着中国和美国各具特色的城市公共空间。之所以选择这两个案例，因为近十几年来，中国的城市发展已开始呈现出美国20世纪下半叶以来的蔓延式发展特征，即土地城镇化远快于人口城镇化[③]。将两国的城市公共空间进行对比分析，从中可以窥探出当代中国城市公共空间在社会关系建构中可能发生的作用。

### 1.1.1 无锡市清名桥历史文化街区：被动式新型社会关系的出现

历史文化街区作为城市公共空间的重要组成部分，一直都是国内外城市公共空间建设与改造的重点对象。中国的历史文化街区改造与建设已经展开了有二十年之久，

---

① Matthew Carmona. Contemporary Public Space，Part One：Critique. Journal of Urban Design，2010，15（1）：123.

② Dines N& Cattell V. Public Spaces，Social Relations and Well-being in East London. Bristol：The Policy Press，2006：58.

③ 曹新宇. 社区建成环境和交通行为研究回顾与展望：以美国为鉴［J］. 国际城市规划，2015（4）：46.

在注重商业模式的改进，以发展旅游经济为目标的改造模式发展下，新型社会关系应运而生。笔者以无锡市清名桥历史文化街区为例，分析其作为城市公共空间改造项目与社会关系变迁中存在的关联性。

无锡市清名桥历史文化街区早在2010年就被《大运河（无锡段）遗产保护规划》遴选为重点遗产，进行保护与建设。无锡市早在2007年年底就已经启动了清名桥街区保护性修复工程，希望将清名桥街区打造成"中国大运河申遗的标志性节点"[①]。但作为城市公共空间的一种重要代表，清名桥历史文化街区的改造与建设的方式方法是以空间的功能置换[②]、建筑遗产的保护以及拆除为主，带来新的社会关系，取代过去的传统社会关系。尤其是在清名桥街区中南长街（跨塘桥至清名桥段）的保护、开发模式中迁走原住民，按照城市中产阶级的审美品位改造历史建筑，最后引入中高档消费品牌[③]。以南长街为例，以"慢生活"为特色的文化型商业模式[④]主要吸引的是旅游休闲娱乐品牌。这种商业化的改造模式，一方面改变传统的社会结构和长久形成的邻里关系；另一方面，建立了以商业街区管理为主的旅游、商业、文化、居住多维度关系（图1-1）。虽然过去的原住民几乎都离开了，但这里通过全新的改造方式，吸引了无锡市民娱乐休闲和外地游客旅游观光。旧的社会关系打破之后，新的社会关系悄然生成。传统街道空间改造的结果是带来了今天充满活力的清名桥历史文化街区及其新的社会关系（图1-2）。

图1-1　南长街社会关系变化图

① 张帆，邱冰．自发性空间实践：大运河遗产保护研究的盲点——以无锡清名桥历史文化街区为研究样本［J］．中国园林，2014（2）：23-25.

② 霍珺，韩荣．历史街区功能置换中公共空间的营造——以无锡市南长街为例［J］．城市问题，2014（1）：40-41.

③ 许尊，王德．商业空间消费者行为与规划：以上海新天地为例［J］．规划师，2012，28（1）：23-28.

④ 无锡市城市建设档案馆．无锡市城市建设年鉴［M］．扬州：广陵书社，2011：186.

图1-2　南长街新貌

真实的街区原生文化与生活方式伴随着街区空间的新生与改变而不断变化与发展着。从无锡市清名桥历史文化街区的案例中，笔者发现，即便是街区空间的改造案例有诸多尚待探讨与商榷的地方，新旧社会关系的更迭标志着社会关系作为公共空间中重要的空间属性特征，不以设计者的目的转变而客观存在。

### 1.1.2　芝加哥千禧公园：主动式新型社会关系的建构

芝加哥千禧公园是美国中西部地区最负盛名的城市公共空间与城市地标。该公园位于美国伊利诺伊州芝加哥市的环路社区，密歇根湖畔。该地区以前被公园、伊利诺伊中央铁路和停车场所占用。这个最初是为了庆祝第三个千年而建的公园于1997年开始规划，1998年开工建设，2004年正式开放[①]。但千禧公园从其诞生的第一天起就成了美国乃至全世界现代城市公共空间的标杆性案例。乔伊·莫妮·马尔纳（Joy Monice Malnar）就曾指出过，“皇冠喷泉是一个以社会互动占主导地位的聚会场所。喷泉鼓励欢乐的笑声和逗乐的微笑。”[②]在千禧公园众多有特色的经典景观中，笔者以皇冠喷

---

① https：//en.wikipedia.org/wiki/Millennium_Park.

② Frank Vodvarka，Sharon Irish & Joy Monice Malnar. Millennium Park，Chicago：A Sensory Delight，Part I. The Senses and Society.2006，1：103.

(a)

(b)

图1-3 千禧公园之皇冠喷泉中人与喷泉互动场景

泉为例，具体分析其所代表的公共空间设计的新方法。

皇冠喷泉（Crown Fountain）是一处由一对高15米的透明玻璃砖塔组成的黑色花岗石长方形浅水池，水池地面为方便各年龄段人群进入的安全浅水区。其中，人们最喜欢的是喷泉广场上的这两个砖塔屏幕上滚动播放的当地居民人像视频，其中有近1000名“芝加哥人”会随机出现在LED屏幕上。这里的“芝加哥人”并非仅是法定意义上的本地居民，还包括来自芝加哥的游客与商务人士，其代表着芝加哥人群的融合。这一重要特征让皇冠喷泉成了芝加哥市的一个公共娱乐活动区，为人们提供了一个躲避酷暑的场所，让孩子们在喷泉的水中嬉戏，也让陌生人们在此看见快乐的融合的芝加哥市民的日常生活。

皇冠喷泉表面看是一个喷泉的艺术环境作品，促进了公众和水之间的物理互动关系。但更为重要的是，公众通过与水之间的物理互动活动，进一步促进了彼此之间的互动关系。人们能够在此地看见各种年龄、各种肤色与种族的人群共享一处公共空间。皇冠喷泉不仅仅是一个创新性的喷泉空间，更是一处新社会关系的载体。

区别于无锡清名桥历史街区空间商业化改造方法，千禧公园中皇冠喷泉的设计旨在通过特殊的空间与艺术装置的结合来促进人与人之间的活动、交流和关系的建构与发展。从前后两个案例的比较中，我们看到公共空间除了传统物理空间的美学营造和商业化拓展外，场所中人与人的社会关系始终伴随着公共空间的发展而发展，它可以主动式地去设计，亦可以被动式的变化与发展，由此看出公共空间的社会关系特征是公共空间的一种核心特征，稳定存在于公共空间的物质化表象特征之下。

### 1.1.3 公共空间的社会关系介质特征

通过以上两个公共空间的对比分析，我们不难发现，首先，公共空间具有社会关系建构的作用。其次，社会关系作为城市公共空间的属性特征，伴随着公共空间的改变而改变，但并不会因为公共空间的变迁而消失。社会关系作为一个动态特征，一方面其自身不会一成不变，另一方面他的变化又与公共空间的变化直接相关。无论是精心设计过的构建新社会关系的公共空间，还是没有精心策划社会关系，但却依然有新的社会关系出现的公共空间，其本质核心都是以公共空间中社会关系属性作为其核心特征，改变着公共空间的使用者、参与方式以及意义的影响。因此，公共空间中的社会关系属性扮演着重要的作用，沟通着公共空间中的使用者，决定着使用者之间的相互关系，继而影响了公共空间对于使用者、管理者和设计者三者之间的关系问题。公共空间的核心是社会关系的建构，透过物质要素的外在表现手段与方法，公共空间作为一个中介体，最终为社会创造出和谐共生的社会关系。

## 1.2 公共空间的新时代“公共”内涵

### 1.2.1 公共空间新时代“公共”性

无论是希腊的集会、罗马的论坛，还是当代欧美国家的公园、公地、市场以及广场都不是单纯的自由、无媒介交流的场所。并且它们常常被认为是排他性的场所（Fraster，1990；Hartley，1992）。比如妇女、奴隶和外来者可能都工作于希腊的集会中，但他们被排除在公共空间中的政治性活动之外[①]。

新时代的公共空间内涵更强调社会性属性。在全球化时代的大背景下，人口移动的快速增长，族群之间的融合、文化交流与冲突的不断增多均要求公共空间承担的责任日益提升。由此引发了人们对于城市公共空间社会性属性的关注。这里的社会性属

① Don Mitchell. The End of Public Space? People's Park，Definitions of the Public，and Democracy. Annals of the Association of American Geographers，1995，85（1）：116.

性涵盖内容多样化，如社交性活动，各具特色的地域性建筑样式，以及多种多样的、起伏不定的“公共性”和“私有性”之间的不同形式的变化与重叠。公共空间关注的是城市及城市社区中的邻里关系、成员以及所有人群，可以让他们在一定程度上互相认识，获得身份认同；营造一种“温暖”感觉的亲密归属感和直觉上的亲属感觉；一个可以分享与文化、社会地位和大众兴趣、基本信任、可预见的事物、有责任感、相互帮助和安全防御等有关特征的地方；一个提供城市社会“公共”生活的地方。面对多元化的社会，它应该是开放的为了整个社区、全体人民服务的场所[①]。场所的意义在于人与人之间新型社会关系的建构。如上海的愚园路改造项目，将20世纪20年代的私家洋房林立的街道空间转变为新旧交融的社会关系场所。传统的愚园路中，弄堂连接着居民的生活空间与公共空间。改造后，保留街道的历史感与生活气息。通过“慢街道”的设计理念与微更新的手法，重新连接并建构起老年人与年轻人，本地人与外来者的社会关系。

新时代的公共空间通过社会性属性关注社会关系。在新时代背景下，公共空间中不同的城市居民聚集在一起，驻扎在一起。在这种非压迫的城市文化场所中，人们能够从彼此理解开始，进而彼此调节社会矛盾与分歧，从而更好地理解、传播和创造城市文化的新意义。正如理查德·赛内特所说，城市文化是“一种体验不同性的问题——在一条街道中，体验不同的阶级、年龄、种族和品尝自己熟悉领域之外的滋味[②]”。和谐的社会需要公共空间中能够构建起共生的社会关系，以促进不同族群、不同文化背景、不同生活背景的人们彼此之间的交流与认识。今天的中国社会已进入“决胜全面建成小康社会，人类命运共同体”的“新时代”。在这个新时代需求之下，城市公共空间的发展也已从排他性的场所转为新的社会关系构建的场所。

### 1.2.2　公共空间的主体属性变迁

对于城市公共空间的探讨与争论并非学术界的新课题。如图1–4所示，城市公共空间的主体属性自传统至现代，经历了从物质性到场所性再到社会关系属性的清晰变化。

---

① Cf. Goffman. Behavior in Public Places. Reissue：Free Press，2008.

② Richard Sennett. The Myth of a Purified Community. New York：knopf，1970：27-49.

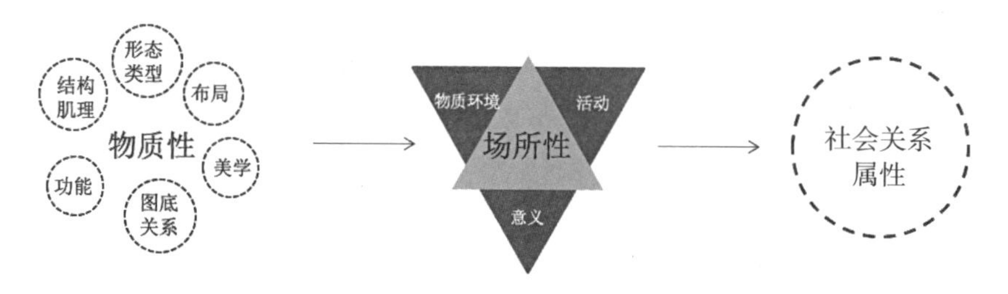


图1-4 公共空间主体属性变迁

早在1889年卡米洛·赛特就哀叹过城市生活的丧失[①]，以及对于新城市公共空间设计中功能性的关注。早期的研究均基于建筑学和城市规划学的传统形态学研究视角，关注点放在公共空间的物理属性上。从卡米洛·赛特[②]的“图形—背景理论”“关联—耦合分析理论”开始一直到勒·柯布西耶的《走向新建筑》，芦原义信：“积极空间”和“消极空间”概念，以及罗克·克里尔在《城镇空间》中将公共空间纳入城市空间的四种形态类型之中和科林·罗恩的《拼贴城市》理论[③]，均探讨公共空间的物质属性。

直至20世纪60年代起，由简·雅各布斯通过《美国大城市的生与死》一书掀起了学术界对于现代主义技术官僚的城市规划，城市公共空间的批判性思考[④]。继而延续至20世纪70年代，舒尔茨[⑤]将海德格尔的“场所精神”概念引入了建筑现象学中，从而引起人们对于城市公共空间物理性关注之后另一个属性：场所性的极大关注。受其影响，爱德华·拉夫提出物理环境、行为和意义组成了场所特性的三个基本要素，认为场所感来自于人与这三个基本要素的互动中。1991年庞特和1998年蒙哥马利在拉夫的理论基础上又将场所感放入城市设计的思想里面[⑥]，这三个构成要素提升了人们对于公共空间概念纬度的认识，却显然无法跟上时代发展的步伐。

进入互联网时代，公共空间的关注开始由场所内部人的活动而转向场所外部更大的社会关系之间的思考。当今的“体验社会”、可持续性发展和健康、安全以及宜居性的社会

① Richard Sennett. The Fall of Public Man. New York：knopf，1977：58.

② Christian Crasemann Collins，George R. Collins. New York：Knopf，1977：58. Camillo Sitte. Camillo Sitte：The Birth of Modern City Planning.Dover Publications，2006：97.

③ Colin Rowe，Fred Koetter. Collage City. Cambridge：MIT Press，Reprint 1978：39.

④（美）简·雅各布斯. 美国大城市的生与死［M］. 金衡山，译. 二版. 上海：译林出版社，2006.

⑤（挪）诺伯舒兹. 场所精神：迈向建筑现象学［M］. 施植明，译. 武汉：华中科技大学出版社，2010：18.

⑥（英）卡蒙纳，蒂斯迪尔，等著. 公共空间与城市空间——城市设计维度（原著第二版）［M］. 马航，等译. 北京：中国建筑工业出版社，2014：134-135.

属性[1]，促使城市公共空间作为一种场所性的载体空间而存在，并发挥着越发重要的作用与价值。代表人物有马修·卡蒙纳（Matthew Carmona），其提出对公共空间的再分类方法[2]。前文所述的中美两国城市公共空间也正具备了这一类新的公共空间的社会关系属性特征。

### 1.2.3　公共空间里人与社会价值的关联性

公共空间是社会空间的一种社会学、地理学、城市规划学、建筑学和设计学交叉属性下的外在表现，因此它具有社会价值。例如，扬·盖儿在描述公共空间时，将其视为一种“公共生活”去探讨[3]，而非传统建筑师或城市规划师眼中的物质性空间。

依据列斐伏尔的社会空间概念[4]，社会是由主体层面和客体层面这两个部分组成。作为具有社会介质属性特征的公共空间承担了联系两部分的功能。即一部分是公共空间的主体，另一部分是公共空间的客体。由于公共空间属于社会空间的范畴，因此公共空间也是由群体和群体中的个人所组成。公共空间的目的并非仅仅是设计建造一个供人们聚集与活动的公共场所，而应是将所有人吸引到这个社会介质空间中，该空间为他们的行为活动创造社会价值和社会意义。换句话说，公共空间不仅承担人的活动，还能将人的活动创造出社会价值。一个优秀的公共空间不仅能支撑人的需求与行为，并且生产出新的使用者，推动人们创造出新的生活方式。

## 1.3　新时代背景公共空间的研究问题

### 1.3.1　研究问题

从以上案例调研中，笔者提出了以下一系列问题。

---

① Jan Gehl，Birgitte Svarre. How to study public life. Island Press：Washington，2013：64.

② Matthew Carmona. Contemporary Public Space，Part Two：Classification. Journal of Urban Design，2010，15（2）：166，169.

③ Jan Gel. Birgitte Svarre. How to Study Public Life. Island Press，2013：64-65.

④ Henri Lefebvre. Critique of Everyday Life Volume Ⅱ. London：Verso，2002：67.

（1）城市公共空间对人们来说意味着什么？

（2）作为传统城市公共空间的定义无法建立良好的社会关系。

（3）建立一个新的城市公共空间概念来促进社会关系的建立与发展。

围绕这些问题，笔者对本研究进行的途径和步骤展开了具体的设想。

### 1.3.2　研究目标

学术上的研究目标是通过研究新时代背景下公共空间的属性特征，创建一套分析与评估公共空间新的属性特征的模型工具，为学术界提供公共空间研究的新思路、新观点与新方法。

（1）城市公共空间对于人们的行为、生活方式或社会关系的影响是什么？

（2）重新定义城市公共空间的概念。

（3）解析重新定义后的城市公共空间的属性及要素构成。

实践上的研究目标是通过建构新的属性特征下的城市公共空间要素模型理论方法，为城市公共空间的设计与研究提供理论支撑与工具方法。

### 1.3.3　研究假设

本课题研究的初步假设是：

（1）作为重新定义的城市公共空间能够连接主体对象人与客体对象：人、群体和物理空间；

（2）作为重新定义的城市公共空间，其物质基础可以通过主体与客体的连接或者是发生不同的参与行为，从而产生城市公共空间意义的可能性；

（3）城市公共空间的意义的可能性具有反作用性，最终影响公共空间的物质基础、连接类型和参与方式。

### 1.3.4　研究对象

根据研究题目，本研究对象为两部分内容：

一是公共空间的新时代属性特征是什么？

二是作为新时代的城市公共空间，其要素运行模式是什么？

（1）什么是公共空间

公共空间的外在物理表现可以从古希腊的集会场所（Greek Agora）开始追溯，历经古罗马城市广场（Roman Forum），中世纪市场广场（Medieval Market Square），15～18世纪的意大利、巴黎和伦敦等地的广场直到今天的现代城市广场，公共空间的内涵与外延一直都在不断的变化与重构中①。

关于公共空间的定义有很多种版本，但公共空间普遍被研究者达成共识的特性在于其面对城市中的所有人群，位于城市核心区域，可免费供人群进行活动。卡尔（Carr，1992）等人认为公共空间是“公共场地，人们在那里从事功能性的和礼仪性的活动，从而使整个社区凝聚起来，无论是在日常生活的正常活动中，还是在定期的节假日中”。它是“人们公共生活场景展示的舞台”②。沃尔泽（Walzer，1986）认为，“公共空间是我们与陌生人，与那些非亲非故的非工作关系的人共享的空间。它是为政治、宗教、商业、运动服务的空间；是和谐共处和非个性化交往的空间”③。由全国城市规划职业制度管理委员会出版的《城市规划原理》一书，将城市公共空间定义为：“城市与建筑实体之间存在着的开放空间体，是城市供居民日常生活和社会生活公共使用的外部空间，是进行各种公共交往活动的开放性空间场所。它包括街道、广场、居住区户外场地、公园、绿地等，并在功能和形式上遵循相同原则的内部空间和外部空间两大部分。④”

公共空间的概念既强调了与空间的开放联系，又强调了与活动的多样性的开放联系，最重要的就是与社会相互作用，它是由这种开放联系引起的。因此公共空间被定义成容许所有人出入的且在其中进行活动的空间，它受控于公共机构，同时在公共利益层面加以规定与管理。

（2）公共空间究竟在哪里

公共空间是不断变化发展的，由于大规模的城市建设以及新型城市格局的形成，

---

① Na Xing，Kin Wai Michael Siu. Historic Definitions of Public Space：Inspiration for High Quality Public Space，The International Journal of the Humanities，2010，7（11）：39-56.

② Carr，S，M. Francis，L.G. Rivlin and A.M. Stone. Public Spaces. Cambridge：Cambridge University Press，1992.

③ Walzer，M. Pleasures and costs of urbanity.Dissent，Public Space：A Discussion on the Shape of Our Cities Fall：470-475.

④ 全国城市规划执业制度管理委员会. 城市规划原理［M］. 北京：中国计划出版社，2011.

人们的公共活动场所和私密空间一起发生着格局上的变化。例如北美的郊区购物中心，它们抢走了市中心的社会和经济生活，与市中心进行竞争。然而在英国，这种现象较少扩展和蔓延。国外有学者认为城市公共空间并非转向了郊区购物中心，那些传统的城市中心空间虽然有其地理上的局限性，但它更能提供名副其实的公共生活。要理解公共空间的变迁与发展，必须更为深入地理解公共和私密空间的区别以及这两种领域中的相互融合。

在中国不少城市随着城市结构的转型与变化，人们的生活区域、生活方式、精神诉求都发生了转变，原先设计建造的许多大型城市广场已不能满足人们的日常生活需求，空旷的广场不但不吸引人们停留，反而成了城市公共生活的死角。有些城市的市政广场已经悄然开始发生变化：空间被重构、功能被重构，原本死气沉沉的空间由于这些变化又再次吸引了人们的公众参与。这一现象也是国内学者们近年来开始关注的焦点。

（3）公共空间的分类

过去很多学者都对城市公共空间进行过分类，例如从使用功能角度出发，将城市公共空间分为广场、公园、绿地、滨水景观等。本研究拟根据社会学的分类方法，将城市公共空间视为社会的组成部分，因此其具备社会属性的公共性场所。同时融入场所的三要素，即为物质环境、活动以及意义。意义根植于物质环境和活动之中，并通过人们对客观空间的主观经验而被建立起来，从而形成人们对特定环境的归属感和情感依赖（Punter，1991；Montgomery，1998）。

物理属性+社会属性=公共空间性

物理属性（physical attributes）：

注重公共空间的物理特性：形式、材料、设施、构筑物等

社会属性（social attributes）：

注重将人作为公共空间研究的出发点，改变人作为空间奴隶的地位，强调公共空间的功能（functions）、意义（Meanings）、价值（Values）、目标（Goals）和目的（Purposes）等的研究。

（4）本研究中公共空间案例的选定范围

在中国近现代城市化过程中，城市是一种具有现代性的空间。1909年1月颁布的《城镇乡地方自治章程》标志着中国城市现代化的序幕从此揭开。在城市化进程的100多年间，能够反映中国城市公共空间发展脉络的必然是发达地区的发达城市。本研究

的前期调研是以中国一线城市和部分具有代表性的二线城市构成，实地调研了北京、上海、广州、深圳、杭州、南京、苏州、无锡、扬州、镇江、大连、青岛、济南、郑州、西安等城市的近百处城市公共空间，收集了近万张照片，发放调查问卷500余份，梳理与掌握了中国城市近现代以来的主要公共空间案例发展与衍变路径。本研究的中后期案例调研是以美国的城市公共空间为基本对象展开。其中重点考察的城市有纽约市、华盛顿哥伦比亚特区、芝加哥市、辛辛那提市以及匹兹堡市和旧金山市。选择美国的城市公共空间作为调研的基本对象，主要是基于笔者于2014～2015年前往美国辛辛那提大学进行学术访问的条件。同时，美国是全球范围内城市化最为发达的国家之一，其城市公共空间的发展与变化对于中国城市公共空间的研究具有重要的参考价值。基于城市公共空间的当代学术理论中美国是一个重要的思想贡献地，笔者在美国主要城市公共空间中的调查与研究，又能与中国城市公共空间的使用现状进行对比研究，从而发现城市公共空间中的共性问题和个性特征。通过中美两国城市公共空间的对比研究，为本研究寻找到公共空间本质问题的切入点，同时在前期也做了全面的实证材料的搜集整理工作。

本研究从公共空间的物理属性出发寻找案例，为公共空间的概念本体研究服务，因此案例的选择不受地域、国家和文化的限制，选取的案例已能满足本研究的目的为基础（表1–1、表1–2）。

中国国内调研场地列表　　表1–1

| 江苏省及浙江地区 | 北京市、上海市 | 广东省 | 山东省、东北、西部地区 |
|---|---|---|---|
| 无锡市城中公园 | 北京市天安门广场 | 广州市火车站东站广场 | 济南市泉城广场 |
| 无锡市锡惠公园 | 北京市奥林匹克公园 | 广州市北京路步行街 | 济南市五龙潭公园 |
| 无锡市锡惠大桥桥底空间 | 北京市西单文化广场 | 广州市英雄广场 | 济南市大明湖公园 |
| 水秀无锡市新村小区绿地 | 北京市三里屯SOHO街区 | 广州市珠海广场 | 青岛市五四广场 |
| 无锡市蠡湖公园 | 北京市元大都城垣遗址 | 广州市陈家祠绿化广场 | 大连市星海广场 |
| 无锡市太湖广场 | 上海市黄浦江东岸滨江公共空间 | 中山市岐江公园 | 长春市文化广场 |
| 无锡市市民广场 | 上海市南京路步行街 | 深圳市东门步行街 | 哈尔滨市中央大街 |
| 无锡市金城公园 | 上海市人民广场 | 深圳市金光华广场 | 西安市钟鼓楼广场 |
| 无锡市长广溪湿地 | 上海市中山公园 | 深圳市万象城广场 | 郑州市二七纪念塔广场 |
| 苏州市观前街 | 上海市淮海路步行街 | 深圳市生态广场 | 重庆市绿色艺术广场 |

续表

| 江苏省及浙江地区 | 北京市、上海市 | 广东省 | 山东省、东北、西部地区 |
|---|---|---|---|
| 苏州市金鸡湖 | 上海市静安寺公园 | | 重庆市解放碑广场 |
| 南京市鼓楼广场 | 上海市静安寺地铁下沉广场 | | 成都市天府广场 |
| 南京市新街口广场 | 上海市新天地 | | 都江堰市人民广场 |
| 南京市青奥体育公园 | 上海市延中绿地 | | |
| 南京市乐福来商业广场 | 上海市后滩公园 | | |
| 南京市汉中门广场 | 上海市浦东滨江大道 | | |
| 南京市夫子庙商业街 | 上海市 K11 购物广场 | | |
| 杭州市西湖景区 | | | |
| 杭州市吴山广场 | | | |
| 杭州市和坊街 | | | |
| 宁波市天一广场 | | | |
| 宁波市老外滩 | | | |

国外调研场地列表 表1-2

| 美国 | 欧洲 | 新加坡 |
|---|---|---|
| 美国纽约市中央公园 | 英国伦敦市白金汉宫广场 | 新加坡国家植物园 |
| 美国纽约市时代广场 | 英国大英博物馆 | 新加坡国家动物园 |
| 美国纽约市高线公园 | 英国伦敦市特拉法尔加广场 | 新加坡滨海湾花园 |
| 美国纽约市哈德逊河公园 | 英国伦敦市牛津街 | 新加坡圣淘沙岛景观 |
| 美国纽约市 911 纪念地 | 英国利兹市千禧年广场 | 新加坡观景摩天轮 |
| 美国华盛顿市越南战争纪念碑 | 英国利兹市城市广场 | 新加坡东海岸景观带 |
| 美国华盛顿市国家广场 | 英国利兹市三合一购物街 | 新加坡克拉克码头 |
| 美国匹兹堡市三河纪念广场 | 英国利兹市科克门市场 | |
| 美国匹兹堡市章鱼公园 | 瑞士苏黎世市班霍夫大街 | |
| 美国芝加哥市千禧公园 | 瑞士苏黎世市苏黎世湖景观 | |
| 美国芝加哥市滨河景观 | 瑞士卢加诺市市民公园 | |
| 美国芝加哥市海军码头 | 瑞士卢加诺市卢加诺湖景观 | |
| 美国北卡罗来纳州艺术博物馆文化与生态公园 | 瑞士卢加诺市改革广场 | |
| 美国北卡罗来纳州立大学校园景观 | 瑞士卢加诺市圣洛伦佐大教堂 | |

续表

| 美国 | 欧洲 | 新加坡 |
| --- | --- | --- |
| 美国哥伦布市历史街区 | 瑞士卢加诺市中央汽车站 | |
| 美国旧金山金门大桥公园 | | |
| 美国旧金山九曲花街 | | |
| 美国旧金山渔人码头 | | |
| 美国旧金山联合广场 | | |
| 美国旧金山艺术宫 | | |
| 美国洛杉矶市罗迪欧大道 | | |
| 美国辛辛那提市友好公园 | | |
| 美国辛辛那提市公墓 | | |
| 美国辛辛那提市华盛顿公园 | | |
| 美国辛辛那提市斯梅尔滨河公园 | | |
| 美国辛辛那提市芬得利市场 | | |
| 美国辛辛那提市 OTR 历史街区 | | |
| 美国辛辛那提市大学校园景观 | | |
| 美国洛杉矶市圣塔莫妮卡码头 | | |

## 1.4　城市公共空间国内外研究现状

### 1.4.1　国内研究现状

国内的学术界对于城市公共空间的研究以学习和借鉴国外的研究方法为主要手段，将国外的各类研究方法与研究观点运用到中国城市公共空间的实证研究中，试图找到中国城市公共空间的物质特性、变化原因、形成机制及其影响变化的各类因素。

（1）建筑与城市设计视角下的城市公共空间研究

国内建筑与城市设计领域的代表人物为：

同济大学：蔡永洁教授、徐磊青教授；东南大学：张京祥、罗震东、何建颐教授；华中科技大学：谭刚毅教授；天津大学张天洁博士等。

同济大学蔡永洁教授，其研究领域主要为欧洲及中国城市空间特征与空间文化和城市公共空间的设计方法，运用城市形态学的方法对城市公共空间，旧城更新与新城改造等进行研究。其代表著作为《城市广场：历史脉络·发展动力·空间品质》（2006年），主要从城市形态学的角度分析了城市广场的历史发展脉络，梳理了城市广场的空间形态演变。同济大学的徐磊青教授则将行为学理论方法引入对中国城市公共空间的研究，注重对于城市公共空间中的环境心理的评估和人体空间的研究。东南大学的张京祥、罗震东、何建颐等教授主持研究的教育部哲学社会科学重大课题攻关项目"城市化理论重构与城市化战略研究"（课题编号：05JZD00038），以及国家自然科学基金课题"基于体制转型背景的中国城市空间结构演化研究"（ 课题编号：40471042）。两项课题都从体制转型的视角出发，运用政治经济学、制度经济学等分析方法，全面剖析了社会变化对中国城市空间结构演化的巨大影响，并指出了中国城市空间持续重构的过程与基本方向。他们的研究内容偏向宏观范围，并未对城市公共空间进行微观研究。同时，由重庆大学杨宇振教授主持的国家自然科学基金项目"基于GIS的重庆城市空间结构、形态与意象研究"也是从城市规划的宏观视角出发，运用量化研究的GIS 技术对城市空间进行结构、形态与意象的结合研究。并且其代表论文《从"乡"到"城"——中国近代公共空间的转型与重构》，总结归纳了传统中国对于"公"观念的三重空间维度的解释，提出了传统中国公共空间的三种内涵。为传统中国公共空间的概念、维度与特征作出了具体的界定与总结。另外，近年来获得中国国家自然科学基金项目中的关于城市公共的研究课题有以下三个代表。一是华中科技大学谭刚毅教授主持的"近代武汉城市形态与建筑的现代转型及其轨迹与动因研究"（课题编号：51278210），二是天津大学张天洁副教授主持的"国际交流视角下的文化景观与公共空间生产：中国近代开埠城市公园历史研究"（课题编号：51108307）。两者均是从建筑历史及理论角度出发，前者运用了建筑形态学的研究方法，后者运用了建筑历史学的研究方法。三是同济大学建筑城规学院孙彤宇副教授主持的"TOD模式下步行系统与城市公共空间及交通的耦合模型研究"（课题编号：5127834），提出了城市公共空间与建筑之间的耦合关系以及耦合策略。这些研究课题代表了我国目前学术界对于城市公共空间研究的普遍研究方法。与此同时，国内大部分关于城市公共空间的硕博士论文也主要停留在运用形态学理论对中国城市公共空间进行实证研究。其研究的意义对于中国城市公共空间资料数据的挖掘和整理具有积累作用，但缺乏对于中国城市公共空间本体概念、与设计方法的探讨。

（2）社会学视角下的城市公共空间研究

我国也有不少从城市社会学角度出发的研究者在研究中国城市公共空间。例如华东政法大学社会发展学院博士后孟超。他的代表作为2014年在《学习与探索》上发表的《从“基层组织主导”到社会组织参与——中国城市社区建设模式的一种可能转变》，2015年在《求是学刊》上发表的《微观城市实践：一种空间抵抗策略》，2017年发表著作《转型与重建：中国城市公共空间与公共生活变迁》。在这本书中，他通过运用西方城市中市民自发的努力来改造城市公共空间的理论来呼吁中国的现代都市，需要市民更加自觉地努力，积极介入公共空间，重建一种现代意义上的公共空间①。

（3）行为学视角下的城市公共空间研究

近年来，对于城市公共空间的研究也从早先的自上而下为主的物质属性研究转为自下而上为主的研究方法。不再是对城市公共空间形态属性的简单梳理，而是更注重人们在城市公共空间中的行为以及将公共空间与总体社会进程的背景关系联系起来进行研究。

中国老年人日常休闲行为研究在21世纪初才真正开始，以行为时空特征提取与差异分析为主。此前，郭晋武（1995）初步研究了老年人主要休闲活动，探讨性别、年龄、文化程度属性差异，尤其关注休闲活动与身心健康之间的关系。孙樱（2001）根据老年人活动特点将休闲活动分为益智、怡情、康体、交流和公益五种类型，并构建了老年休闲质量评价体系，先后就老年人休闲行为特征、休闲行为时空分异规律和休闲绿地系统进行研究（孙樱，2003；孙樱等，2001）。柴彦威（2010）则归纳出不同城市的老年人休闲行为空间模式，着重基于老年服务供给空间区位及居民属性进行老年人休闲行为差异分析。

近年老年人休闲行为研究偏重影响机制分析、老年人主观评价及宜老休闲空间规划。研究更加细致地描述居民属性、物质空间等因素影响下的行为差异，部分学者通过老年休闲动机和实际参与程度对比分析休闲动机转化过程中的制约因素，尤其是空间相关的服务设施供给影响（孙樱，2003；王玮，2007）。除了对客观环境的研究，学者也开始关注老年人从休闲行为所获得的主观感受差异，并结合幸福感、满意度、生活质量不同指标体系进行测度（李敬姬，2011；李漠叶等，2011；李享等，2010）。此

① 孟超．转型与重建：中国城市公共空间与公共生活变迁［M］．北京：中国经济出版社，2017.

外，老年人休闲同伴差异、生命历程累积效应影响等丰富了老年人休闲行为的研究视角（王琪延等，2009；张建国等，2012）。老年人生理、心理及行为特征使其对城市公共空间环境有更为特殊的需求，休闲设施及服务供给的不完善、不均衡亦是限制中国城市老年群体休闲品质提升的瓶颈，因此宜老休闲物质空间尤其是老年休闲绿地的规划设计研究越来越受到重视并得到快速发展。该研究不仅普适性地针对老年人特性进行社区空间的设计原则和要点的探讨，也关注到地域性差异，如特殊气候影响（林勇强等，2002；聂庆娟，2003）。休闲绿地作为老年人主要休闲场所而备受关注，从城市老年休闲绿地系统思想构建之初（孙樱，2003），这类研究便偏重于进行老年休闲城市空间体系构建和宜老休闲场所构成要素的探讨（关鑫，2007；郭子一等，2009）。

综上所述，我国城市公共空间的研究在城市规划和建筑领域主要仍偏重于实证案例的搜集整理以及类型学的分类整理的研究；在其他领域则体现出了对于行为人的行为个体的关注，尤其重视对于老年人在公共空间中的行为特征、形成原因与构成要素的研究。中国国内的城市公共空间在沿袭西方学术界的理论思想之下，缺乏对于公共空间本质概念的探索，较少有学者思考公共空间的本体研究，即公共空间的本质特点、发展趋势以及形成机制。

### 1.4.2 国外研究现状

（1）城市公共空间的研究方法

国外学术界对于城市公共空间的研究主要是将城市公共空间进行分类，一类主要研究公共空间的物质环境，另一类主要研究此物质环境和社会环境中的人。有分别探讨这些层面和重点研究这些层面的相互动态关系的社会哲学、城市地理学、城市社会学和建筑学等研究方法。但我们必须将公共空间视为具有城市物质的、社会的和心理的结合属性来研究，才能以平衡的观点研究城市公共空间的结构。

①传统的城市形态学研究方法

城市形态学是“研究形态的科学”，其被广泛应用于城市地理学和建筑学者对于城市公共空间的研究中，主要是对城市公共空间建成环境的结构肌理形式、形状、布局、结构和功能的系统性研究。该理论主张从主体认识水平和内在需要出发，探索城市公共空间要素组成形式及其发展规律。代表人物有，卡米洛·赛特（Camillo Sitte）：“图形—背景理论”“关联—耦合分析理论”，代表著作为《城市建设艺术》（1889年）；

芦原义信："积极空间"和"消极空间"概念，代表著作为《街道的美学》(1979年)；罗克·克里尔(Robert Coiller)：归纳城市空间的形态类型，代表著作为《城镇空间》；柯林·罗(Colin Rowe)：《拼贴城市》(1978年)。城市形态学强调大量的实证主义研究，但这些实证研究拒绝将物质空间的变化与城市正经历的根本社会变革相联系，使其思想局限在易于处理的小区域内，无法将建成环境与所处的经济、政治、文化发生关系。

②空间的行为学研究方法

行为学研究兴起于20世纪60年代末，是以研究公共空间的个体的认知和行为作为主要内容。此方法以胡塞尔(Husserl)定义的现象学为总体框架，运用非量化研究与量化研究相结合方法，分析城市生活与空间环境质量之间的相互关系，注重人的行为背后潜在的思想和信念，同时认为只有在行为发生的时间点和空间点通过"以行为人"的大脑才能理解其行为。在行为学研究方面形成了两种学术流派。第一流派强调个体行为和作为行为关键的个体感知。在这一方面，运用了复杂的量化技巧来分析从个人问卷调查中收集到的大量的数据。第二个流派重点研究作为个体文化先导的个体认知，更注重对人们感知世界方式的一种口头表达而非量化表现。这种方法让人们重新发现了区域地理学，从个体对时空感知方面进行空间解释，这是一种现象方法学，研究者还将心理学的方法引入到对个体行为人心理的研究中。代表人物有扬·盖尔(Jan Gehl)：公共空间、公共生活的研究方法，代表著作为*Life Between Buildings*(1971年)、*Public space—Public Life*(1996年)、*New Urban Space*(2001年)、*New Urban Life*(2006年)、*Cities for People*(2006年)；凯文·林奇(Kevin Lynch)在他的代表作《城市意象》(*The Image of The City*(1960年))中将研究重点放在记忆环境的方式上，通过市民头脑中对城市的意象来探索美国城市的视觉品质。他提出了城市意象的五个物质形态：道路(parths)、边界(edges)、区域(districts)、节点(nodes)、标志(landmarks)[①]。林奇关于城市意向的五个要素已被广泛用于城市设计中，但其方法具有片面性，它将建成环境重要含义的理解缩小至"对物质形态的感知"，一方面将空间区域次划分，将城市空间分解支离，造成新的社会和空间障碍，不能清楚阐述陌生人和居民间的界面关系，另一方面它未考虑人对环境认知中象征要素(symbolic element)的反馈，缺乏对社会与文化的思考，不足以用作探寻现代社会

---

① Kevin Lynch. The Image of the City. Cambridge，MA：The MIT Press，1960：17-18.

的一种普遍方法。

③城市符号学研究方法

城市符号学是由符号学发展而来，其与认知研究相悖，认知研究是基于个体对环境的私人理解，而城市符号学的优势在于能为城市形态提供具有社会性的符号含义。但城市符号学仍具有局限性，它创造了一个自主的从它所象征的现实之外的符号体系。它把社会作用缩小至一种语言，把社会关系缩小至一个交流体系，它无法解释城市空间的不断变化。为弥补这一缺点，城市社会符号学方法应运而生。其注重为城市形态提供具有社会性的符号含义，虽然它也是对空间环境含义的研究，但方法与手段区别于形态学和行为学的研究。代表人物有戈特迪纳（Gottdiener），他将城市符号与社会符号相联系，创造了一种崭新的城市化理论。其研究的核心是注重“由于相应的社会因素下产生的社会地位差异造成了符号学体系间的差异”，同时它们的不同的意识形态学影响着城市空间的创造与消费。

④社会生态学和政治经济学研究方法

两次世界大战期间，美国芝加哥学派从社会生态学角度对城市空间结构进行分析，并提出“同心圆模式”（E. W. Burgess，1923）、“扇形模式”（Homer hoyt，1939）、“多核心模式”理论（C. D. Harris和E. L. Ullman，1945）。城市肌理结构被概括为这三种模式，重点研究社会的空间布局组织的文献资料并与“量化革命”紧密相连。它以“空间分析”作为范例，成了战后地理学的主导研究方法。但社会生态学研究局限于对特定生产方式和历史背景下城市空间结构的解释，缺乏对城市空间结构发展规律的模型建构。

政治经济学的研究则以20世纪60年代Alonso提出城市级差地租——空间竞争理论为起点，它认为城市空间结构变化源自于不同类型用地的市场竞争，并利用新古典经济学分析框架为城市空间结构演变建立了一个具有普遍意义的均衡模型，这一理论模型揭示了城市土地利用的经济学规律，具有很强的说服力。但由于这种经济学分析框架下的理论假设条件过于理想化，并忽略了城市空间演变过程中的社会文化和行为主体因素，因而一度被其他研究方法所代替。20世纪90年代以来，伴随全球化、信息化浪潮的影响，城市空间研究视角转向非场所理论（Non-Place Theory）和全球区位论（Global Location Theory）。这一新观点强调城市空间可能由传统的核心边缘模式走向多核和平面化。后现代城市空间不存在固定的规律与模式，空间现象只存在于人的有限理性认识之中。政治经济学的研究也具有局限性，它经常忽视社会—空间分析中文化因素的重要性。

这类研究是从城市空间发生的深层次机制出发，探讨城市空间变化规律，为社会进程和结构的运行提供了具有价值的洞察力。虽然目前这类研究方法多运用于城市宏观空间，鲜少用在公共空间环境当中，但其自上而下的研究视角与方法依然能帮助学者研究城市中的微观环境——公共空间。

⑤城市社会学研究方法

城市社会学和社会哲学都试图从自下而上的研究视点发现社会和空间建构的关系。其研究的出发点也从最初的社会文化历史变迁而逐步趋向于更为深入和细致的方向，例如从人的日常生活观点出发，它“使现实看得到”，提供了“超越创造和再创造之间所产生的认为分歧之外的新的洞察力和可能性，并视这种存在为一个整体”。日常生活的社会学把一系列的“微观观点”汇总起来。这些观点包括符号互动观点、编剧艺术、现象学、民族方法学和存在主义社会学等。此方法包含三个基本要求：一是研究者作为一个参与者而不是局外观察者；二是要考虑体验以及与之相关的感受和情感；三是对用来充分解释社会生活的政治、经济分析的有效性提出质疑。代表人物有哥夫曼（Goffman）、列斐伏尔（Lefebvre）、哈维（Harvey）等。

⑥历史学视角下的城市公共空间及公共生活研究

历史学背景下的城市史学者们对于中国城市公共空间及公共生活的研究较为缺乏。

在中国史研究领域，罗威廉（William T. Rowe）考察了中文中“公”的发展演变，发现这个处于“私”与“官”之间的社会领域在中国具有很长的历史，从而为精英的地方参与和控制提供了广阔的空间[①][②]。只有史大卫（David Strand）对北京黄包车夫的考察以及周锡瑞（Joseph Esherick）和华志建（Jeffery Wasserstrom）分析了近代中国怎样把公共场所用作“政治剧场”，从而成为政治斗争的舞台。而王笛的著作《街头文化——成都公共空间、下层民众与地方政治（1870—1930）》是对街头文化、民众的街头生活和街头政治的研究，从而扩展了学术界对于中国近代社会的深入认识[③]。

总体来看，国外学术界对于城市公共空间的研究主要分两个角度，一类是自上而

① William T. Rowe.The Public Shere in Modern China.Modern China，1990（3）：315.

② 王笛．街头文化——成都公共空间、下层民众与地方政治（1870-1930）[M]．李德英，谢继华，邓丽译．北京：商务印书馆，2012：18，20.

③ 同前。

下的研究方法，另一类是自下而上的研究方法。前者把城市公共空间作为人和物质对象的聚合体来研究，后者则发现城市公共空间对于拥有不同生活经历和背景的人具有不同的含义。

（2）公共空间研究视角的转变

从空间到场所精神再到“体验社会”。

在公共空间的早期研究中，人们关注于研究空间的环境物理属性，将公共空间看成是一个客观稳定的物理对象。然而空间与场所是不可分割的，讨论空间，自然也要讨论场所。现代主义建筑运动以来，建筑理论和城市设计理论一直都将建筑和城市设计作为空间设计的艺术，即空间第一位，场所第二位。但海德格尔提出了人们所经历的日常空间，也就是生活空间的存在是由场所和地点决定的。他在《建居思》一书中明确地指出，人与空间的关系就是定居关系[①]。而定居的关键在于地点而非空间。因此，地点和场所在定居活动中就是最重要的，空间只有通过场所和地点才能具有其生活的特性和存在的立足点。受到海德格尔存在主义现象学影响，诺伯格·舒尔茨将“场所精神”的概念引入建筑现象学中，开创了建筑现象学理论。“场所精神”的概念最早始于古罗马，根据古罗马人的信仰，每一种“独立的”本体都有自己的灵魂（genius），即“物之为何”，守护神灵（guaraian spirit ）这种灵魂赋予人和场所生命，自生至死伴随人和场所，同时决定了他们的特性和本质[②]。古罗马人认为每个“存在”均具有其精神，这种精神赋予人和场所以生命，场所精神伴随着人与场所的整个生命旅程。舒尔茨认为场所不是抽象的地点，而是由具体事物组成的整体，事物的集合决定了环境特征。他探讨了被现代主义冷落，被人们遗忘的“场所”概念，将“场所”的重要性置于“空间”之上，也就是建筑学和城市学研究的首要位置。

因此，场所是指个体记忆的一种物体化和空间化，或可解释为对一个地方的认同感和归属感。场所精神，在本质上是对物质空间的人文特色的理解。人们之所以能够从某种事物的空间形式中感受到某种文化力量，正是因为人们理解了这种空间形式所代表的文化意义[③]。

进入20世纪90年代，伴随全球化、信息化浪潮的影响，城市公共空间研究视

① M. Heidegger. Building，Dwelling，Thinking. In Poetry，Lanuage Thought. NY：Harper and Row，1971.

② （挪）诺伯舒兹．场所精神：迈向建筑现象学［M］．施植明，译．武汉：华中科技大学出版社，2010.

③ 周尚意．英美文化研究与新文化地理学［J］．地理学报，2004，59（S1）：162-166.

角由场所理论转向非场所理论（Non-Place Theory）和全球区位论（Global Location Theory）。这一新观点强调城市空间可能由传统的核心边缘模式走向多核和平面化。后现代城市空间不存在固定的规律与模式。在这个大背景之下，“体验社会”成了公共空间的热门话题。以人为中心的设计理念指导着公共空间关注人们在公共空间中是否能获得体验。如何提升人的体验，如何促进不同类型的目标群体在公共空间中进行各自的活动城市了目前公共空间研究领域的关注热点。针对特殊目标群体或类型活动的专门化设计与服务成了继场所精神之后又一研究方向。

城市公共空间的研究方向已从空间转向场所再转向了人的“体验”。人们对于公共空间的认知也在潜移默化中发生着变化。但在既往研究中，缺乏关注于公共空间所承担的社会公共性的角色，忽视公共空间中的社会关系，未将公共空间视作一个可以构筑社会关系的场所来考虑。

（3）公共空间定义的转变

公共空间根据学科分类被认为是城市规划学下面的子领域：城市设计中的一类设计对象。城市设计的代表人物为：凯文·林奇、简·雅各布斯、扬·盖尔、科林·罗。他们主张将公共空间纳入城市设计、城市规划的范畴去考虑。因此公共空间的分类在学术界一直都延续着城市规划学和建筑学中传统的类型学分类方式，根据使用功能和形态分为广场、公园、绿地、街道等。

公共空间的类型从设计的角度来看，历来被认为可以按物理类型和功能划分，这种分类方法很多年来被形态学所倡导。从赛特（Sitte，1889）的深而宽广的广场到苏克（Zucker，1959）封闭的、主导的、核能的、群组的和无规则的广场再到科尔兄弟对于公共空间的类型学分类影响了学术界对于公共空间的类型—形态学研究。基于形态学的分类方法往往能将公共空间进行无止尽的分类。并且从公共空间的功能出发，人们能够更容易地对其进行分类。例如扬·盖尔将39种“新”的城市空间归纳为五种类型：主要的城市广场、娱乐性广场、滨海步道、交通广场和纪念性广场。韦斯特·卡尔等人将公共空间按11种功能进行分类[①]：

公共公园；广场；纪念地；集市；街道；游乐场；社区开放空间；林荫道／公园道路；建筑内集市；发现的空间／日常生活空间；滨水区。

① Matthew Carmona. Contemporary Public Space，Part Two：Classification. Journal of Urban Design，2010，15(2)：166，169.

但自从20世纪90年代开始，学术界的研究者们逐渐将公共空间的类型与文化、社会、政治、经济及其他因素与导致人们的公共生活发生变迁之间建立起联系。马修·卡蒙纳（Matthew Carmona）在其2010年发表的关于当代公共空间分类的文章中提出，将公共空间分为三大类：第一类是积极空间，第二类是消极空间，第三类是含混空间[①]（表1–3）。

卡蒙纳公共空间分类　表1–3

| 积极空间 | 消极空间 | 含混空间 |
|---|---|---|
| 1.自然/半自然空间 | 1.移动空间 | 1.交换空间 |
| 2.市政空间 | 2.服务空间 | 2.公共的“私人”空间 |
| 3.公共性开放空间 | 3.废弃空间 | 3.易见空间 |
| | | 4.内在化的“公共”空间 |
| | | 5.商业空间 |
| | | 6.第三空间 |
| | | 7.私人的“公共”空间 |
| | | 8.可见的私人空间 |
| | | 9.公共与私人的连接空间 |
| | | 10.用户选择的空间 |
| | | 11.私人开放空间 |
| | | 12.外向的私人空间 |
| | | 13.内向的私人空间 |

从社会文化视角出发的学者则将公共空间聚焦在使用者及其在空间当中的感知上。戴因斯和卡特尔（Dines & Cattell）认为使用者与公共空间发生的交互行为能够形成空间的基本类型，并将公共空间分为五种类型[②]：日常生活空间；有意义的空间；社会环境；撤退空间；消极空间。

① Matthew Carmona. Contemporary Public Space，Part Two：Classification. Journal of Urban Design，2010，4，15（2）：276.

② Dines N& Cattell V. Public Spaces，Social Relations and Well-being in East London. Bristol：The Policy Press，2006.

之所以会出现在传统的类型学之外的新的分类方式，与公共空间的使用方式变化密切相关。随着公共空间中出现的私有化与公共化空间的讨论，公共空间的分类开始出现各不相同的定义与解读。在西方国家，私人空间的公共化使用已是一个不争的事实，而公共空间的非公共化使用，也并非个案。重新定义城市公共空间的概念，成为20世纪末至今学术界的一个研究方向。可见，时代变迁的过程中，人们对于公共空间的界定也在发生变化，手段的多元化，技术媒体的革新，第四次工业革命的浪潮都对城市公共空间产生影响。作为城市公共空间，其承担的公共性与开放性也随着社会的变迁，人们使用行为的更迭而发生变化。

### 1.4.3　公共空间知识结构与研究热点——基于CiteSpace的图谱量化

（1）数据准备

本书以公共空间为研究内容，以WOS数据为分析基础。

方法如下：

主题词="public space"或"public open space"，数据库=Web of Science核心合集，时间跨度=1997～2017年，时间切片=2年，文献类型=期刊文章。检索出1912篇相关文献。检索于2017年4月18日完成。

选择"全记录与引用的参考文献"，保存为"纯文本"格式，导出检索数据，再导入Citespace软件进行分析。

（2）数据分析

1）文献共被引

①文献的共被引分析

文献共被引是指两篇文献共同出现在了第三篇施引文献的参考文献目录中，则这两篇文献形成共被引关系。文献共被引分析也是CiteSpace软件最具特色的功能。本书基于CitcSpacc软件的此项特色功能，对公共空间领域的文献共被引进行分析与可视化。

使用CiteSpace软件对WOS数据库中1997～2017年1912篇公共空间论文进行文献共被引分析，得出如图1-5的聚类网络图，根据被引频次得出表1-4的结果。其中，被引频次最高的文献是Mitchell D.（2003）的*The Right to the City: Social Justice and the Fight for Public Space*，位于聚类#0，被引66次；第二位的是Iveson K.（2007）的

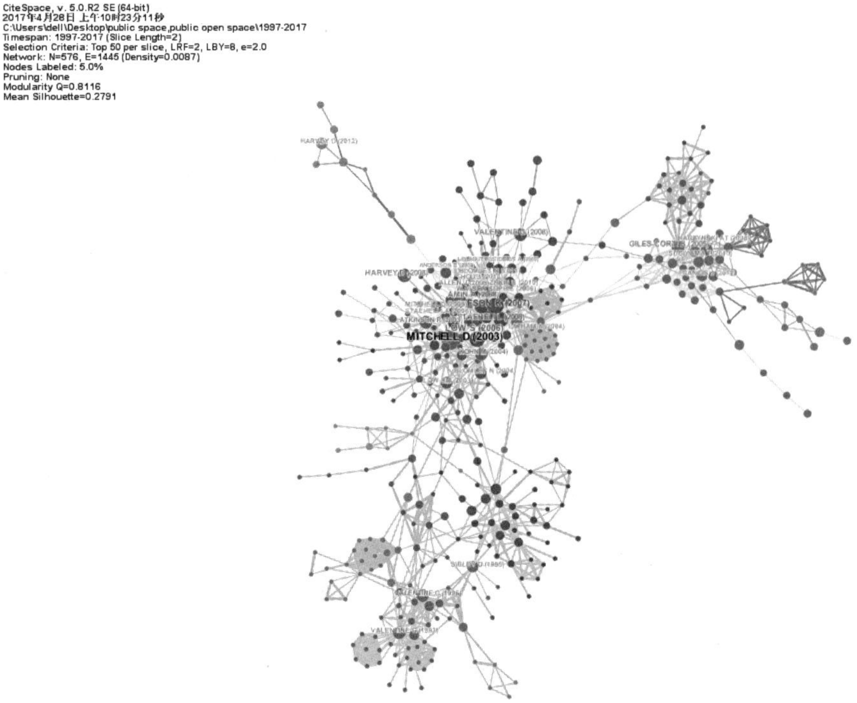

CiteSpace, v. 5.0.R2 SE (64-bit)
2017年4月28日 上午10时23分11秒
C:\Users\dell\Desktop\public space,public open space\1997-2017
Timespan: 1997-2017 (Slice Length=2)
Selection Criteria: Top 50 per slice, LRF=2, LBY=8, e=2.0
Network: N=576, E=1445 (Density=0.0087)
Nodes Labeled: 5.0%
Pruning: None
Modularity Q=0.8116
Mean Silhouette=0.2791

MITCHELL D (2003)
LOW S (2006)
VALENTINE G (2008)
HARVEY D (2008)

图1-5　公共空间文献共被引聚类图

CiteSpace, v. 5.0.R2 SE (64-bit)
2017年4月28日 上午10时23分11秒
C:\Users\dell\Desktop\public space,public open space\1997-2017
Timespan: 1997-2017 (Slice Length=2)
Selection Criteria: Top 50 per slice, LRF=2, LBY=8, e=2.0
Network: N=576, E=1445 (Density=0.0087)
Nodes Labeled: 5.0%
Pruning: None
Modularity Q=0.8116
Mean Silhouette=0.2791

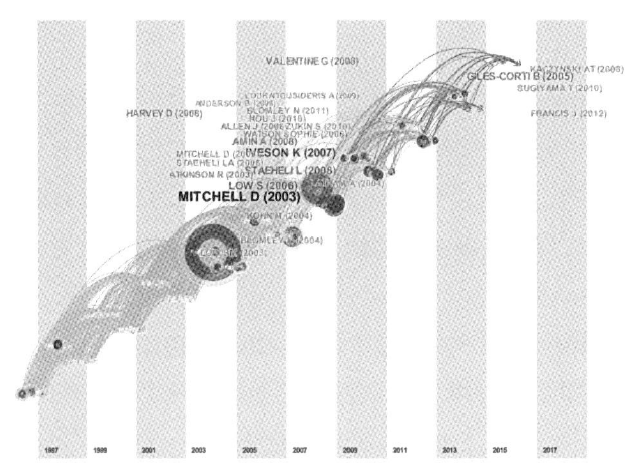


图1-6　公共空间文献共被引时区图

*Publics and the City*，位于聚类#1，被引39次；第三位的是Low Setha（2006）的*The Politics of Public Space*，位于聚类#1，被引30次；第四位的是Staeheli L. A.（2008）的*The People's Property? Power, Politics and the Public*，位于聚类#1，被引27次；第五位的是Giles-Corti B. 的*Increasing walking - How important is distance to, attractiveness, and size of public open space?*位于聚类#2，被引频次23。在表1-4的前十位文献共被引列表中，被引频次30次以上（不含30次）的有两篇文献；被引频次20次以上（不含20次）的有4篇文献，被引频次18～19次的有三篇文献。

公共空间领域的文献共被引排名前四位的文献均为出版的专著，从第五位开始才是发表的论文。这也体现了公共空间的专著对于研究领域学者们发挥着至关重要的影响，在专著中关于公共空间的研究本体与研究方法对于整个公共空间学术界的研究更具有普世价值与意义。

文献共被引排序表　　表1-4

| 被引频次 | 文献 | 聚类# |
|---|---|---|
| 66 | Mitchell D, 2003, RIGHT CITY SOCIAL JU, V, P | 0 |
| 39 | Iveson K, 2007, PUBLICS CITY, V, P | 1 |
| 30 | Low S, 2006, POLITICS PUBLIC SPAC, V, P | 1 |
| 27 | Staeheli L, 2008, PEOPLES PROPERTY POW, V, P | 1 |
| 23 | Giles-corti B, 2005, AM J PREV MED, V28, P169 | 2 |
| 21 | Amin A, 2008, CITY, V12, P5 | 1 |
| 20 | Harvey D, 2008, NEW LEFT REV, V, P23 | 0 |
| 19 | Valentine G, 2008, PROG HUM GEOG, V32, P323 | 1 |
| 18 | Atkinson R, 2003, URBAN STUD, V40, P1829 | 0 |
| 18 | Kohn M, 2004, BRAVE NEW NEIGHBORHO, V, P | 0 |

②作者和期刊共被引分析

作者和期刊的共被引是在文献共被引的基础上衍生出来的。文献的共被引分析以单个文献题录信息作为节点内容，作者的共被引分析则仅仅从整个文献题录中提取作者信息进行分析。期刊的共被引分析与作者的共被引分析思路类似，即从参考文献中仅提取文献来源的信息建立共被引网络。

*a*.作者共被引分析

使用CiteSpace软件检测到26个作者共被引聚类，如表1-5所示，其中并被引频次居首位作者是Mitchell D.，位于聚类#0，被引298次；第二位是Harvey D.，位于聚类#1，被引192次；第三位是Valentine G.，位于聚类#4，被引177次；第四位是Lefebvre Henri，位于聚类#1，被引160次；第五位是Jacobs J.，位于聚类#2，被引139次。表1-6显示的是按中心性排列的作者共被引排序，从中可以看出位于中心性排列第一位的是Valentine G.，第二位的是Atkinson R.，第三位的是Harvey D.，第四位的是Mitchell D.，第五位的是Jacobs J.。结合这两种排序方式，可以得出，在公共空间研究领域被广泛引用的作者集中于此，从而可确定公共空间领域具有影响性的学者名录。同时，CiteSpace软件还可以针对特别作者提取其被引年度分布图。如图1-7所示，被引频次居首位的Mitchell D.教授在 2011年开始至最高峰2013年，其作者共被引频次呈逐年上升的趋势，自2013年后进入下跌趋势。这其中列斐伏尔·亨利，大卫·哈维和简·雅各布斯代表着公共空间领域的研究大家，而后三位学者则代表着当今公共空间领域的最新学者方向。

作者共被引排序表 表1-5

| 被引频次 | 文献 | 聚类# |
|---|---|---|
| 298 | Mitchell D, 2001, SO, V, P | 0 |
| 264 | Harvey D, 2001, SO, V, P | 1 |
| 177 | Valentine G, 2001, SO, V, P | 4 |
| 160 | Lefebvre Henri, 2001, SO, V, P | 1 |
| 139 | Jacobs J, 2001, SO, V, P | 2 |
| 137 | Foucault M, 2001, SO, V, P | 3 |
| 132 | Habermas J, 2001, SO, V, P | 0 |
| 131 | Smith N, 2001, SO, V, P | 3 |

作者共被引中心性排序表 表1-6

| 中心性 | 文献 | 聚类# |
|---|---|---|
| 0.22 | Valentine G, 2001, SO, V, P | 4 |

续表

| 中心性 | 文献 | 聚类# |
|---|---|---|
| 0.22 | Atkinson R, 2007, SO, V, P | 5 |
| 0.21 | Harvey D, 2001, SO, V, P | 1 |
| 0.20 | Mitchell D, 2001, SO, V, P | 0 |
| 0.15 | Jacobs J, 2001, SO, V, P | 2 |
| 0.12 | Smith N, 2001, SO, V, P | 3 |
| 0.12 | Sibley D, 2001, SO, V, P | 4 |
| 0.11 | Lefebvre Henri, 2001, SO, V, P | 1 |
| 0.10 | Giles-corti B, 2007, SO, V, P | 5 |
| 0.08 | Massey D, 2001, SO, V, P | 1 |

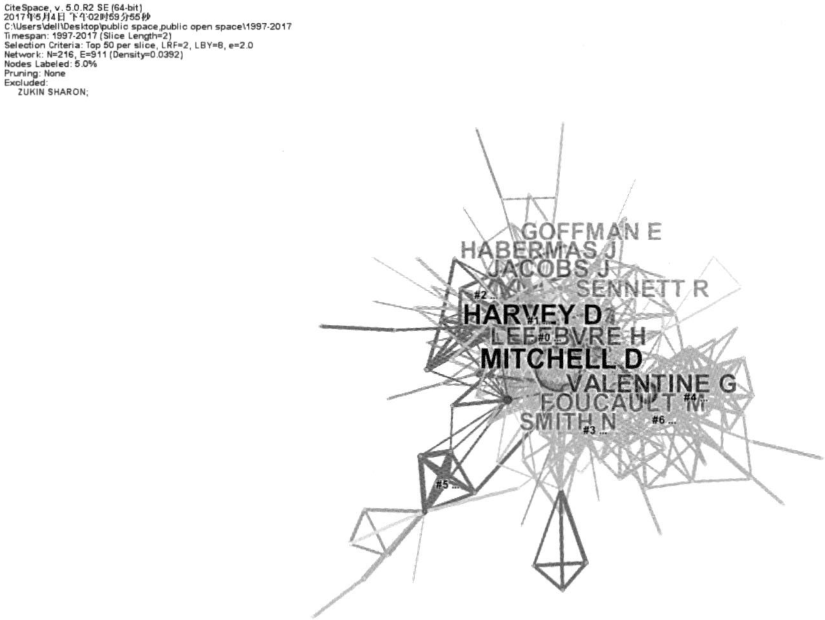

图1-7　公共空间作者共被引网络最大子集图

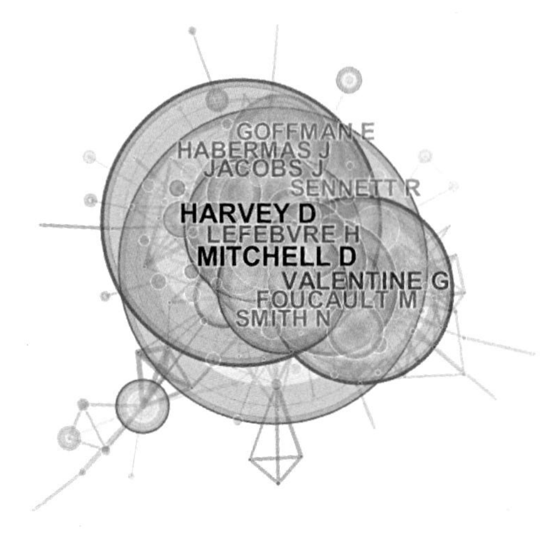


图1-8 公共空间作者共被引网络中的突发性监测

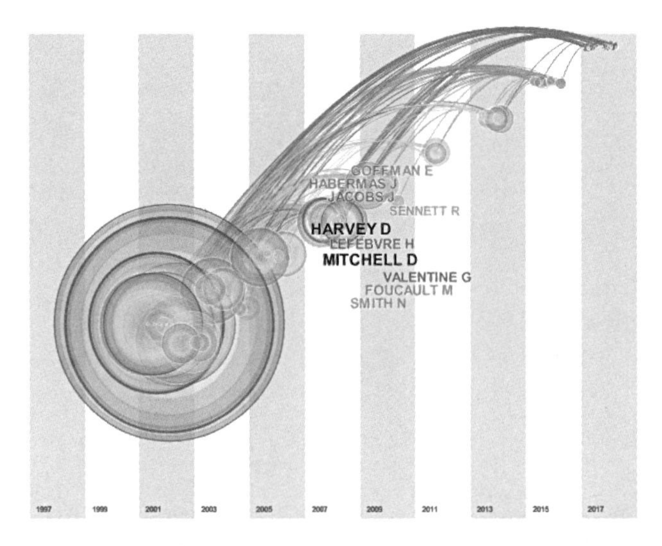


图1-9 公共空间作者共被引时区分布图

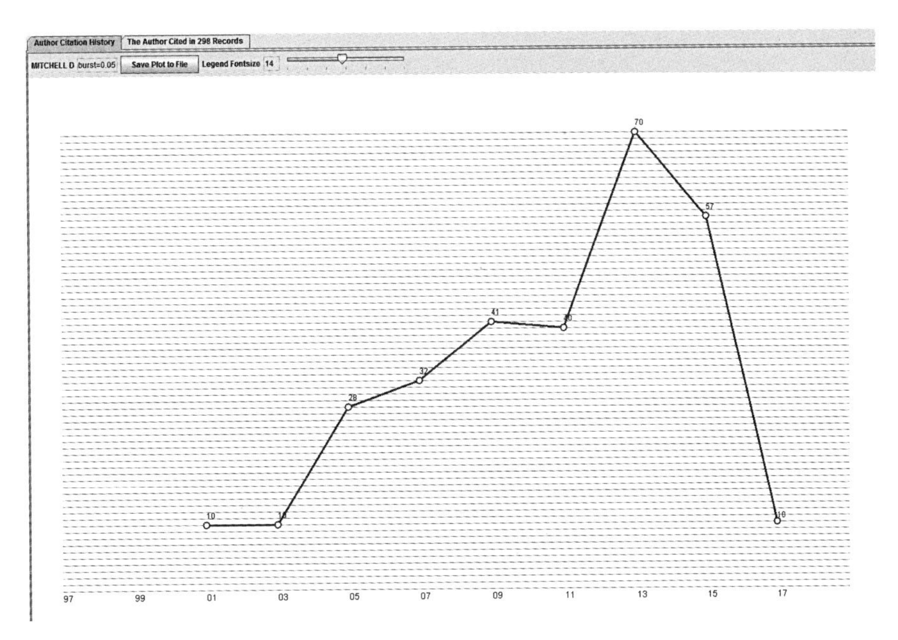


图1-10 Mitchell D.被引年度分布图

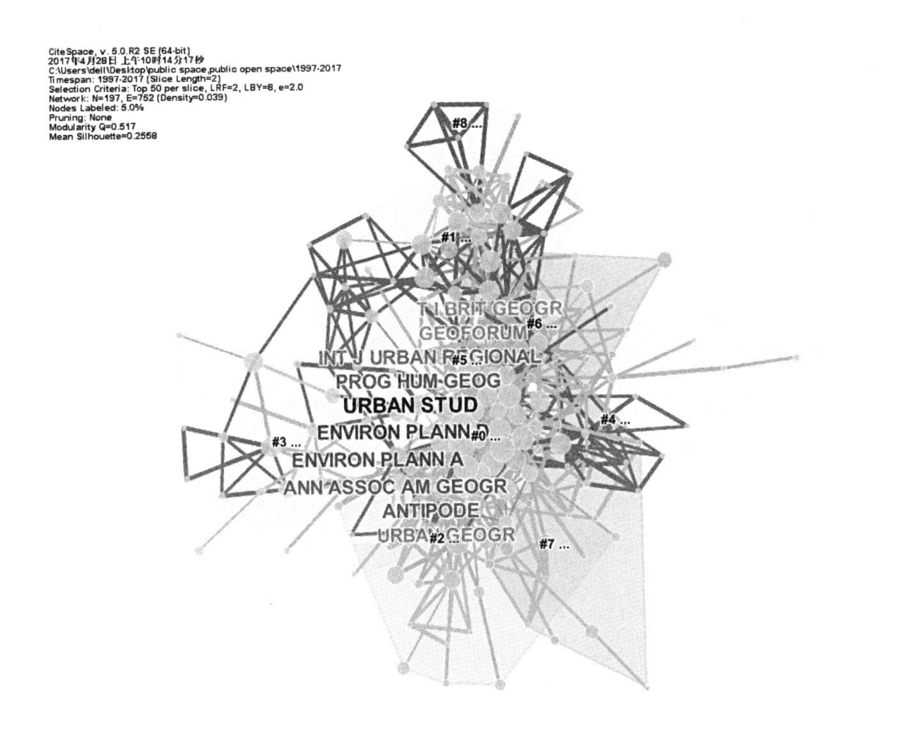


图1-11 公共空间期刊共被引聚类图

*b.* 期刊共被引分析

使用CiteSpace软件检测到32个期刊共被引聚类，如表1-7所列其中被引频次居首位的期刊是Urban STUDIES（2001），位于聚类#0，被引439次；第二位的是Environ PLANN D（2001），位于聚类#0，被引330次；第三位的是Environ PLANN A（2001），位于聚类#0，被引307次。从而可知，公共空间领域的重要文章多集中于城市研究和环境规划类的期刊中。

期刊共被引频次排序 表1-7

| 被引频次 | 文献 | 聚类# |
|---|---|---|
| 439 | Urban STUDIES，2001，URBAN STUD，V，P | 0 |
| 330 | Environ PLANN D，2001，ENVIRON PLANN D，V，P | 0 |
| 307 | Environ PLANN A，2001，ENVIRON PLANN A，V，P | 0 |
| 281 | Ann ASSOC AM GEOGR，2001，ANN ASSOC AM GEOGR，V，P | 0 |
| 276 | Prog HUM GEOG，2001，PROG HUM GEOG，V，P | 0 |
| 274 | ANTIPODE，2001，ANTIPODE，V，P | 0 |
| 250 | Int J URBAN REGIONAL，2001，INT J URBAN REGIONAL，V，P | 0 |
| 227 | Urban GEOGR，2001，URBAN GEOGR，V，P | 0 |
| 207 | GEOFORUM，2001，GEOFORUM，V，P | 0 |
| 195 | T I BRIT GEOGR，2001，T I BRIT GEOGR，V，P | 0 |

2）科研合作网络分析

①合作作者网络图

使用CiteSpace软件检测到作者合作网络中共包含1911个合作作者，如图1-12所示为公共空间研究领域的合作作者网络图，从中可以看出存在三个子网络，排名第一的是以澳大利亚墨尔本大学Giles-Corti B.教授为核心的最大的科研合作团队，排名第二的是以美国雪城大学Mitchell D.教授为核心的科研团队，排名第三的是以英国谢菲尔德大学Valentine G.教授为核心的科研团队。

从图1-13中可以看出公共空间学者合作最大子网络：澳大利亚墨尔本大学的Giles-Corti B. 教授为核心的澳大利亚墨尔本大学麦考利维克健康社区研究团队，该团队与澳大利本国以及美国、中国等国家的研究者联合，共同探讨建成的公共空间环境

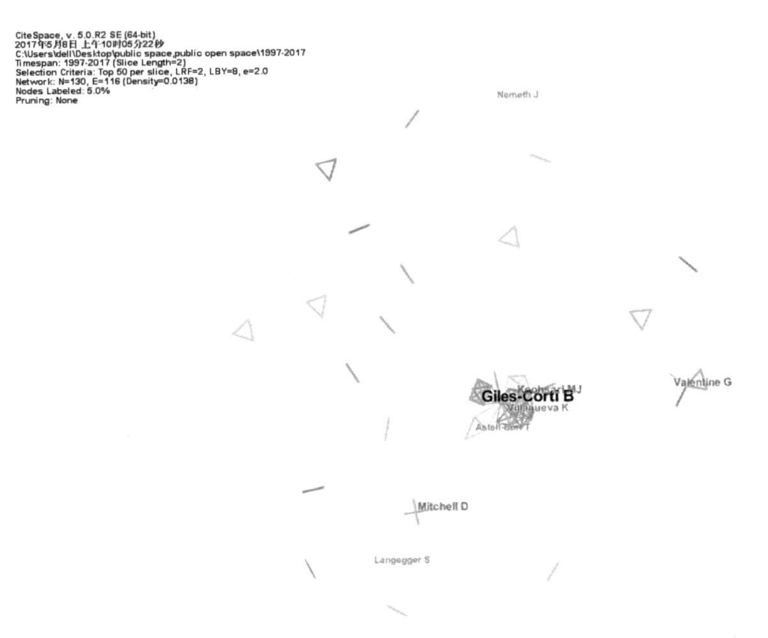
CiteSpace, v. 5.0.R2 SE (64-bit)
2017年5月8日 上午10时05分22秒
C:\Users\dell\Desktop\public space,public open space\1997-2017
Timespan: 1997-2017 (Slice Length=2)
Selection Criteria: Top 50 per slice, LRF=2, LBY=8, e=2.0
Network: N=130, E=116 (Density=0.0138)
Nodes Labeled: 5.0%
Pruning: None
Nemeth J
Valentine G
Giles-Corti B
Koohsari MJ
Villanueva K
Astell-Burt T
Mitchell D
Langegger S

图1-12　公共空间学者合作网络图

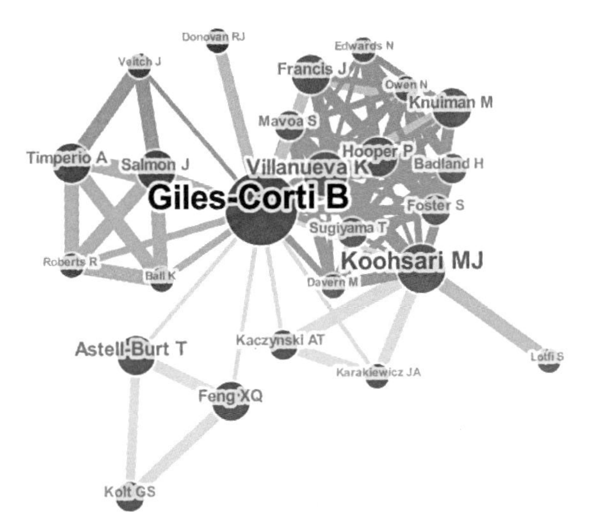
CiteSpace, v. 5.0.R2 SE (64-bit)
2017年5月8日 上午10时32分15秒
C:\Users\dell\Desktop\public space,public open space\1997-2017
Timespan: 1997-2017 (Slice Length=2)
Selection Criteria: Top 50 per slice, LRF=2, LBY=8, e=2.0
Network: N=130, E=116 (Density=0.0138)
Nodes Labeled: 5.0%
Pruning: None
Modularity Q=0.6334
Mean Silhouette=0.2768
Donovan RJ
Veitch J
Edwards N
Francis J
Owen N
Knuiman M
Mavoa S
Timperio A
Salmon J
Hooper P
Villanueva K
Badland H
Giles-Corti B
Foster S
Sugiyama T
Roberts R
Ball K
Koohsari MJ
Davern M
Astell-Burt T
Kaczynski AT
Lotfi S
Karakiewicz JA
Feng XQ
Kolt GS

图1-13　公共空间学者合作最大子网络

与人类健康之间的问题。他们将公共空间与人类健康建立联系，运用跨学科的研究方法和研究视野，将公共空间的社会意义与健康主题紧密联系。

②合作机构网络图

结合图1–14中的公共空间研究机构的合作网络图，可以更为清楚与直观地看到各研究机构之间的合作关系。使用CiteSpace软件，检测到1997～2017年间公共空间研究领域共有1543个研究机构。机构合作网络中最大的两个子集如图1–15所示。其中最大子集是以澳大利亚墨尔本大学（Univ. Melbourne），澳大利亚西澳大利大学（Univ. Western Australia）和美国加州大学洛杉矶分校（Univ. Calif Los Angeles）为主要研究机构的网络子集，另一个是以英国谢菲尔德大学（Univ. Sheffield），荷兰乌得勒支大学（Univ. Utrecht）和英国利兹大学（Univ. Leeds）为核心的研究机构网络。

结合表1–8的机构合作报告，可知根据被引用频次指标，排名前五的研究机构依次为：澳大利亚墨尔本大学（Univ. Melbourne）、澳大利亚西澳大利大学（Univ. Western Australia）、美国加州大学洛杉矶分校（Univ. Calif Los Angeles）、英国谢菲尔德大学（Univ. Sheffield）和荷兰乌得勒支大学（Univ. Utrecht）。其中，排名第一的墨尔本大学（Univ. Melbourne），文献被引频次为40，位于聚类#–1；排名第二的是西澳

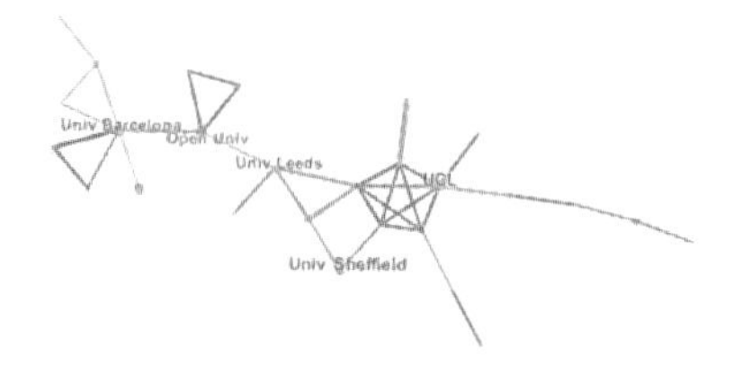


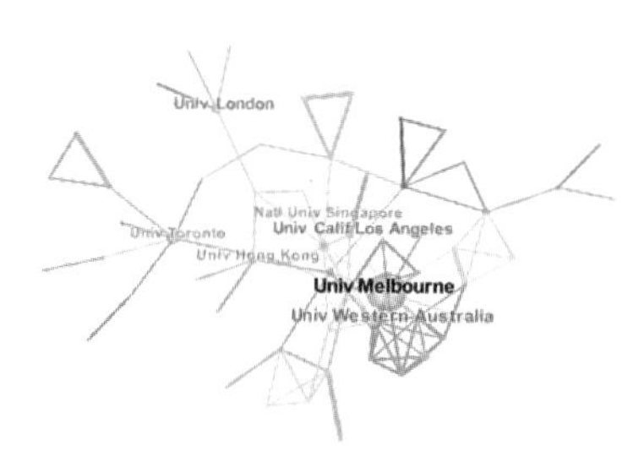


图1–14　公共空间机构合作网络

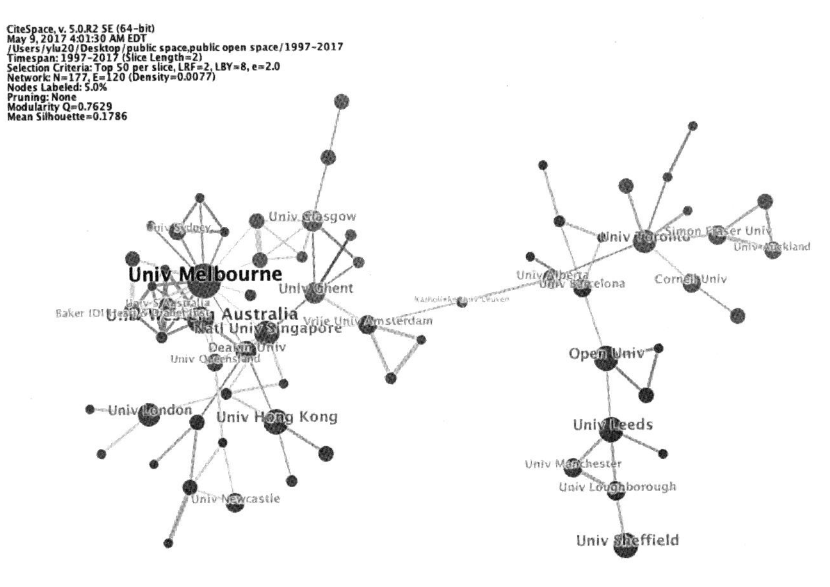


图1-15　公共空间机构合作子网络

大利大学（Univ. Western Australia），文献被引频次为19，位于聚类#-1；排名第三的是加州大学洛杉矶分校（Univ. Calif Los Angeles），文献被引频次为18，位于聚类#-1。

公共空间研究机构文献共被引排序　　表1-8

| 被引频次 | 文献 | 聚类# |
|---|---|---|
| 40 | Univ Melbourne, 2009, SO, V, P | −1 |
| 19 | Univ Western Australia, 2002, SO, V, P | −1 |
| 18 | Univ Calif Los Angeles, 2005, SO, V, P | −1 |
| 16 | Univ Sheffield, 2001, SO, V, P | −1 |
| 16 | Univ Utrecht, 2009, SO, V, P | −1 |
| 16 | Univ London, 2005, SO, V, P | −1 |
| 15 | Univ Amsterdam, 2002, SO, V, P | −1 |
| 15 | UCL, 2007, SO, V, P | −1 |
| 14 | Univ Leeds, 2005, SO, V, P | −1 |
| 14 | Univ Barcelona, 2011, SO, V, P | −1 |

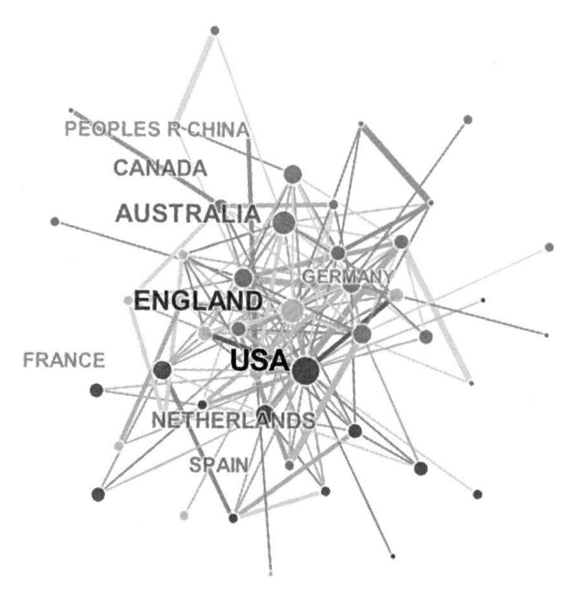


图1-16　公共空间国家合作网络

③合作国家网络图

使用CiteSpace软件，检测到如图1-16所示的公共空间国家合作网络图。从图中可以看出国家合作关系中美国占据核心地位，多国之间的合作关系交织往复，国与国之间的合作研究展开得非常密切。结合表1-9的国家合作报告，可知根据被引频次指标，排名前五的国家分别为美国、英国、澳大利亚、加拿大、荷兰，中国排名第七。其中，排名第一的美国，文献被引频次为507，位于聚类#0；排名第二的英国，文献被引频次为280，位于聚类#2；排名第三的澳大利亚，被引频次为151，位于聚类#1；排名第七的中国，文献被引为60，位于聚类#1。

公共空间研究国家文献共被引排序　　表1-9

| 被引频次 | 文献 | 聚类# |
|---|---|---|
| 507 | USA，2001，SO，V，P | 0 |
| 280 | ENGLAND，2001，SO，V，P | 2 |
| 151 | AUSTRALIA，2001，SO，V，P | 1 |

续表

| 被引频次 | 文献 | 聚类# |
| --- | --- | --- |
| 120 | CANADA，2001，SO，V，P | 1 |
| 93 | NETHERLANDS，2002，SO，V，P | 3 |
| 86 | SPAIN，2005，SO，V，P | 0 |
| 60 | PEOPLES R CHINA，2007，SO，V，P | 1 |
| 56 | FRANCE，2001，SO，V，P | 0 |
| 54 | GERMANY，2001，SO，V，P | 3 |
| 41 | SCOTLAND，2003，SO，V，P | 2 |

3）主题和领域共现分析

词频分析方法，是指在文献信息中提取能够表达文献核心内容的关键词或主题词频次的高低分布，来研究该领域发展动向和研究热点的方法。

相比文献的共被引，共词分析是非常直观的方法。本书通过共词分析的结果，对公共空间研究领域的主题进行分析，从而分析公共空间领域的热点内容、主题分布以及学科结构等问题。

①关键词共现

关键词的共现就是对web of science数据集中作者提供的关键词字段进行共现分析。

使用CiteSpace软件分析1997～2017年，时间切片为2的公共空间主题论文，检测到16个关键词共现聚类（图1-17），从表1-10中可以看出，其中高频关键词居前十位的分别为公共空间（public space）、城市（city）、地理（geography）、空间（space）、政治（politics）、性别（gender）、场所（place）、社区（community）、识别（identity）、街区（neighborhood）。

从图1-18中发现CiteSpace还对关键词的突变状况进行了分析。突变频次居前十位的分别是社会媒介（social media）、儿童时期（childhood）、行为（behavior）、儿童（children）、联合（association）、宗教（religion）、科技（technology）、网络（internet）、媒介（media）、监视（surveillance）。其中突变排名第一位的社会媒介（social media）的突变时间最新，为2014～2017年。关键词的突变情况显示公共空间研究热点已向社会媒介、儿童、行为、宗教、网络、科技方向转移。

CiteSpace, v. 5.0.R2 SE (64-bit)
2017年4月28日 上午10时35分19秒
C:\Users\dell\Desktop\public space,public open space\1997-2017
Timespan: 1997-2017 (Slice Length=2)
Selection Criteria: Top 50 per slice, LRF=2, LBY=8, e=2.0
Network: N=186, E=884 (Density=0.0514)
Nodes Labeled: 5.0%
Pruning: None
Modularity Q=0.4057
Mean Silhouette=0.3368

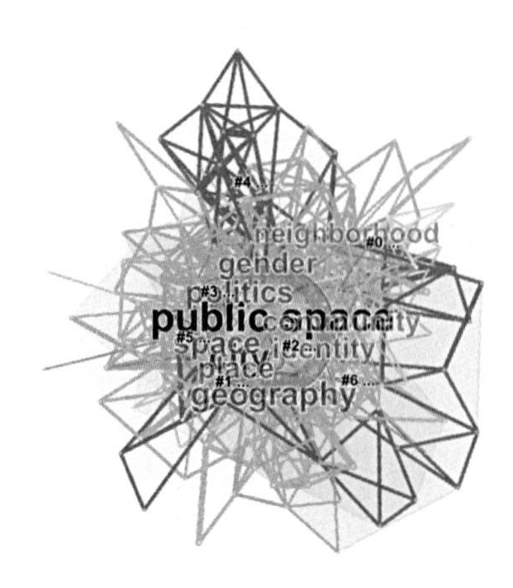


图1-17　公共空间关键词共现聚类图

View Citation/Frequency Burst History

**Top 22 Keywords with the Strongest Citation Bursts**

| Keywords | Year | Strength | Begin | End | 1997 - 2017 |
|---|---|---|---|---|---|
| social media | 1997 | **5.3738** | 2014 | 2017 | |
| childhood | 1997 | **5.3214** | 1997 | 2007 | |
| behavior | 1997 | **4.797** | 2007 | 2010 | |
| children | 1997 | **4.6006** | 1997 | 2009 | |
| association | 1997 | **4.5345** | 2013 | 2017 | |
| religion | 1997 | **4.1643** | 2002 | 2008 | |
| technology | 1997 | **4.1528** | 2015 | 2017 | |
| internet | 1997 | **4.1458** | 2009 | 2012 | |
| media | 1997 | **4.1328** | 2011 | 2014 | |
| surveillance | 1997 | **4.0188** | 2015 | 2017 | |
| land use | 1997 | **4.0113** | 2009 | 2010 | |
| women | 1997 | **3.9387** | 2013 | 2014 | |
| diversity | 1997 | **3.9153** | 2015 | 2017 | |
| urban design | 1997 | **3.7775** | 2011 | 2014 | |
| difference | 1997 | **3.6874** | 2015 | 2017 | |
| social control | 1997 | **3.6292** | 2005 | 2008 | |
| open space | 1997 | **3.5595** | 1997 | 2008 | |
| mall | 1997 | **3.4676** | 2003 | 2006 | |
| street | 1997 | **3.4627** | 2013 | 2015 | |
| south africa | 1997 | **3.4619** | 2013 | 2014 | |
| turkey | 1997 | **3.4545** | 2015 | 2017 | |
| movement | 1997 | **3.4545** | 2015 | 2017 | |

Sort by the Beginning Year of Burst　Close

图1-18　公共空间突发性关键词列表排序

公共空间关键词共现频次排序　表1-10

| 被引频次 | 文献 | 聚类# |
| --- | --- | --- |
| 634 | public space，2001，SO，V，P | 1 |
| 278 | city，2001，SO，V，P | 1 |
| 139 | geography，2001，SO，V，P | 1 |
| 134 | space，2001，SO，V，P | 5 |
| 132 | politics，2001，SO，V，P | 3 |
| 101 | gender，2001，SO，V，P | 4 |
| 95 | place，2001，SO，V，P | 5 |
| 86 | community，2001，SO，V，P | 2 |
| 78 | identity，2001，SO，V，P | 3 |
| 64 | neighborhood，2005，SO，V，P | 0 |

②领域共现

使用CiteSpace软件检测到16个领域词共现聚类（图1-19），从表1-11中可以看出，其中居前十位的高频领域词分别为地理（GEOGRAPHY）、城市研究（URBAN STUDIES）、环境科学与生态（ENVIRONMENTAL SCIENCES & ECOLOGY）、环境

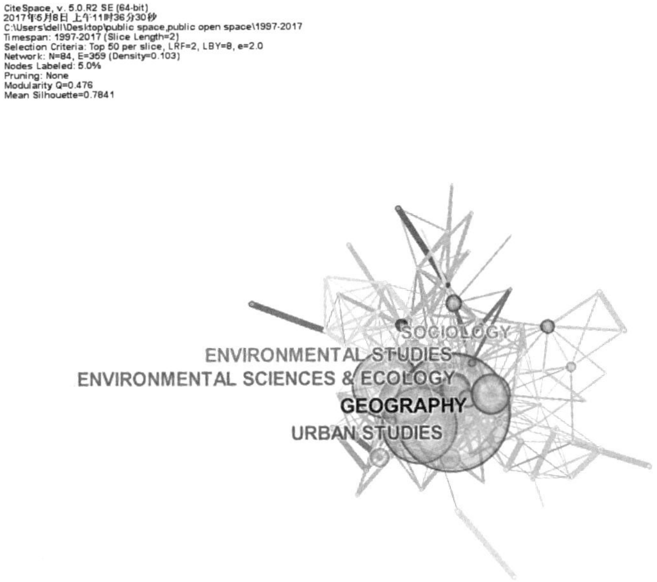

图1-19　公共空间领域共现网络

研究（ENVIRONMENTAL STUDIES）、社会学（SOCIOLOGY）、社会科学（SOCIAL SCIENCES）、政府与法律（GOVERNMENT & LAW）、政治科学（POLITICAL SCIENCE）、公共事务（PUBLIC ADMINISTRATION）、社会科学（SOCIAL SCIENCES）、跨学科（INTERDISCIPLINARY）。

根据图1-21，使用CiteSpace软件检测到突变领域的分布依据突变强度居前九位的突变领域词为：政府与法律（GOVERNMENT & LAW），政治科学（POLITICAL SCIENCE），科学与技术（SCIENCE & TECHNOLOGY－OTHER TOPICS），建筑（ARCHITECTURE），计算机科学、理论与方法（COMPUTER SCIENCE，THEORY & METHODS），经济（ECONOMICS），国际关系（INTERNATIONAL RELATIONS），哲学（PHILOSOPHY），社会科学、跨学科（SOCIAL SCIENCES，INTERDISCIPLINARY）。

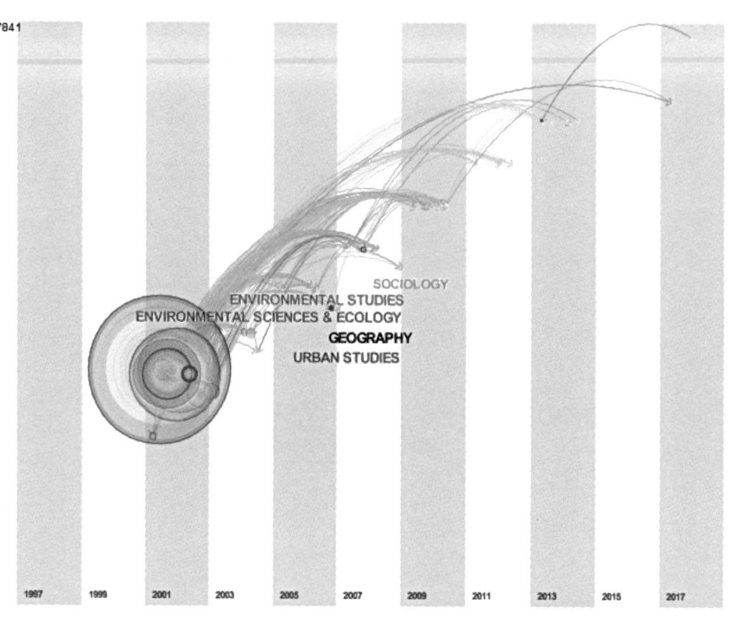


图1-20　公共空间领域共现时区分布

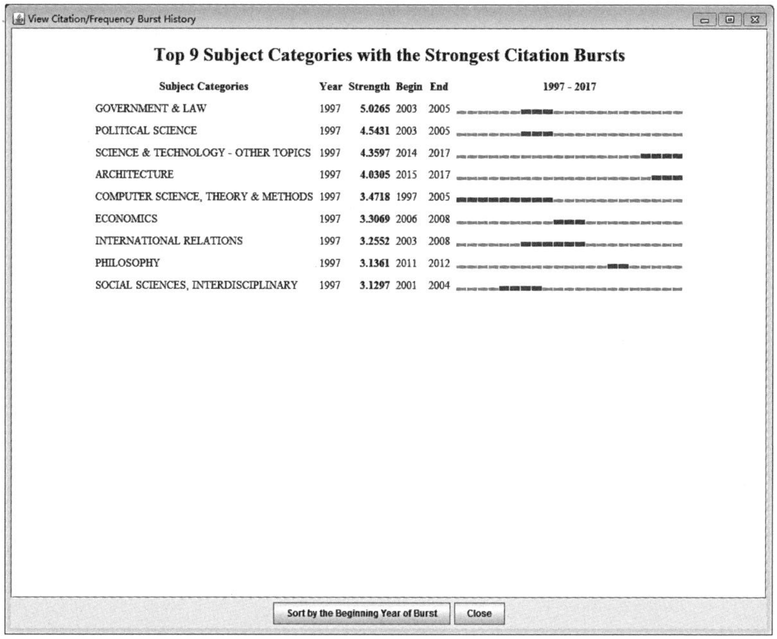

View Citation/Frequency Burst History

**Top 9 Subject Categories with the Strongest Citation Bursts**

| Subject Categories | Year | Strength | Begin | End | 1997 - 2017 |
|---|---|---|---|---|---|
| GOVERNMENT & LAW | 1997 | **5.0265** | 2003 | 2005 | |
| POLITICAL SCIENCE | 1997 | **4.5431** | 2003 | 2005 | |
| SCIENCE & TECHNOLOGY - OTHER TOPICS | 1997 | **4.3597** | 2014 | 2017 | |
| ARCHITECTURE | 1997 | **4.0305** | 2015 | 2017 | |
| COMPUTER SCIENCE, THEORY & METHODS | 1997 | **3.4718** | 1997 | 2005 | |
| ECONOMICS | 1997 | **3.3069** | 2006 | 2008 | |
| INTERNATIONAL RELATIONS | 1997 | **3.2552** | 2003 | 2008 | |
| PHILOSOPHY | 1997 | **3.1361** | 2011 | 2012 | |
| SOCIAL SCIENCES, INTERDISCIPLINARY | 1997 | **3.1297** | 2001 | 2004 | |

Sort by the Beginning Year of Burst　Close

图1-21　公共空间突发性领域列表排序（按照突发强度）

公共空间领域共现频次排序　表1-11

| 被引频次 | 文献 | 聚类# |
|---|---|---|
| 457 | GEOGRAPHY，2001，SO，V，P | 2 |
| 301 | URBAN STUDIES，2001，SO，V，P | 2 |
| 275 | ENVIRONMENTAL SCIENCES & ECOLOGY，2001，SO，V，P | 2 |
| 247 | ENVIRONMENTAL STUDIES，2001，SO，V，P | 2 |
| 183 | SOCIOLOGY，2001，SO，V，P | 1 |
| 166 | SOCIAL SCIENCES – OTHER TOPICS，2001，SO，V，P | 1 |
| 151 | GOVERNMENT & LAW，2001，SO，V，P | 1 |
| 121 | POLITICAL SCIENCE，2001，SO，V，P | 1 |
| 120 | PUBLIC ADMINISTRATION，2002，SO，V，P | 2 |
| 102 | SOCIAL SCIENCES，INTERDISCIPLINARY，2001，SO，V，P | 1 |

公共空间领域突发性排序　表1-12

| 突发 | 文献 | 聚类# |
| --- | --- | --- |
| 5.03 | GOVERNMENT & LAW, 2001, SO, V, P | 1 |
| 4.54 | POLITICAL SCIENCE, 2001, SO, V, P | 1 |
| 4.36 | SCIENCE & TECHNOLOGY - OTHER TOPICS, 2013, SO, V, P | 3 |
| 4.03 | ARCHITECTURE, 2006, SO, V, P | 0 |
| 3.47 | COMPUTER SCIENCE, THEORY & METHODS, 2000, SO, V, P | 4 |
| 3.31 | ECONOMICS, 2001, SO, V, P | 2 |
| 3.26 | INTERNATIONAL RELATIONS, 2003, SO, V, P | 1 |
| 3.14 | PHILOSOPHY, 2011, SO, V, P | 0 |
| 3.13 | SOCIAL SCIENCES, INTERDISCIPLINARY, 2001, SO, V, P | 1 |

（3）结论

综上所述，本书通过运用CiteSpace软件，对于公共空间研究领域近二十年来的研究文献文本进行研究前沿的挖掘及知识可视化分析，得出以下两点结论。

①公共空间知识结构

通过对公共空间文献共被引和学者及期刊共被引情况，发现公共空间研究领域的聚类特征较为分散，聚类较多，没有形成清晰的研究特征。但从文献共被引和作者共被引的最大子集中可以看出，国外公共空间的研究更多地依托于地理学、社会学、经济学领域，并从2000年开始进入明显的研究高峰期，且文献共被引和作者共被引脉络清晰，形成了以政治经济学、人文地理学和社会学为共识的知识结构。

②公共空间的研究领域和研究热点的转向

通过基于CiteSpace软件分析的公共空间领域共现，可知公共空间的研究领域最常见的是地理、城市研究、环境科学与生态、环境研究、社会学，目前关注度突变性最大的领域为政府与法律、政治科学、科学与技术、建筑、计算机科学。可见政府与法律以及科学技术和建筑领域的介入成为当前公共空间研究领域的新方向。

通过基于CiteSpace软件分析的公共空间关键词共现和领域共现，可以发现公共空间领域的关注热点已从过去传统城市、地理、空间、政治、性别、场所、社区、识别、街区的研究转向社会媒介、儿童成长、行为、联合、宗教、网络、科技、媒介方式和监视的问题上来。其中在关键词突变排名第一位的社会媒介（social media）的突变时间最新，为2014～2017年，代表着当今研究的热点方向。

总体来看，国际上公共空间的研究仍然缺乏研究领域的拓展和交叉，尽管建筑、设计领域已经介入公共空间的研究，但在对于公共空间的研究方法与视角上，建筑、设计领域仍缺乏影响传统研究领域如地理学、经济学和社会学的研究方法。公共空间的研究前沿仍需努力发展多维度的探索及深入化的拓展。研究热点受时代影响较大，与社会、政治、经济、地理的关系密切。目前的研究热点从过去宏观的理论研究转向为具体的实证研究，关注于公共空间在新技术新时代背景下，对不同人群的行为、健康、成长产生何种影响。

# 第二章

# 公共空间的公共性

# 2.1 公共空间的“公共性”本意

## 2.1.1 公共空间的“本质"

（1）西方学术界的定义

卢克·纳道伊（Luc Nadai）在其博士论文“城市公共空间——美国1960–1995”中指出“公共空间”（public space）一词最早在学术界被明确使用可以追溯到1950年，英国社会学家查理·马奇（Charles Madge）在《人类关系》杂志上发表的名为“私人和公共空间”的学术论文。马奇探讨了当时英国流行文化中的场所社会性和传统重要性，并且提出建议，认为通过社会科学领域的研究可以将公共空间的知识本体运用于设计过程的发展。尽管马奇对于公共空间学术性用语的选择和考虑使他成为公共空间研究领域的先驱，但他的学术文章却被公共空间学术应用界所忽视和孤立[①]。第二位提出公共空间的学者是汉娜·阿伦特。她在其著名的政治哲学论著《人的条件》中将“空间的外貌”（space of appearance）与“公共领域”（public realm）相联系。她的短语“公共领域”（public realm）经常作为一个稍微抽象的词代替“公共空间”（public space）在城市空间的讨论中再现。尽管阿伦特在这本论著中的主要观点并非城市空间本身，而是更广泛的人的存在价值。但阿伦特的作品吸引了大量读者，在接下来的几十年里，她对许多建筑师和城市规划师产生了深远影响[②]。

1960年，芒福德（Mumford）在其发表的论文《开放空间的社会功能是将人们聚集在一起》中对于美国城市公共空间的讨论中提出“在城市中开放空间的社会功能是将人们汇聚在一起”，“当私人和公共空间被共同设计的时候，在可能的最愉悦条件下，混合与会面有可能会发生。”在随后的1961年，城市建筑界关于公共空间的讨论发生了关键性的事件，即简·雅各布斯（Jan Jacobs）著作《美国大城市的生与死》的出版代表了对于现代主义技术官僚的城市规划和城市重建方法的标志性批判[③]。公共

---

① Luc Nadai. Discourses of Urban Public Space：USA 1960-1995 A Historical Critique. Columbia University，2000：26，39，40，48-49，42，55.

② Jan Gel，Birgitte Svarre. How to Study Public Life. Island Press，2013：64-65.

③（美）简·雅各布斯. 美国大城市的生与死［M］. 金衡山，译. 第2版. 上海：译林出版社，2006.

空间的概念在雅各布斯的修辞中具有鲜明的特色。尽管她多次使用了具体的“公共空间”一词，但并未给予该词任何一种具体的定义。

最早的关于城市公共空间的正式定义出现在1968年霍华德·萨尔曼（Howard Saalman）的著作《中世纪城市》中。他将公共空间定义为基于物理可达性（accessibility）的空间，他所用的词语是“穿透性”（penetrability）。萨尔曼的定义给了公共空间一个基本而重要的概念，即“可达性”[①]。可达性具有诸多条件和细微差别。如同人类任何一种团聚方式，中世纪城市公共性的身份与特征在表现上仍是模糊不清的。

1973年，社会学家林恩·洛夫兰德（Lyn Lofland）为公共空间带来了更为复杂的定义。她的著作《世界的陌生者：在城市公共空间中的规则与行为》是第一本明确地阐述城市公共空间的学术著作。她将广泛的“可达性”作为必需品提出：“公共空间是基本上所有人都有权利进入的城市区域。”但她也提出基本上对于所有人开放的争论，公共空间就是一个“陌生者们相互之间的接触点[②]”。相反地，她将公共空间定义为“陌生人会面的空间”介绍了一个重要的概念，该概念将“世界性”的城市公共空间和“地方性”的小城镇及有边界的社区空间相区别。但这两种空间种类都具有“渗透性”，因此都可被视为基于唯一可达性的公共空间概念定义。洛夫兰德将公共空间明确定义为一个重要场所（site），在这个场所中，那些微妙的关于陌生感、归属感、身份认同、群体性、领域性和使用样式之间的关系，如何被建构，如何被呈现。她研习戈夫曼的学术方法，对于这些关系在日常生活中的实际使用进行了详细研究。

1974年，社会学家与文化评论家理查德·赛内特（Richard Sennett）出版了《公共人的堕落》（*The Fall of Public Man*）[③]。该著作从社会历史的角度探讨了美国社会公共生活与个人生活的当代关系。像雅各布斯一样，赛内特将公共生活和他的发生剧场：公共空间，看作城市的一种基本特征。同时，他又将城市作为公共生活的自然载体。并且，他比雅各布斯更为具体地描述了20世纪70年代发生在美国的一种危机情况：“关于公共生活的讨论，例如城市，已经进入了一种衰退的情形”。从古老的罗

---

① Saalman，Howard. Medieval Cities. New York：Braziller Press，1968.

② Lyn Lofland. A World of Strangers. Banfield：Waveland Press，1973：19.

③ Richard Sennett.The Fall of Public Man.Penguin，2003.

马到当代纽约，赛内特指出了一个不可避免的降低过程，即关于城市空间包含公共空间在内的混合性、高密度性和不均匀属性的减少使用。与雅各布斯相反，赛内特的努力并非实用主义地介绍一种新的城市规划和建设的新理论，而是揭露了他所看见的公共生活中深层根基处的被侵蚀。他从历史的、社会的和心理学角度出发，将公共生活的下降与西方社会中日益增长的中产阶级对于揭露社会不均的害怕，以及重新将个人生活作为中心，从一个日益增长的抽象的公共领域中转而倾向于对个人家庭世界的庇护，将家庭和对亲密生活的关注建立起联系。现代的理想个性和亲密的人际关系最终导致社会均质化和排他性的出现，从而将城市生活瘫痪。在阿伦特《人的条件》问世16年后，赛内特做了大量的工作来建构关于公共空间的问题，即当代城市环境下的公共纬度。赛内特聚焦于20世纪70年代出现的关于美国60年代公共空间理想的坍塌。

（2）中国学术界的定义

1）近代以来中国的“公共空间”内涵

中西方许多学者都曾经就近代以来的中国“公共空间”一词的概念、内涵进行过激烈的讨论。陈弱水在《中国历史上“公”的观念及其现代变形》一文中曾经指出：“自20世纪初，中国人开始大举检讨自己的文化后不久，就一直有人批评本国人缺乏公共意识，行事只顾个人利益与方便，不懂经营公共生活，不擅处理公共事务……中国人的公共意识普遍薄弱是事实，但传统中国并不缺‘公’的观念与价值，相反地，传统文化对此非常强调，诸如‘天下为公’‘大公无私’‘公而忘私’等常见词语。①”19世纪末一些西方传教士和探险者们撰写的游历中国的笔记中也使用了大量篇幅表现出对中国“公心”的赞赏。许纪霖曾以近代上海为例，对于中西方公共空间进行了比较与讨论。他认为哈贝马斯的公共领域是独立于政治建构之外的公共交往和公众舆论，在保障政治合法性的基础上，对于政治权利又具有批判性作用；其公共领域概念可以用来解读和分析近代中国的公共空间与舆论，并认为报纸、学会和学校是当时中国最重要的公共空间②。金观涛和刘青峰在《观念史研究：中国现代重要政治术语的形成》一书中认为，从清末预备立宪到1954年前这一社会变迁阶段，中国的确形成了与西方公共空间相类似的公共领域，并将其解读为“绅士公共空间”③。

---

① 陈弱水．中国历史上“公”的观念及其现代变形［M］//许纪霖，宋宏编．现代中国思想的核心观念．上海：上海人民出版社，2011：592-593.

② 杨宇振．从“乡”到“城”——中国近代公共空间的转型与重构［J］．新建筑，2012（05）：46.

③ 金观涛，刘青峰．观念史研究：中国现代重要政治术语的形成［M］．北京：法律出版社，2009.

从罗威廉（William Rowe）、威廉·施坚雅（William Skinner）到张仲礼，各家之言不尽相同，在此本书仅以沟口雄三的论述作为参考依据。他对中国之“公”的概念提出了具有空间观念的三层涵义：朝廷国家之公（政治性的公）、社会之公以及天下之公（公平、公正、平等）。沟口雄三对比中日“公”之观念差异时指出：“日本把国家的公作为最终并最大的领域，至此为止。而原理性的中国的公，有民权、民生、民族从里向外以同心圆共有着作为超越民族——国家而存在的天下式公界”[①]。

结合诸多学者的研究与论述，传统中国“公”之概念的三重空间维度以杨宇振学者于2012年提出的概念为本书之依托，如表2-1所列，传统中国“公”是从家到国再到天下的三重空间维度，其空间等级由伦理、公理再到天理，涉及的空间关系是从空间内部到空间之间再到整体的、混一的空间[②]。

传统中国“公”之观念的三重空间维度　　表2-1

| | 空间等级 | 空间关系 | 空间尺度 |
|---|---|---|---|
| 秩序 | 伦理 | 空间内部 | 家 |
| | 公理 | 空间之间 | 国 |
| | 天理 | 整体的、混一的空间 | 天下 |

2）近代以来中国的“公共空间”转型与重构

杨宇振学者将中西方社会中公共空间的多个方面列表进行列举分析，如表2-2所列。在表2-2中，需要强调的是近代中国公共空间既未固守原样，也非全盘西化。它在“全球—中央—地方”三个不同尺度空间之间的关系变动中转型与发展。

在表2-2中杨宇振强调，有三个需要重点理解的地方。首先是目的与结构部分，中国传统社会中的公共空间是一种网络化、关联化的结构，用来维护社会秩序；而西方资本主义社会的公共空间则是为了追求经济利益，同时因为劳动分工而形成的阶层分化导致公共空间关系与边界极不相同。第二，“物质权属”在转型与重构的过程中表现出重要作用。一个是“普天之下，莫非王土”，一个是“产权明晰”。而中国近现代化的过程本质上也是产权明晰化的过程。第三，近代以来空间观念的变迁。费孝通

① 沟口雄三．中国的公与私·公私［M］．郑静，译．北京：生活·读书·新知三联书店，2011．

② 杨宇振．从“乡”到“城”——中国近代公共空间的转型与重构［J］．新建筑，2012（05）：46．

在《乡土中国》中就曾指出这一巨大的变化："乡不再是衣锦荣归的去处。[①]""乡"所代表的广大小农社群是传统中国社会基层公共空间的载体。近代以来城乡经济关系的变化，导致了中国传统社会农村公共空间的败落。随着经济关系发生变化，绅士（绅商）阶层从"乡"往"城"移动，传统中国社会的公共空间的重要载体空间发生了移动，剧烈地改变着原有相对稳定的空间结构与状态。

近代以来转型与重构中的公共空间　表2-2

| | 传统中国社会的公共空间 | 转型与重构中的公共空间 | 资本主义的公共空间 |
|---|---|---|---|
| 目的 | 社会秩序 | | 经济效益 |
| 结构 | 网络化 | | 劳动分工形成的阶层化 |
| 构成 | 家庭为核心 | | 公司为核心 |
| 观念 | 儒学为核心 | | 工具理性 |
| 生产机制 | 道德与教化 | | 市场 |
| 组织方式 | 向上和内化的 | | 地理流动和扩张的 |
| 认知方式 | 经验与感性 | | 理性与抽象 |
| 社会构成 | 熟人社会 | | 陌生人社会 |
| 物质权属 | "普天之下、莫非王土" | | 产权明晰 |
| 时间维度 | 稳定的、地方感的 | 复杂关系中的剧烈变化 | 变化的、地方感的挪用 |
| 存在方式 | 弥漫的、无处不在的 | | 功能明确、边界清晰 |
| 空间载体 | 乡村为中心 | | 城镇为中心 |
| 社会载体 | 绅士 | | 商人（资产阶级） |
| 空间形态 | 历史的、延续的 | | 地理的、片段的 |
| 空间构成 | 相对性 | | 绝对性 |
| 物质载体 | 礼制化空间 | | 集体物质消费空间 |
| 主要矛盾 | 同构化 | | 权利与资本的挪用 |
| 近代意识 | 民族性 | | 现代化 |

① 费孝通. 乡土中国与乡土重建［M］. 台北：风云时代出版公司，1993.

牟复礼曾指出，传统中国城乡是一种“连续体”，不存在十分明显的城乡差别①。但近代以来，以1908年颁布的《城镇乡地方自治章程》为标志的新经济关系与生产方式发生的巨大变化，使得城市治理逐渐脱离乡土的母体②。“城”开始作为中国社会与西方现代资本主义集中碰撞与交汇的场域。这些矛盾与过程鲜明地体现在城市公共空间的物质化发展过程中。

## 2.1.2　公共空间的“公共性”

（1）公共性的“困境”

自20世纪90年代开始，公共空间理论性和历史性的复杂概念就收到了各种各样的建议，尤其是将影响公共空间的所有社会因素进行急剧的分割，纳入公共性与私有性的对抗讨论中。

汉娜·阿伦特早在1958年便指出这些主题，即可见性（visibility）和集体性（collectivity）。可见性指那些相对于开放的、被揭露的、可见的那些隐藏的或收回的行为。集体性则指相对于集体性的个人主义。这两者非常不同，并且在很大程度上具备自主性。例如，个人的或集体的对应于公共兴趣，并非意味着前者就是不可见的、隐藏的或秘密的。相反的，就可见性来看，其与个人的“隐私”有关系，但并不具备任何政治性的意义。从可见性和集体性的分离，温特劳布（Weintraub）推测“在公共性/私有性的许多不同的区别中，几乎都不含有与政治直接相关的因素。”

尽管对于“公共空间”题材中多样性和矛盾性已经做了非常多的探索，温特劳布（Weintraub）仍想对公共空间进行分析性的分裂研究，试图将公共性与私有性的二分法用多种不同方式呈现出来。他领悟性地提出了以下四种主要类型③：

分类一：国家/非国家

自由经济的模式可以用来区分国家公共行政和私有市场经济。这个方法在公共政策分析和经济原理中占主导地位。

---

① 牟复礼．元末明初南京的变迁［M］//施坚雅编．中华帝国晚期的城市．叶光庭，徐自立，王嗣均等，译．北京：中华书局，2002：112-175.

② 杨宇振．权利、资本与空间：中国城市化1908–2008［J］．城市规划学刊，2009（1）：62-73.

③ Weintraub，Jeff & Krishan Kumar des. Public and Private in Thought and Practice：Perspectives on a Grand Dichotomy. Chicago：University of Chicago Press，1997.

分类二：公民 / 排斥

共和的思维模式是将公共领域按照政治性的社区和公民的特征，将其从市场和国家行政中区分开来。这种方式在经典及哈贝马斯政治哲学理论中占主导地位。

分类三：社交性 / 退出

城市社交能力模式是将公共领域视作一个流动的和多功能的场所的遭遇点，并且试图分析导致它出现可能性的文化与戏剧性公约。

分类四：家庭 / 公民社会

家庭与公民社会模式，特指被运用于一些经济历史和女权主义者的分析研究中。他们在私人家庭和外部世界包括公共市场经济间画了一道分界线。最新的使用是被运用于与更多常规的关于国家 / 非国家区分方法的争执之中。

尽管温特劳布（Weintraub）的类型学分类方法无法涵盖关于公共性与私有性的所有不同点，但它成功阐述了现存的各种各样的自治的领域。他们中的一些的确非常具有矛盾性。在这个统一的词汇“公共空间”下，其主题题材显示出了深度的分裂性。

“公共空间”的问题是它涵盖了各种各样的可以经过分析而区别开来的主题，但同时，这些主题往往会重叠和交织在一起。例如分类一和分类二总体上是基于对公众利益和特殊利益的区别。同时，分类三和分类四是基于对可见的与隐藏的区别。

（2）两种视野下的“公共性”

在公共空间的“公共性”范畴下，一直以来都有两种相对的角度，他们相互之间无法化解，其对于公共空间自然与目的意识形态的视野在以下两类人群对于公共空间的长期或偶尔的无声斗争中被证实。这两类人群中第一类为无家可归者、户外活动积极分子和商人，第二类为城市或公共空间管理者。对于无家可归者和户外活动积极分子而言，他们将公共空间视作能够自由交互和没有权力机构强迫的空间，公共空间于他们而言是个不受约束的空间，在政治性的活动下能够将其组织并扩散到更广阔的舞台。对于公共空间的管理者而言，在很多地方他们不能代表设计者的设计意图，他们对于公共空间的视野则是同前者完全不同的。在合适的公共性使用要求下，他们将公共空间作为一种开放的活动和娱乐场所。公共空间因此建构了一种被控制和被秩序性对待的特征，在那里，一种行为得体的公共空间才可能令人体验到城市的美妙景观。

在第一种视野下，公共空间被政治性的演员们所控制与重塑。它的核心是政治化的，可以容忍混乱的风险，包括频繁的政治活动，并将其作为运作的核心。第二种视野下，公共空间是被规划的、秩序性的以及安全的。公共空间的使用者必须感受到舒适，他们不能被不悦目的无家可归者或主动提供的政治性活动所驱使。这些视野，当然并不是某一个公共空间的独特反应，而是在当代城市中的公共空间里普遍存在的情况。

这两种关于公共空间的视野或多或少都与列斐伏尔关于再现的空间（representational space）和空间的再现（representations of space）之间的区别有关。再现的空间是透过与生活联系的影像和象征而直接被居民及使用者经历的、生活的、被使用的空间；空间的再现指空间的表征是有规划的、被控制的、秩序性的空间，与符号系统相连接的、概念化的空间。公共空间经常，但不总是，被认为是一种空间的再现，例如一个法院广场，一个有纪念碑的广场，一个公共性公园，或者一个步行商业街区。但当人们使用这些空间的时候，他们会成为这个再现的空间，进而恰当地使用。因此公共空间就变成了一个重要的空间的再现。公共空间是那些政治活动可以发生的空间，政治性组织能够在公共空间中向更大的人群来表达自己的政治主张。通过在公共场所创造空间，通过创造公共空间，社会团体本身成了公众。也只有在公共空间中，无家可归者能够代表他们自己是合法的公众的一分子。

## 2.2　公共空间的“公共性”模型

### 2.2.1　研究公共空间“公共性”的方法

（1）研究方法

在介绍关于城市公共空间的“公共性”模型之前，我们先来回顾一下关于城市公共空间“公共性”研究的方法。长时间以来，关于公共空间的“公共性”研究一直被两种层级所理解，一种是概念性层面的，另一种是实践性层面的。

概念性层面关注的是对于公共空间“公共性”概念的不同理解，以及对其进行学术性记载。公共空间正受到越来越多的社会科学和人文科学的关注。每个学科对于公共空间都有不同的看法，通过不同的视角及各自独特的兴趣点和关注点来看待它。例如，政治科学家通常关注于民主化和权利，如阿伦特（Arendt，1958）、米切尔（Mitchell，1995）、门施（Mensch，2007）；地理学家关注于场所感和“无地方性”，如阿明和斯利夫特（Amin & Thrift，2002）、梅西（Massey，2005）；人类学家和社会学家侧重于关于历史建设和地方的主观价值，如索尔金（Sorkin，1992）、祖金（Zukin，2000）；法律学者们关注于连接性和控制性，如埃里克森（Ellickson，1996）、布里弗（Briffault，1999）。而实践性层面涉及真正的公共空间的生产，这反过来又成为认知和解释“公共”的来源。

公共空间的公共性同时又通过两种方法被研究——即通过演绎法和归纳法两种方法进行研究。前者是一种解释主义方法，而后者则是一种批判现实主义的方法[①]。

演绎法即解释主义方法，是把现实看作是社会建构的，也就是说，在人们的思想和人与人之间的相互作用下，构建并不断地重建。研究人员采用演绎的方法，通常会使用案例研究，研究个体和社会群体所持有的公共空间的不同社会构建意义。（如图2-1所示左半边内容）很多公共空间的文献和研究都认为，如果人们认为它是一个公共性场所，那它就是一个公共场所，不管公众是否在权力、物理环境、所有权等方面都能理解。在这种观点中，公共性是在旁观者的眼中，要求我们总是询问一个地方是更多（或更少）的公共性。而解释主义方法的一个困境是它们阻止了跨地域的泛化。解释主义提出的一个进一步的困难是，对所有人开放的公共空间方法标准提出了一个单一或统一的公共领域，而一种解释主义的方法认为，统一的公共领域是无法存在的，因为一个是市民A的公共性，却不一定成为市民B的公共性。许多评论员因此强调了多重公共性（Young，1990[②]；Iveson，2007[③]），表明了一系列不同的、相互重叠的公共领域，涉及不同的社会经济、性别和种族群体（Iveson，1993；Sandercock，1997[④]；Featherstone，2000[⑤]）。

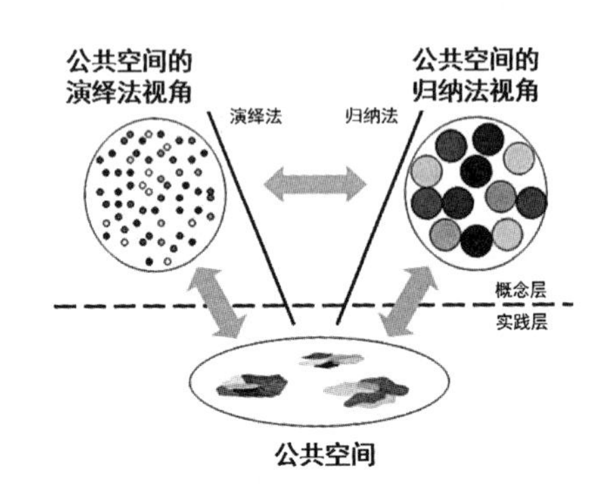


图2-1　归纳法和演绎法在公共空间公共性上的研究路径
（图片来源：George Varna & Steve Tiesdell. Assessing the Publicness of Public Space: The Star Model of Publicness. Journal of Urban Design, 2010, 15（4）: 575-594）

---

① George Varna & Steve Tiesdell. Assessing the Publicness of Public Space：The Star Model of Publicness. Journal of Urban Design，2010，15（4）：580-586.

② Young，I. M. Justice and the Politics of Difference .Princeton：University Press，1990.

③ Iveson，K. Publics and the City .Oxford：Blackwell，2007.

④ Sandercock，L. Towards Cosmopolis：Planning for Multicultural Cities .Chichester：Johhn Wiley，1998.

⑤ Featherstone，M. The Flaneur，the city and the virtual public realm，Urban Studies，2000，35（5/6）：909-925.

因此，任何空间的公共性都必须被评估，以使其更为公共地对公众开放。

归纳法即批判现实主义法。一个重要的批判现实主义观点认为公共空间是一种“在那里”的东西。用归纳法回顾不同学科所提供的文献，寻找最重要的、共同的主题，以确定一个地方（更多的）公共空间的定义。关于公共空间的公共性的学术论述倾向于描述公共性，但它很少能完全概念化它，也没有提供可分析它的工具。

（2）公共性的“维度”

阿里·迈达尼普尔（Ali Madanipour）于1999年对本和高斯（Benn，S & Gaus.G）在1983提出的公共性理论作出了基于以下三个维度的解释：连接性、机构和利益。连接性被定义为进入一个地方以及进入它里面的活动。机构指的是控制和决策的所在地。利益指的是影响空间的行为或决策[①]。这三个维度的解释依然晦涩和无组织。有学者提出，如果综合上述所有三个特点，作为公共空间的管理者仍然限制公共空间的到达，而私人拥有的空间却不限制空间的到达，该如何评估公共性？尽管如此，本和高斯依然为如何定义公共空间的公共性提出了可以被使用的框架。

科恩（Kohn）于2004年提出了一个关于公共空间公共性的定义，该定义包含三个核心维度：所有权（ownership）、可达性（accessibility）和主体间性（intersubjectivity）[②]。所谓主体间性是指空间能促进的相遇和互动。她指出，无论如何，为空间贴上公共或私密的标签绝不像检查空间是否具有这三个标准来得简单明了。相反，公共性必须被视为一个多方面的概念：承认它自己的“多个有时甚至自相矛盾的定义。”英国学者马修·卡莫纳（Matthew Carmona）在其2010年发表的论文《当代城市公共空间中》将科恩所指的第三个核心维度：主体间性拓展到包含“功能”和“感知”[③]。学者埃利斯·马瑞恩·杨也于1990年和2000年强调“可达性”“包容性”和“差异性宽容”作为公共空间的核心维度[④]。

通过以上学者们对于城市公共空间公共性所给出的各种不同的核心维度解释，乔治·瓦尔纳和史蒂文·蒂耶斯德尔（Geoge Varna & Steve Tiesdell）于2010年研究得

---

① Madanipour A. Why are the design and development of public spaces significant for cities?. Environment and Planning B：Planning and Design，1999，26：879-891.

② Kohn，M. Brave New Neighbourhoods：The Privatisation of Public Space .London：Routledge，2004.

③ Matthew Carmona. Contemporary Public Space，Part Two：Classification. Journal of Urban Design，2010，4，15（2）：276.

④ Young，I. M. Justice and the Politics of Difference .Princeton：University Press，1990.

出主要围绕于公共空间公共性的五个不同维度的定义，即“所有权”“控制性”“公民性”“物理配置”和“生机”这五个方面。接下来，我们就来看看这五个公共空间中的公共性核心维度如何解释①。

1）“所有权”

在公共空间中是指关于该空间的法律地位。学者马库赛于2005年提出了关于法律所有者从公共所有到私人所有的六个不同层级，并且还将功能和公共空间使用上的更多不同性也一起考虑②。

①公共所有 / 公共性功能 / 公共使用（例如：街道、广场）；

②公共所有 / 公共性功能 / 管理性使用；

③公共所有 / 公共性功能 / 私人使用（例如：出租给商业机构的空间，咖啡馆露台）；

④私人所有 / 公共性功能 / 公共使用（例如：机场、公交站台）；

⑤私人所有 / 私密性功能 / 公共使用（例如：商店、咖啡馆、酒吧、餐厅）；

⑥私人所有 / 私人使用（例如：家）。

更多公共性的情况是在那些被公共所有和公共使用的地方，那些地方的所有者是一个公共机构，其职责是在公众或集体利益中采取行动，并对选举产生的社区代表负责。而缺少公共性的情况是指那些被私人所有并且不对公众开放，只被私人目的使用的地方。而介于公共和私人的中间状态公共空间则存在于所有权归属于公私合营或合资企业，以及公共职能存在的地方。

2）“控制性”

“控制性”维度是公共空间公共性中的管理性维度。这里的“控制性”是指在公共空间中显示控制力的存在。当公共空间具有“更多的公共性”的时候，它是一个“大父亲”（监管的状态），而当公共空间呈现出“更少的公共性”时，它则是一个“老大哥”（国家警察的状态）。每一个状态都涉及正式规则的创建。对于后者状态来说，他们制定更广泛的公共 / 集体 / 社区的兴趣（例如：他们保护人们免于受到财产的损失）。而前一种状态，他们是以更狭隘的私人利益来制定的（例如：制定的规则禁止某些特定的行为因盈利或市场的原因而对某些主要群体产生异议），并以此来确定“控制性”。

---

① George Varna & Steve Tiesdell. Assessing the Publicness of Public Space：The Star Model of Publicness. Journal of Urban Design，2010，15（4）：580-586.

② Marcuse，P. The ‘threat of terrorism’ and the right to the city. Fordham Urban Law Journal，2005，32（4）：767-785.

很多评论家们更热衷于“更少的公共性”情况。欧克和蒂耶斯德尔（Oc & Tiesdell）在1999年时定义了四种创建安全环境的方式[①]。即第一，控制对于人们来说的全景式方法，明确地控制空间；第二，私有化的空间；第三，公众可访问的私有管理的空间；第四，明确的警力部署（特别是安保人员在场）；第五，闭路电视系统作为控制工具；第六，转变检测系统。内梅特和施密特（Nemeth & Schmidt）于2007年讨论了关于公共空间在监督和治安方面的控制，突出强调以下主要特征：缺乏公共性所有权或管理；确定在商业改善区内的位置；安全摄像头；首要安保人员在场；次要安保人员在场。卢凯特塞德里斯和班纳吉（Loukaitou-Sideris & Banerjee）于1998年也做了相似的研究。他们提出通过使用警惕的私人安全人员，监控摄像头和明文规定，禁止某些活动发生，或允许他们接受许可制度、计划或安排或租赁点方式来达到“严格”或“主动”的控制[②]。控制性还与法拉斯提（Flusty）的“紧张不安的空间”有关。这里的“紧张不安的空间”是指由于流动巡逻或监视技术的缺乏而无法被监测的空间[③]。

相反的，对于“更多的公共性”情况来说，实际上是通过没有体现控制的存在从而与自由的概念有关。凯文·林奇在1965年的早期文章中就曾论证：“开放”空间（使用开放而非公共性）是针对自由选择和自发行动的人开放。他后来在1972年还提出开放空间的自由使用可能冒犯了我们，威胁了我们，甚至威胁了权力的宝座。但这种自由的使用也是公共空间的基本价值观之一[④]。林奇和卡尔都支持公共空间的自由原则。他们曾经宣称“我们珍视说话行动的权利。当别人更自由地行动时，我们就会了解他们，从而了解我们自己。自由使用的城市公共空间的确是那些独特的使用方式，同时也是一次有趣的邂逅机会。”

而介于“更多的公共性”和“更少的公共性”之间的中间状态则与卢凯特塞德里斯和班纳吉（Loukaitou-Sideris & Banerjee）于1999年提出的“柔软的”或“消极的”控制有关[⑤]，这种控制主要聚焦在“象征性的限制”，消极劝阻不良活动，并且不提供

---

① Oc，T. & Tiesdell，S. The forthress，the panoptic，the regulatory and the animated：planning and urban design approaches to safer city centres，Landscape Research，1999，24（3）：265-286.

② Loukaitou-Siders，A. & Banerjee，T. Urban Design Downtown：Poetics and Politics of Form. Berkeley，CA：University of California Press，1998.

③ Flusty，S. Architecture of Fear. New York：Princeton Architectural Press，1997：48-49.

④ T. Banerjee & M. Southworth. City Sense and City Design：Writings and Projects of Kevin Lynch. Cambridge，MA：MIT Press，1991：396-142，413-417.

⑤ Loukaitou-Sideris，A. & Banerjee，T. Urban Design Downtown：Poetics and Politics of Form.Berkeley，CA：University of California Press，1998.

相应的设施（例如：公共厕所）。约翰·艾伦（John Allen）于2006年也曾提出过一个相似定义。他指出“那些认为权利就是关于守卫、大门或者通过监控技术存在的东西的想法是无法被原谅的……[①]”他强调了环境力量在公共空间中的角色作用。

3）“公民性”

公民性是指公共空间是如何管理和维护的，并涉及培养积极和欢迎的氛围。这里的关键性特征是，这个地方是——而且，同样重要的是——被照顾的。这也是最难定义的维度。

林奇和卡尔在1979年为公共空间定义了四个关键的管理任务[②]：

①区分公共空间中的有害和无害活动，控制前者而不显示后者；

②提升对于公共空间自由使用的容忍度，同时稳定对于什么是公共空间所允许的内容的广泛共识；

③在时间和空间上分离对彼此都具有较低容忍度的群体的活动；

④提供一些边缘空间，在那里一些极端自由的行为几乎不会造成伤害。

因此，公共空间的公民性包含了对于人们使用公共空间的意识和尊重。而公共空间的行动自由是一种“负责任的”自由。根据卡尔的阐述，公共空间应该包含“有能力进行一个人想要的活动，用一个地方作为一个愿望，但同时也承认公共空间是一个共享的空间。[③]”同时，文明性也必然与无礼和不文明联系在一起。La Grange曾经说过“低水平的社区标准标志着对于常规接受的规范和价值观已受到了侵蚀。[④]”

除了上文所提的行为规范之外，公民性还涉及公共空间的维护和清理制度的工作。公共空间可能会因为缺乏足够的维护而出现螺旋式的下降。正如威尔逊和科林（Wilson &Kelling's 1982）的破窗理论所指出的：“一个没有准备的窗户是一个没有人关心的信号；因此打破更多的窗户就不需要更多的花费。[⑤]”

公民性下的“更多公共性”的情况与欧克和蒂耶斯德尔（Oc & Tiesdell）的“管理”

---

① Allen，J. Ambient power：Berlin's Potsdamer Platz and the seductive logic of public spaces，Urban Studies，2006，43（2）：441-455.

② T. Banerjee & M. Southworth. City Sense and City Design：Writings and Projects of Kevin Lynch. Cambridge，MA：MIT Press，1991：396-142，413-417.

③ Carr，S.，Francis，M.，Rivlin，L. G & Stone，A. M. Public space. Cambridge：Cambridge University Press，1992.

④ La Grange，R. L.，Ferraro，K. F. & Suponcic，M. Perceived risk and fear of crime：the role of social and physical incivilities，Journal of Research in Crime & Delinquency，1992，29（3）：311-334.

⑤ Wilson，J. Q. & Kelling，G. L. The police and neighbourhood safety，Atlantic Monthly，1982（3）：29-38.

或“监管”方法相对应。后者包括公共空间的管理；明确的规章制度（例如，排除反社会的行为）；时间和空间规则；监控视频作为管理工具；以及城市中心作为公共空间的代表。

公民性的“更少公共性”的情况则是指那些管理过度或管理不足的公共空间。卡孟纳根据管理不足的公共空间的形成原因，将其又分为被忽视的空间、被入侵的空间、排他性空间、分隔空间和家庭的空间、第三空间、虚拟空间。另一方面，卡孟纳将过度管理的公共空间又分为了私有化的空间、消费空间、创造的空间和可怕的空间。对于管理不足的公共空间的回应可能是对过度管理的反常转向，这也受到了评论界的广泛批评。因为无论管理不足的公共空间还是过度管理的公共空间都阻止了一些公共性的发生，每种类型都使得公共空间变成了“更少的公共性”空间。

4）物理配置

第四和第五个维度——物理配置和生机是两个以设计为目标维度的公共性。可以用宏观设计和微观设计来区分这两个维度。宏观设计是指与公共空间腹地之间的关系，包括通往公共空间的路线，以及公共空间与周围环境的联系。微观设计是指公共空间自身的设计。前者可以被看作是物理配置，而后者则是生机。

物理配置会影响公众是否能够到达和进入这个公共空间，以及公众需要付出多大的努力才能到达。我们来看一下在欧克和蒂耶斯德尔（Oc & Tiesdell）所提出的堡垒方法[①]中，实体布局所对应内容有哪些。堡垒方法概括并包含了以下实体布局的特征：墙体、障碍物、门、实体隔离、地区的私有化和控制以及特意排斥人的策略。

物理配置还被认为具有以下三个关键品质：

第一，中心性和连接性。

指在一个城市的运动模式中具有战略性地位的公共空间，具有更大的潜在的运动性，因此，不同的社会群体在空间和时间上聚集在一起的可能性也更大。这个公共空间本身的设计对使用密度有影响，但只是作为基本运动模式的增倍器。公共空间的设计与使用密度的关系微乎其微。如果它的位置处于一个本地运动模式的不利位置条件下，那么它就无法被很好的利用，除非在更广阔的空间里发生变化，例如增加使用的密度或改变移动网络来增加连接或减少改变的费用。

---

① Oc T. & Tiesdell S. The fortress，the panoptic，the regulatory and the animated：planning and urban design approaches to safer city centres，Landscape Research，1999，24（3）：265-286.

第二，视觉可达性。

视觉的通透性或可达性是一种能看见一个公共空间的能力。但是各种评论人士都已明确发现那些蓄意的设计策略阻碍了公共空间的视觉进入。欧克和蒂耶斯德尔（Oc & Tiesdell）在评估美国洛杉矶的露天广场公共性的时候，就发现对于公共场所的“内向性”和“蓄意的分裂”，使得露天广场被设计得抑制了视觉的到达。因此露天广场变成了个排他性的地方。人们被隔离在街道上；甚至人们对于街道的访问也未被重视；公共空间的入口通常会经过一些停车场出入口位置。法拉斯提（Flusty）将这种因为介入某种对象或层级的改变从而被伪装、被模糊，无法被人们找到的公共空间描述为“隐秘的空间”——这些地方由于被扭曲、拖延或缺少途径而无法到达。

第三，入口与大门。

公共空间的进入可能会被入口与大门所阻碍。入口与大门在很大程度上是具备象征性的、被动的或物理性的、主动的。后者的入口空间就被法拉斯提（Flusty）描述为“易怒的空间”。这类入口空间由于被阻挡从而人们无法到达，例如墙体、人工检查点。实际上，公共空间的入口是非常重要的部分。因为入口空间往往是人们做出选择的地方，是否继续向前推进，还是转身回头寻找其他的新路径，抑或个人已经做出了继续进入的抉择。因此入口空间越是明显，那么这个决策点的潜在性就越能被更好地发挥作用。入口空间也必然与物理可达性有关。为了让所有人都能到达和使用，公共空间的入口应该排除只有踏步的设计。因为如果坐轮椅的人们想要进入，那么这个有踏步的入口空间就会降低公共空间的公共性。

关于可达性的“更多公共性”情况具有三个特征，即中心性，为各种不同群体的来往提供潜在的优秀的连接性；具有视觉上的渗透性，并能连接到超越自身场所的公共领域；没有过于简单明显的入口。

而关于可达性的“更少公共性”情况则与前者相反。即没有很好的中心性；被限制的视觉可达性，无法将自身场所与外界的公共领域相连接；对入口空间进行控制，导致进入的人员受到了限制。这类城市公共空间则变成了一种事实上的堡垒，它很难被发现，很难被看见，也很难进入。

5）生机

生机是公共空间公共性的第五个维度。它是指公共空间的设计能否支持与达到人们对于公共空间的期望值，以及该空间是否能被积极地使用，被不同的个人和群体所共享。生机的核心元素与独特的物理配置和公共空间的本体设计有关。尽管对于公共空间的理想形状和配置有着各种各样的美学观点，但关于公共空间的设计特性如何支持使用和活动的各种功能需求显得尤为重要。

欧克和蒂耶斯德尔（Oc & Tiesdell）将活力描述为“人的方法”，其特点就是人的存在、人的发生、活动、一个欢迎的气氛、可达性和包容性、文化的活力、24小时开放的经济策略。内梅特和施密特（Nemeth & Schmidt）于2007年发表的研究文献中将活力探讨为“设计和形象”。他们强调了一些设计要素，例如卫生间的可用性、座椅的多样性、多种多样的微观气候、灯光对于鼓励人们使用夜晚公共空间的作用、设计对于合理使用的暗示、赞助商广告的存在、小规模食品供应商的存在，以及艺术、文化和视觉增强。

生机需要与人们在公共空间中的需求相一致。卡尔在1992年出版的《公共空间》一书中将活力定义为“舒适、放松、被动参与、主动参与和发现”。卡孟纳在此基础上又加入了第六个特征——展示。他将展示的概念与公共空间中的可视性和自我表达建立关系。

①被动参与

人们在公共空间中对于遇见的需求是至关重要的。这里的遇见是一种被动的遭遇，而非主动的行为。最首要的被动参与的形式就是观看人。例如，威廉·怀特在《小城市空间的社会生活》中指出那些被最大限度使用的坐凳空间是那些与行人流动相连接的空间。位于街道的咖啡店就为人们的观看创造了机会和借口[①]。与此相同的还有喷泉、公共艺术品。伴随着正式的午餐时间到户外音乐会再到非正式的街头娱乐，它们控制着公共空间中活动和景色的发生。人们在其中享受着被动参与与隐形需求被满足的愉悦。

②主动参与

主动参与是指一些在公共空间中发生的与人和空间有关的直接体验。卡尔等人都曾指出，当人们开始满足于观看人的行为之后，关于更多发生在朋友、家人或陌生人之间的直接接触需求开始呈现。但要注意的是，人们在空间和时间上的简单接近并不意味着他们会自发地相互接触。威廉·怀特发现，公共空间中并不是一个遇见熟人的理想地点，即便是在最具有社交性的地方，也没有那么的“混合”。但是，时间和空间上的相遇确实为人们提供了接触和社会交往的机会。探讨设计如何支持公共空间中的互动行为，扬·盖儿在《交往与空间》一书中提到了在独自一人和与同伴在一起时

---

① Whyte，W. H. The Social Life of Small Urban space. Washington DC：Conservation Foundation，1980：13.

"不同的过渡形式"，并且建议建立从亲密的友谊到朋友、熟人、机会接触和消极接触的程度。如果建筑物之间的空间活动缺失，那么这个接触尺度的最低端也会随之消失。一个优秀的城市公共空间，会给人们提供不同种类的参与机会，并能够提供人们接触的可能性。设计能够创造亦能阻止人们的参与活动。例如，长凳、喷泉、雕塑、咖啡车等等都能被配置得更好或更差的支持社会交往。

在"更多公共性"的公共空间情境下，设计能够支撑并鼓励人们对于公共空间的使用。尤其会通过被动参与、主动参与以及探索和展示来实现。这类公共空间也更能够支持可选择的社会活动。反之，在"更少公共性"的公共空间情境下，设计则是阻止或不鼓励人们的使用行为。这类空间一般只提供必要性活动。这种只有必要性活动的公共空间正如森尼特（Sennett）所说，就是"死亡的公共空间"。

通过以上五个维度的介绍，我们理解了一个公共空间如何才能为"更多的社会公众提供更多的公共性"。公共空间的所有者和公共性功能意味着这个空间被社会的所有者所"拥有"。它在理论上来说具有普遍的可达性，并且有关人们使用公共空间的决策还受到某种形式的公众责任的影响。没有控制的公共空间允许出现更多的自由使用方式。一个更文明的公共空间——一个光线充足、干净、吸引人的地方，以社区的集体利益进行管理——会吸引更多的用户。高连接性、视线高渗透性和隐形式的入口空间，才能创造出更好的公共空间到达性。具有支撑空间活力的独特设计要素，才能影响使用者的类型和发生在公共空间中的活动行为。

### 2.2.2　主题安全空间模型

范·梅利克（Van Melik）等人于2007年提出主题/安全性空间模型（themed/secured space model）[①]。该模型并非测量公共性的每一个要素，而是注重在特殊的雇佣方式上。他聚焦于"主题空间"中城市娱乐和"想像"以及为提升安全感和降低"害怕"感的"安全空间"这两部分，希望公共空间能通过更好的控制将这两个方面加以提升与改善。主题/安全空间模型为一个蜘蛛网图表，分为六个辐射状要素，并在每个要素下布置其同心圆的三个层级——低、中、高，如图2–2所示。每个要素代表

---

① Van Melik，R.，Van Alast，I. & Van Weesep，J. Fear and fantasy in the public domain：the development of secured and themed urban space. Journal of Urban Design，2007，12（1）：25-42.

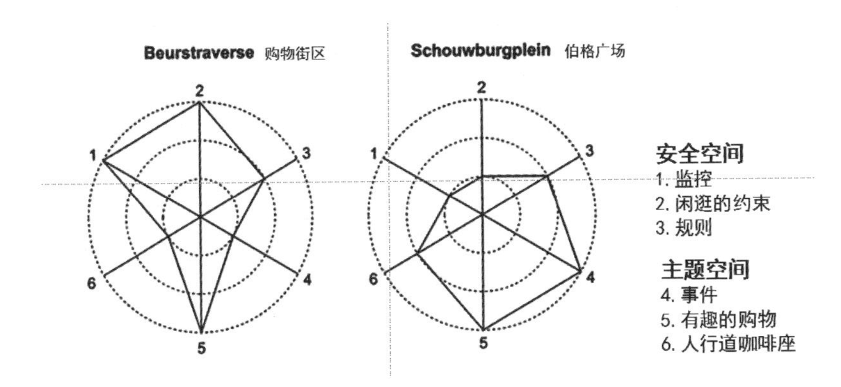


图2-2　主题/安全空间模型应用图

（图片来源：Van Melik, R., Van Alast, I. & Van Weesep, J. Fear and fantasy in the public domain: the development of secured and themed urban space. Journal of Urban Design, 2007,12(1):25-42）

一个独特的纬度/标准，每个坐标点体现了该纬度下的分值（低、中、高）。安全空间和主题空间的纬度分别再由各自的三个子指标来细化。安全性公共空间的子指标为：（1）监控（例如闭路电视摄像头）；（2）闲逛的约束（例如对于长椅的供给）；（3）规则（例如普通地方条例或特殊条例；本地警察的强制条例或私人保安的强制条例）。主题性公共空间的子指标为：（1）事件（例如有组织的事件，永久性的设施）；（2）有趣的购物（例如自然购物）；（3）人行道咖啡座（例如街角和平台处咖啡座的覆盖）。每个子指标汇合成封闭的空间，用以描绘可测量的纬度——越大的封闭形状说明主题和安全性越好。这种图表能够图形化反映公共空间的复杂纬度概念或现象。

如图2-2所示，例举了两个城市公共空间，即Beurstraverse购物街区和Schouwburgplein伯格广场，将它们看作是安全或主题性公共空间，在模型图中，上半圆代表安全性，下半圆代表主题性。这两个公共空间同时位于荷兰鹿特丹的中心城区。Beurstraverse连接着两个购物中心，这两个购物中心彼此被一条拥挤的街道所隔离。Beurstraverse是一个300米长的下沉式街道，街道周围都是零售店铺。

伯格广场（Schouwburgplein）则是一个比较传统的公共广场。它的广场边缘由一些零售商店和小数量的咖啡馆及餐馆线性组合起来。

从图中可以看出，两个公共空间由于形态和功能的区别，所以呈现出不一样的安全性和主题性特征。Beurstraverse购物区的监控以及限制指数呈现最高的级别，而传统的伯格广场则在监控和限制指数上呈现较低等级。在商业购物空间中，Beurstraverse购物区的安全性指数较高，另一个传统的伯格公共广场的安全性指数则较低。而在主题性方面，伯格广场作为传统公共广场，其事件性指数远高于商业购物空间。并且其人行道上的咖啡座指数也高于商业购物空间。两个公共空间只有在购物乐趣这一个指标上都达到了一致的最高值（表2-3）。

主题和安全公共空间的"奇妙"和"恐惧"的操作性定义　　表2-3

| 纬度 | | 描述 | |
|---|---|---|---|
| 安全公共空间 | 1. 监控 | 低 | 无闭路电视 |
| | | 中 | 闭路电视监控安装，记录储存 |
| | | 高 | 闭路电视监控安装，实时监控 |
| | 2. 停留的限制 | 低 | 有座椅且公共空间没有分隔 |
| | | 中 | 有座椅但公共空间之间有分隔 |
| | | 高 | 无座椅 |
| | 3. 规则 | 低 | 由地方法律规定，由当地警察执行 |
| | | 中 | 由地方法律规定，由当地警察和私人警卫执行 |
| | | 高 | 由特别法规安排，由私人警卫执行 |
| 主题公共空间 | 4. 事件 | 低 | 无有组织的事件 |
| | | 中 | 有有组织的事件，无永久性设施 |
| | | 高 | 有有组织的事件，有永久性设施 |
| | 5. 有趣的购物 | 低 | 没有商店 |
| | | 中 | 大多数商店以日常功能为主（即便利商店等） |
| | | 高 | 大多数商店以趣味性为主（即自由货品的商店） |
| | 6. 人行道咖啡座 | 低 | 无人行道咖啡座 |
| | | 中 | 有人行道咖啡座，部分覆盖（总面积的10% ~ 50%） |
| | | 高 | 有人行道咖啡座，高覆盖率（总面积> 50%） |

## 2.2.3 三轴模型

内梅特和施密特（Nemeth & Schmidt）于2010年提出的三轴模型（tri-axial model）是基于三个相交轴线，每个轴线代表一个相关公共性的连续体①。这三个轴线上的"公

① Ne´meth & Schmidt. How public is public space? Modelling publicness and measuring management in public and private space. Environment & Planning：Planning & Design，2010.

共性”维度分别为“所有权”（从公共的/政府的到私人的/公司的），“管理者”（从包容性/开放的到排他性/关闭的），以及“使用/使用者”（从多样化的/集体的到均质化的/个性化的）。该模型沿中轴线交织，从上至下公共性逐渐减弱。每个公共空间都具有三个节点连线，通过节点连接形成空间图形来展示公共空间的管理运行和公共性。

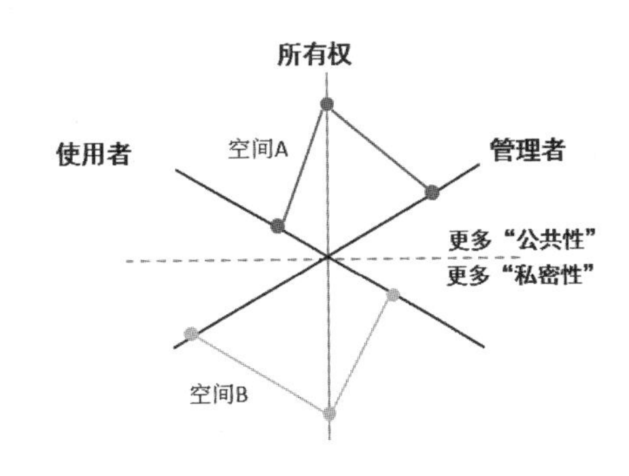


图2-3 内梅特和施密特的三轴模型图
（图片来源：Ne′meth & Schmidt. How public is public space? Modelling publicness and measuring management in public and private space. Environment & Planning: Planning & Design，2010）

每个组成部分代表了一个轴，并与另两个部分彼此交叉和相互作用（图2-3）。任何对于空间公共性的评估都必须考虑这三个要素，这个模型要求允许把一个或多个轴相提并论。例如，探索管理轴，因为它在公共和私有空间之间有所不同，但不能对模型进行更全面地评估。这意味着三轴模型的研究不可避免的是片面的。然而，为了构建一个更强大的模型，内梅特和施密特认为某些元素必须保持不变，以便其他元素可以被探索。

## 2.2.4 星形模型

2010年英国格拉斯哥大学学者乔治·瓦尔纳（GEORGE VARNA）和史蒂文·蒂耶斯德尔（STEVE TIESDELL）在《城市设计》（*Journal of Urban Design*）杂志发表了关于评价公共空间“公共性”的星形模型（the Star Model）①。该模型理论可以被作为一种公共空间的公共性评估方法，用以量化某一个具体公共空间中的公共性问题，亦可作为一种公共性的分析测量方法，用以与其他主观解释公共空间的方法进行比较；也可以作为一种更深的理解方法来研究为什么一个特别的空间会比人们预想的更多公共性或更少公共性。

星形模型将“公共性”定义成五个变化维度，即所有权（ownership）、控制权（control）、运营性（civility）、实体布局（physical configuration）和活力（animation）。该

① George Varna & Steve Tiesdell. Assessing the Publicness of Public Space：The Star Model of Publicness. Journal of Urban Design，2010，15（4）：575-594.

模型指出评价空间的公共性并非依赖于每一个维度的独特性，而是产生于这五个维度彼此间的交互性。但在这五个纬度之下分别设有子指标，如第一纬度所有权下设所有者和“头条”功能两个子指标；第二纬度控制权下设有控制的目的、控制的条例、控制的存在、控制的技术四个子指标；第三纬度运营性下设有物理的维护性和清洁制度，设施的物理性供应两个子指标；第四纬度实体布局下设有中心性和连接性、视觉可渗透性、出入口三个子指标；第五纬度活力下设有被动参与的机会/可能性、主动参与的机会/可能性、发现与展示的机会三个子指标。相对于五个纬度下的十四个子指标，还有从高到低的五个公共性分值；最高的公共性为5，最低的公共性为1。模型最终在这些指标与分值的对应关系下形成不同形状的星形图形，用以解释不同公共空间中的公共性问题。

如图2–4所示，星形模型中的五个要素可以被用来评估“更多公共性”的公共空间。当一个公共空间“更多公共性”时，其五个要素的展现更为外向性。例如，所有权方面，公共空间的功能及使用具备更多的公共所有权；控制权方面则为自由的使用；运营性上，能够在公共/社区利益的管理下，照顾并平衡不同社会群体的需求，从而达到良好的运营；实体布局上，具有更好的连接性和场所位置性，强大的视觉联系性，能超越空间而联系到外部公共领域，没有明显的入口和门槛设置；活力方面，能够为潜在的使用和活动提供广泛的支撑。从星形模型的布局上可以看出，左半边为设计主导的维度，而右半边则更加具有管理性和社会性。而图2–5所示，则是星形模型中的五个要素被用来评估“更少公共性”的公共空间时的特征状态。当一个公共空间“更为公共性”时，其五个要素的展现更为外向性。此时，所有权上来看，公共空间表现出私人所有以及私人性

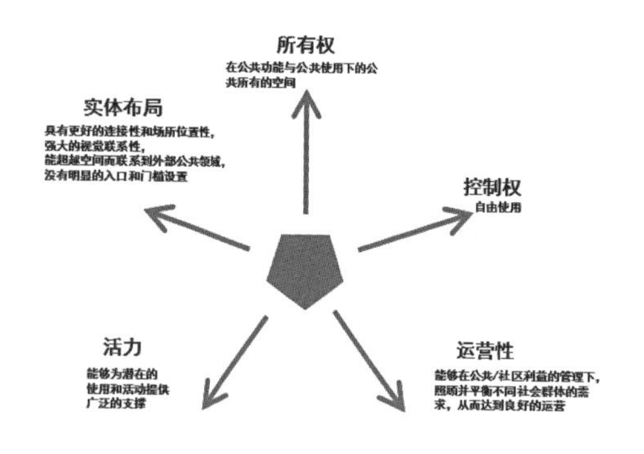


图2–4　“更多公共性”的公共空间星形模型特征图
（图片来源：George Varna & Steve Tiesdell. Assessing the Publicness of Public Space: The Star Model of Publicness. Journal of Urban Design, 2010,4:575–594）

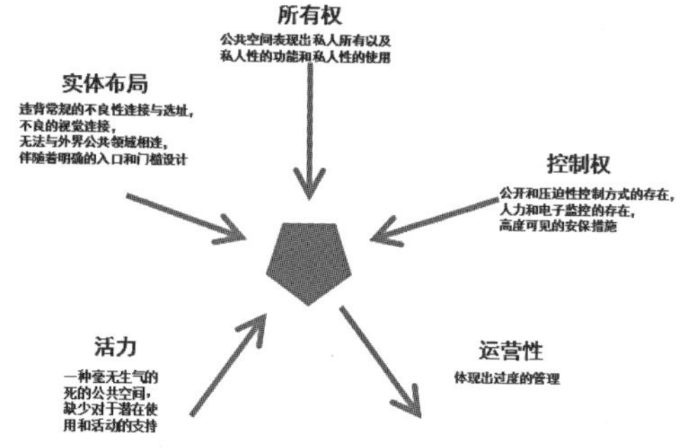


图2–5　“更少公共性”的公共空间星形模型特征图
（图片来源：George Varna & Steve Tiesdell. Assessing the Publicness of Public Space: The Star Model of Publicness. Journal of Urban Design, 2010,15(4):575–594）

的功能和私人性的使用；控制权上，公开和压迫性控制方式的存在，人力和电子监控的存在，高度可见的安保措施；运营性上，体现出过度的管理；实体布局上，违背常规的不良性连接与选址，不良的视觉连接，无法与外界公共领域相连，伴随着明确的入口和门槛设计；活力方面，则是一种毫无生气的“死”的公共空间，缺少对于潜在使用和活动的支持。

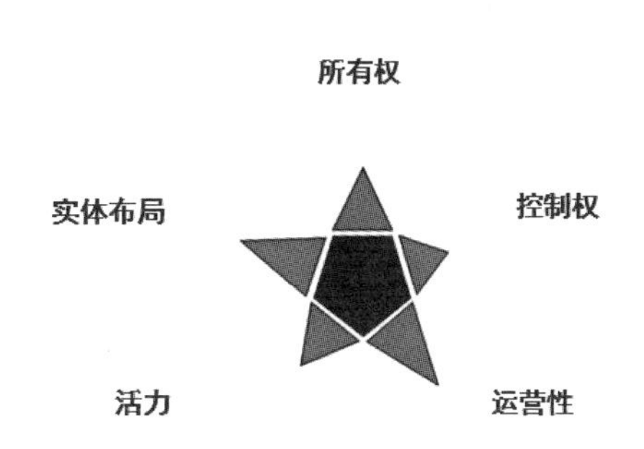


图2-6　假设公共空间在“设计”标准上得分更高
（图片来源：George Varna & Steve Tiesdell. Assessing the Publicness of Public Space: The Star Model of Publicness. Journal of Urban Design, 2010,15(4):575-594）

星形模型的另一个学术贡献在于，它使用了定性描述的方法来创建定量化图表，以此来分析公共空间的社会动态表现情况。星形模型在基本五个维度之下的十四个子指标内，还设定了从高到低的5个公共性分值；最高的公共性为5，最低的公共性为1。通过这个定量化的方法，将每一个公共空间的公共性描述通过星形模型的量化图表来直观地绘制出来。如图2-6和图2-7所示，分别体现了假设公共空间在“设计”标准上得分更高的模型和假设公共空间在“管理”标准上得分更高的两种模型。由于不同假设的五个维度分值的区别，相似的模型样式也会产生不同的结果。

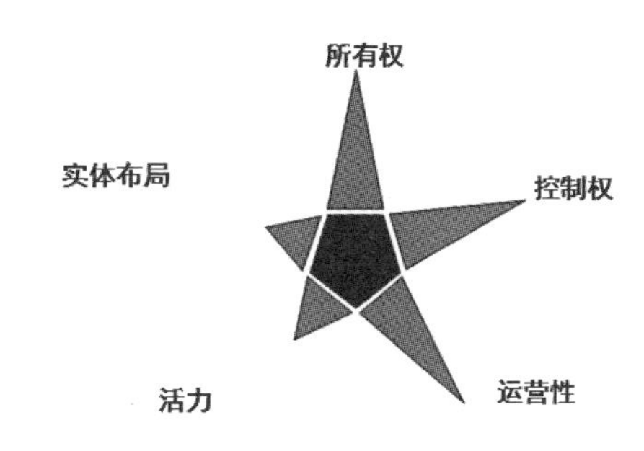


图2-7　假设公共空间在“管理”标准上得分更高
（图片来源：George Varna & Steve Tiesdell. Assessing the Publicness of Public Space: The Star Model of Publicness. Journal of Urban Design, 2010,15(4):575-594）

星形模型在使用上还可以通过一个特定的社会团体对公共空间做出公正性的评估，这里称之为一种规范性/感性的星形模型。这个规范性/感性星形模型可以刺激之前通过维度的量化标准而得出来的分析模型，两者进行叠加与比对，可以发现规范性/感性星形模型中没有映射到分析模型的地方，如图2-8所示。

图2-8　分析模型和规范/感知模型重叠图
（图片来源：George Varna & Steve Tiesdell. Assessing the Publicness of Public Space: The Star Model of Publicness. Journal of Urban Design, 2010,15(4):575-594）

# 2.3 公共空间的新时代“公共”内涵

## 2.3.1 公共空间的社会价值变迁

在研究与讨论公共空间的未来可能性之前，让我们先来梳理与回顾一下19世纪后半叶以来，在西方国家，尤其是美国，城市公共空间连接的有关的社会价值和符号意义发生了哪些转变。

在19世纪后半叶，大部分的美国城市都在城市内获得大片土地，并将其改造为主要的城市公园或公园系统。他们今天依然承担着主要的公民资源的来源。正如奥姆斯特德所说，当时他设计的公园是为了在不断扩张的19世纪末20世纪初的工业城市中创造秩序和结构①。美国学者罗森菲尔德（Rosenfield）曾指出，19世纪的美国城市公共公园为城市民主提供了服务的功能，其与传统的共和社会的公民演讲一样，都是为了表现制度和意识形态原则，并被认为是当时文化的天才表现②。他还进一步指出，美国城市公园提供了多种形式来激发共和美德，如：公民自豪感；社会交往，尤其是来自不同背景的人；自由感；最后是常识（如审美标准和公共品味）。

到了“激进”的20世纪初，提供健康、卫生和公共的娱乐机会，尤其是为居住在拥挤的美国内陆城市的工人阶级，成了当时公共空间建设的主要原因。在当时，公共空间的易到达性常常是城市或区域规划概念的组成部分，同时也是社区和社区规模设计的缩影。这些世俗目标是受到埃比尼泽·霍华德和英国花园城市运动的启发，试图解决工业城市拥挤和污染的环境问题。在1933年的《雅典宪章》中，国际现代建筑大会（CIAM）强烈支持将城市公共空间作为现代城市规划的基本原则，称其为城市的肺③。因此，公民自豪感和共和式美德的欧姆斯特德观点，启发了美国城市早期的公共空间体系，并将之转变为一个更世俗化的、社群主义的公共领域进步观点。并且该观点是由国际现代建筑大会和美国区域规划系共同提出的。

---

① Tridib Banerjee. The Future of Public Space：Beyond Invented Streets and Reinvented Places. Journal of American Planning Association，2001，67（winter）：10.

② Rosenfield，L. W. American rhetoric：Context and criticism. Carbondale：Southern Illinois Press：221-266.

③ Congtess International Architecture modern.Charter of Athens.the 4th commit，1933.

自那以后，美国城市中的公园、开放的公共空间就具有康乐、身心健康、与自然交融的特征，使之成为公益和社会服务的对象。作为一项公益事业，公共空间的开放标准通过了在全美国范围内的公园和娱乐标准来进一步全面规范。1948年，美国公共卫生和健康住房委员会发布了《规划社区》一书，该标准将城市地区的开放空间需求编入法典，并促进了当地和社区公园与当地学校的直接关系。为了促进公共空间作为公共服务的一部分，公共空间的管理者们更多考虑规划和组织娱乐活动。他们更关注公共空间的社会性价值，而不是早期关注的美学价值和文明目标。

因此，公共空间作为一个伟大的公民设计运动的一部分，开始逐渐变得更民粹化、更制度化、更官僚化、并作为规划理性城市的一部分。然而，由于缺乏足够的资金预算，在城市总体规划中假定的开放空间要求仍然是咨询，而且主要是未实现的。此外，20世纪70年代中期的预算削减对城市保持现有存量的能力产生了灾难性的影响。

此外，近年来，市场参与者已经开始质疑公园和开放空间以及其他公共设施和服务必须是公共利益的假设。事实上，西方国家中财政拮据的城市已经被迫依赖私人资源来创造公共空间，就像如今美国的商业广场一样。

20世纪80年代末开始，公共空间日益关注可持续性和社会责任感的话题。从80年代末到90年代初，关于公共空间中日益增长的私有化和商业化争论开始出现。

20世纪90年代开始，“体验社会”成了公共空间的热门话题。今天人们要求在公共空间中能获得体验，从而提升了在公共空间中增加有选择活动的需求，并且要求提高为特别目标群体或类型活动等专门化设计与服务。建造一个标准化的操场已经远远不够。主题型操场、滑板公园、慢跑的步道和酷跑训练场地同样被人们需要[①]。专门化设计和对于公共空间体验的需求提升了对于是否满足目标人群需求度的测试，同时测试公共空间是否被用于有意义的目的。

可持续性、健康和安全是进入21世纪之后城市公共空间研究中日益关注的社会性命题。2000年以后，关于“宜居性”的概念也开始涌现。

城市公共空间的社会性从最初的服务性功能用以增加公民的自豪感、自由感和社会交往能力发展到中期的社会公益和社会服务的对象，为公民提供健康、卫生和公共的娱乐机会；再到当今的“体验社会”、可持续性发展和健康、安全以及宜居性的社

---

① Jan Gel，Birgitte Svarre. How to Study Public Life.Island Press：2013，64-65.

会属性。城市公共空间的社会价值与符号意义尽管发生了变化，但它身上的社会性始终伴随着变化未曾改变。

### 2.3.2 公共空间新时代“公共”性

无论是希腊的集会，罗马的论坛，还是当代欧美国家的公园、公地、市场以及广场都不是单纯的自由、无媒介交流的场所，并且他们常常被认为是排他性的场所（Fraster，1990；Hartley，1992）。比如妇女、奴隶和外来者可能都工作于希腊的集会中，但他们被排除在公共空间中的政治性活动之外[①]。而今天的中国社会已进入“决胜全面建成小康社会，夺取新时代中国特色社会主义伟大胜利，为实现中华民族伟大复兴的中国梦不懈奋斗”的中国特色社会主义“新时代”。在这个新时代，我国社会主要矛盾已经转化为人民日益增长的美好生活需要和不平衡不充分的发展之间的矛盾。在这个新时代需求之下，城市公共空间的发展是为了建设人民的美好生活而服务的，也就必须面对所有人民的大部分需求。

新时代的公共空间内涵首先是具备社交性属性，公共空间涵盖多样化的社交性活动，各具特色的地域性建筑样式，以及多种多样的、起伏不定的“公共性”和“私有性”之间的不同形式的变化与重叠。公共空间关注的是城市及城市社区中的邻里关系、成员以及所有人群，可以让他们在一定程度上互相认识，获得身份认同；营造一种“温暖”感觉的亲密归属感和直觉上的亲属感觉；一个可以分享与文化、社会地位和大众兴趣、基本信任、可预见的事物、有责任感、相互帮助和安全防御等有关特征的地方；一个提供城市社会“公共”生活的地方：面对多元化的社会，具体的城市公共空间的特征应该是能在被一系列约定俗成的公约和设想下进行的社会性管理中发现的，这些设想和公约与个体的家庭隐私以及封闭性社区的欢乐毫无关联。它应该是开放的为了整个社区、全体人民服务的场所[②]。

其次公共空间是城市文化的场所。正如理查德·赛内特（Richard Sennett）所说，城市文化是“一种体验不同性的问题——在一条街道中，体验不同的阶级、年龄、种

---

① Don Mitchell. The End of Public Space? People’s Park，Definitions of the Public，and Democracy. Annals of the Association of American Geographers，1995，85（1）：116.

② Cf. Goffman. Behavior in Public Places. New York：Simon Schuster Inc，1966.

族和品尝自己熟悉领域之外的滋味[①]”。在公共空间中，不同的城市居民聚集在一起，驻扎在一起。这种城市公共空间的体验说明了不同社会关系共存的可能性。他要求所有发生在公共空间中的交互活动的可交换性与可重叠性。在这种非压迫的城市文化场所中，人们能够从彼此理解开始，进而彼此调节社会矛盾与分歧。在一个中性的公平的场所中，不同的人们能够彼此遇见，同时又能彼此尊重对方身上的特点，在这种城市文化的公共空间中，城市生活才能让所有互不相识者彼此相爱，和睦相处。

### 2.3.3 公共空间定义的局限

英国政府对于城市公共空间的定义为："公共空间是指在建成的和自然的环境中，所有公众都能自由出入的部分。它包括街道、广场和其他通行权，不管是否用于居住、商业还是社区或民事用途；开放性空间和公园；公众进入不受限制的"公共/私人"空间。以及公众可以自由进入的主要的内部和私人空间之间的对接点。[②]"

但是公共空间的这个定义并没有解决公共空间作为场所如何建构人与社会的关系，如何将人的行为引入公共空间中来。

即便是拉夫提出物理环境、行为和意义组成了场所特性的三个基本要素，也并没有深入探讨关于公共空间的社会关系的连接问题。

而1991年庞特和1998年的蒙哥马利在拉夫的理论基础上又将场所感放入到了城市设计的思想里面，如图2–9所示，但在该图中蒙哥马利并没有具体解释物质环境、人的活动和意义是如何具体生成场所感的，也未对公共空间的社会关系进行解读，只是将物质环境、活动和意义列为公共空间的场所的三个要素共同作用的结果。但在这三个构成要素中缺乏了对于公共空间中所承载的社会关系的探讨。社会关系如何能在城市公共空间中被建立起来，社会关系的建立需要由哪些公共空间的要素构成，这是本书所研究的目标与方向。在基于公共空间"公共性"的基础之上，如何通过公共空间自身的要素构成来营造新的社会关系，这将是本书研究的重点。

---

① Richard Sennett. Families Against The City：Middle Class Homes of Industrial Chicago，1872-1890，New York：Harvard University Press，1970：27-49.

② （英）卡蒙纳，蒂斯迪尔，等著. 公共空间与城市空间——城市设计维度（原著第二版）[M]. 马航，等译. 北京：中国建筑工业出版社，2014：154.

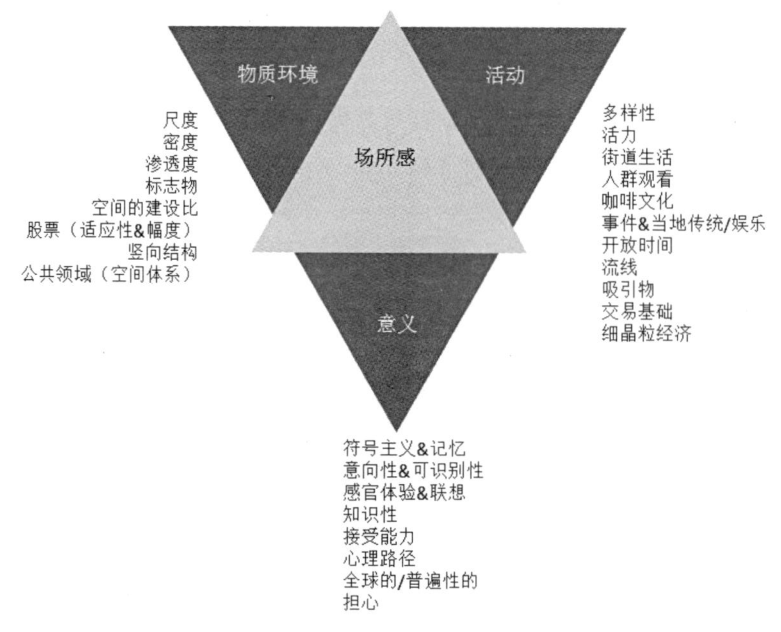


图2-9 场所感
（图片来源：（英）卡蒙纳，蒂斯迪尔，等著．公共空间与城市空间——城市设计维度（原著第二版）[M]．马航，等译．北京：中国建筑工业出版社，2014：135）

## 2.4 小结

本章梳理了理论界关于城市公共空间公共性的研究成果。

第一小节探讨了公共空间的"公共性"本质。首先，从公共空间的"公共性"概念上寻找到西方学术界和中国学术界对其研究的定义与发展脉络。纵观西方学术界自20世纪50年代开始，就不断有社会学学者提出对于公共空间的本质定义。而中国本土学者们则是从近代以来开始对中国城市公共空间的概念进行定义与重构。其次，对于公共空间的"公共性"的讨论，本书又梳理了学术界普遍存在的讨论视角与方法。

第二小节探讨了公共空间的"公共性"模型。学术界已经有不少学者致力于对公共空间的公共性建立模型评估的研究方向。本书通过梳理了关于公共性维度的不同学者提出的维度范畴，总结并介绍了三种关于公共空间"公共性"的评估模型，即主题/

安全模型、三轴模型和星形模型。

第三小节探讨了公共空间的新时代“公共内涵”。具体从公共空间的社会价值变迁过程入手，梳理了过去一个多世纪西方城市公共空间发展的社会价值变化。最后提出新时代的公共空间内涵首先是具备社交性属性，其次提出公共空间是城市文化的场所。并且根据公共空间定义的局限性，提出了本书研究的目标与方向。

尽管城市公共空间始终随着时代变化而变化，但其空间的核心价值：公共性始终是公共空间最本质的特征。对于城市公共空间的研究离不开其本质核心的把握，只有将其核心特质与时代特色相结合，才能为城市公共空间的研究寻找到新的方向。

# 第三章

# 公共空间的社会介质属性研究

基于上一章对城市公共空间的公共性研究，我们确立了本研究课题的理论基础，即在保证公共空间传统公共性的基础之上，重新对公共空间进行概念定义与解析，提出新时代背景下的城市公共空间的本质特性，以及基于这个新的特征概念的具体属性特点研究。

## 3.1 社会介质的定义

### 3.1.1 什么是社会介质

《现代汉语词典》中关于“介质”的定义为两种解释，第一种为：一种物质存在于另一种物质内部时，后者就是前者的介质；第二种为：声波、水波等某些波状运动借以传播的物质就是这些波状运动的介质。如空气、金属物是声音传播的介质。也说媒质[①]。

《康熙字典》中关于“介”的解释有，“【传】介谓辨别之端。【左传·襄九年】介居二大国之间。[②]”关于“质”的解释有，“【易·繫辭】原始要終，以为质也。【註】质，体也。[③]”

由此本书对于公共空间具有“社会介质”属性的定义是指公共空间存在于社会中的内部，即公共空间就是社会的介质。同时，社会介质也指社会中的人或事物，甚至语言、文字、场所、空间等。

就公共空间的特征而言，本书选择“介质”一词的概念定义与“媒介”概念具有相通的涵义。因此本书“介质”一词选用的英文解释仍为“media”。

英文单词“media”，其是“medium”的复数形式，中文翻译为“媒介”。在维基百科网站上搜索其英文解释为“一种储存和传递信息或数据的工具。[④]”其“媒介”的中文解释则为“传播渠道、手段或工具，也是将传播过程中的各种因素相互连接起来

① 说辞解字辞书研究中心编. 现代汉语词典：新版［M］. 北京：华语教学出版社，2014：358.
② 清·张玉书等. 康熙字典［M］. 上海：上海书店出版，1985：92.
③ 清·张玉书等. 康熙字典［M］. 上海：上海书店出版，1985：12，13.
④ https：//en.wikipedia.org/wiki/Media#Communications.

的纽带。”在《现代汉语词典》中对于“媒介”的解释为“居中使二者发生联系的人或事物；特指新闻媒体或传媒”[①]。而在中国传统历史中，“媒介”一词最早出现于《旧唐书·张行成传》：“观古今用人，必因媒介。”此处，“媒介”即指在发生关系的两个对立面中的人或事物。其中，“媒”字早于先秦时代即是指媒人，后来引申为事物发生的诱导因素。“介”字，则一直是指居于两者之间的中介体或物质工具。

常与“媒介”同时出现的词有“传播媒体”“大众媒体”“新闻媒体”等。由此可见，“媒介”的定义中一部分是隶属于传播学范畴。在传播学语境之下，关于媒介的定义，本书选用加拿大媒介理论家麦克卢汉（M. McLuhan）于1964年在其代表作《理解媒介》中的解释：“媒介即是信息”[②]。他认为媒介对信息、知识、内容具有强烈的反作用能力，它这种积极、主动的反作用能力会对信息产生重大影响，从而决定了信息的清晰度和结构方式。在麦克卢汉的阐述中，他将从古至今的26种媒介进行了列举。他认为口语词、书面词、甚至服装、住宅这些日常生活都可以看作是媒介的一种。麦克卢汉对于“媒介”的定义并非传统的传播媒介概念，而是一种“泛媒介”的概念。他将“媒介”一词赋予了最为广义的定义：人的一切外化、延伸、产出，即媒介是人的一切文化过程。总之，人要同周围的环境发生关系，就得通过媒介[③]。

### 3.1.2　介质与媒介的关系

通过前文的详细介绍已知，“媒介”的概念中包含了发生关系的人或事物以及传播学中所指出的传播媒介的双层概念。而在传播学中媒介一词又被拓展为“大众媒介”“传播媒介”等具体的概念，同时他在传播学范畴下具备了传播的特性。相对于容易让人产生歧义的“媒介”概念，“介质”一词的解释要中性与单纯得多。后者并不会让人直接联想起传播学理论中的学术术语与名词。而社会介质本身作为一个中性词，其与本书所阐述的物理性城市空间的本体特性更为吻合。

媒介技术对于公共空间的影响：

很多学者都曾经分析指出，空间的本质已经伴随着交流技术的发展而变化。计算

---

① 说辞解字辞书研究中心编. 现代汉语词典：新版［M］. 北京：华语教学出版社，2014：482.

② M. Mcluhan. Understanding Media：The Extensions of Man Cambridge：MIT Press，1964.

③ 卢文博. 读“理解媒介——论人的延伸”［J］. 长安学刊（哲学社会科学版），2015（04）.

机网络的电子空间以及今天的互联网时代开辟了公共空间的新边疆，城市的物质公共空间被电视、广播谈话节目和计算机公告板、互联网信息所取代。现代化的传播技术为广泛的公共活动提供了主要的场所。将电子公告板和网络、传真机、谈话广播和电视定义为公共空间，延伸了我们对空间物质的传统假设，并以电视作为地球村的庆祝方式取代了它们，并对“建立第一个网络空间国家”表示不满。有了这些新兴的技术，公民身份不再需要公共和私人区域之间的二分法；使用现代的电视机、收音机或电脑就足够了。因此在社会介质进入到第三层级，尤其是在新兴传播技术的影响下人们对于真实的实体公共空间的需求日益下降。

“今天的媒介是公共领域，这也是导致传统公共生活退化的原因。[①]”当公共领域向电子媒介、互联网媒体进行迁移，则进一步排除了人们对于物质性公共空间的利用。

同时，也有人对于新兴的大众媒介持乐观主义态度。他们认为人们在公共空间中更多的使用手机、使用社交软件甚至使用无线网络，都是对于公共空间中人的互动关系产生了积极的转变。美国宾夕法尼亚大学的Keith N. Hampton教授在其关于无线网络技术与公共空间中的社会互动、个人主义和民主参与过程有何关系的研究中发现在公共空间中使用互联网可以与现有的熟人进行互动，这些人比那些单纯的无互联网使用的手机用户更多样化。尽管互联网用户所接触到的社会多样性水平要低于公共空间的大多数使用者。但公共空间提供的在线活动确实有助于人们更广泛地参与到公共领域中。公共空间中的互联网连接与依然保持在没有互联网连接的公共空间中所提供的信息对比而言，可能前者更有助于提高民主和社会参与的整体水平[②]。

综上所述，我们无法将传播媒介的具体手段、工具在城市公共空间中进行隔离与排除。今天人们在公共空间中发生的行为已经无法与没有出现移动手机、互联网时代的人类行为相提并论。面对互联网+的大数据时代，研究者与设计师唯有顺应时代性的特点，从关注使用者的需求出发，才能更好地在传统实体公共空间与虚拟现实技术的新媒体之间寻找到平衡点。既不妄自菲薄，也不全盘改变，将新媒介的技术作为城市公共空间设计中可以仔细思考的设计要素，纳入公共空间的要素研究中，支撑人们在公共空间实体体验中的虚拟性社交活动的需求。

---

① Carpignano，P. etc. Chatter in the Age of Electronic Reproduction：Talk Television and the “Public Mind”. Social Text 25/26：33-5.

② Keith N. Hampton，Oren Livio & Lauren Sessions Goulet. The Social Life of Wireless Urban Spaces：Internet Use，Social Networks and the Public Realm. Journal of Communication .2010，60（4）：701.

### 3.1.3　公共空间是社会介质

社会介质具有双向连接、传播和反馈性，而公共空间正具备了这种特质。在既往研究中，研究者对于这一特质的关注较少，而它的这一特质决定了本人的研究视角，即作为社会介质的公共空间，它是空间活动的主体与活动的价值产生关系的双向桥梁。

公共空间，可以是传播的工具与场所也可以是被传播的工具与场所，它能作为一个“中介体”将不同的人群引入同一空间场所之中，支持他们的行为，同时又能反过来影响他们的行为乃至生活方式。

这里的“社会介质”概念与“范媒介”的概念并不冲突。我们可以将世间一切事物都视为“社会介质”，社会介质即讯息。

本书将公共空间定义为一种社会介质空间，它是联系公众社会中不同角色的媒介。由此明确了公共空间作为社会介质需要解决的两个主要内容。一是公共空间的连接对象是谁？二是公共空间的介质属性是什么？这两个内容将在本章的后半部分具体阐述。

## 3.2　作为社会介质的公共空间“联系对象”

### 3.2.1　公共空间的联系对象是人与社会价值

由于公共空间是社会空间的一种社会学、地理学、城市规划学、建筑学和设计学交叉属性下的外在表现。因此它具有社会价值。例如，扬·盖儿在描述公共空间时，将其视为一种“公共生活”去探讨，而非传统建筑师或城市规划师眼中的物质性空间。

依据列斐伏尔的社会空间概念[①]，社会是由主体层面和客体层面这两个部分组成。

---

① 列斐伏尔的社会空间概念所述：社会空间由两个部分组成，一个是主体层面，另一个是客体层面。主体上来说，社会空间是一个由群体和群体中的个人所在的环境空间。它是一个水平的范围，在其中心是群体与群体中的个人生活及个人表达的场所。这个水平范围的两端并不是指从群体到群体的范围，而是根据他们的情况和他们参与活动来区分。客体上来说，“社会空间”与“社会移动性”不是同一个概念。独立的来看，社会移动性保持了一种抽象性概念。它指的是建立它的网络和渠道，如果它确实是一个持久的现象的话。社会空间是由一个相对密集的网络和渠道组成的。它的机理是日常生活不可分割的一部分。

作为具有社会介质属性特征的公共空间承担了联系两部分的功能。即一部分是公共空间的主体，另一部分是公共空间的客体。

由于公共空间属于社会空间的范畴，因此公共空间也是由群体和群体中的个人所组成。公共空间的目的并非仅仅是设计建造一个供人们聚集与活动的公共场所，而应是将所有人吸引到这个社会介质空间中，该空间为他们的行为活动创造社会价值和社会意义。换句话说，公共空间不仅承担人的活动，还能将人的活动创造出社会价值。一个优秀的公共空间不仅能支撑人的需求与行为，而且要生产出新的使用者，推动人们创造出新的生活方式。

### 3.2.2　主体的联系对象：人

在公共空间中，其联系的主体对象就是人。面对所有人是公共空间实现公共性的首要条件之一。这里的人，本研究所指的是公共空间的参与者、管理者和所有者。对参与者而言，即不同种族、不同年龄、不同性别、不同信仰的陌生人群汇聚在公共空间。管理者是指公共空间的管理方，他们承担着对于公共空间的维护与管理工作。所有者是指关于公共空间的产权归属者。公共空间需要从主体的角度出发，将这三者的关系与需求协调统一。

要满足不同类型的使用者、管理者和所有者对于公共空间的不同需求，并非如字面意思来得如此简单明了。这也是多年来学术界始终都在探讨的关于公共空间的“公共性”与“私密性”关系。

尽管我们几乎很难做到满足所有人群的需求，但将这个作为公共空间的目标，我们可以从人的角度出发，即便只考虑了部分人群的需求，也可以为这个宏伟的目标添砖加瓦。正如Patrick Charaudeau总结的那样：“公共空间，不可能被定义为具有普适性的特征。相反地，它依赖于每个群体的文化特性。[①]”当我们在探讨作为社会介质的公共空间联系的主体对象人时，我们需要将不同使用者、参与者和管理者身上的不同文化特质、社会背景、经济发展等要素综合考虑。世界范围内，不同地域下的不同人对于公共空间的使用与需求具有不同和相同的地方。

---

① Elena-Lidia DINU. From the Habermasian Space to the New Forms of the Public Space. Bulletin of the Transilvania University of Brasov，2011，4（53）：159.

### 3.2.3 客体的联系对象：人、群体和物理空间

连接的客体对象则分为以下三部分：人、群体和物理空间。

（1）人

这里的人是指作为社会介质属性的公共空间连接的客体对象，即将主体的人与客体的人联系在公共空间的环境之中。这里的人强调的是个体。公共空间中的“其他人”能够通过听见他人的谈话，闻到特定的气味或解释其他不可见的要素来获得感知。通过接触与互动，人们彼此之间存在着差异，这可能会导致对于公共空间中预期行为的不确定性。尽管这些行为主体的不同可能会导致歧视，甚至是冲突和紧张，但在好奇心和对于新的社会关系的期待中，他们也会产生新的看待事物的方式。因此社会互动中，人群的多样性是可以带来更好的体验，娱乐和日常作息中的逃离（Brunt & Deben，2001; Dines & Cattle，2006）。对大部分人来说，多元化的公共空间构成体系是检验社会偏见的最终机会。

（2）群体

作为社会介质的公共空间除了将个人与个人联系起来之外，还承担着将个人与群体联系起来的职责与功能。这里的群体并不是简单意义上的“群体”概念，即指“聚集在一起的个人，无论他们属于什么民族、职业或性别，也不管是什么事情让他们走到了一起。[①]”本研究引用法国著名心理学家、社会学家勒庞的关于“群体”的概念，这是一种从心理学角度出发的“群体”概念，即“在某些既定的条件下，并且只有在这些条件下，一群人会表现出一些新的特点，它非常不同于组成这一群体的个人所具有的特点。聚集在一起的群体，他们的个性消失，形成了一种集体的心理。”勒庞将这些聚集成群的人称为“一个组织化的群体”，或者称其为“一个心理群体”。

本研究强调的是从勒庞的心理学角度出发所定义的“心理群体”特征，在城市公共空间中，心理群体的范围正如勒庞所指还可以被进一步区分为异质群体和同质群体。异质群体即由不同成分组成的群体，同质群体即由大体相同的成分，如宗派、等级或阶层组成的群体。

城市公共空间作为社会介质属性特征时，他的目标联系对象正是这些同质群体和

---

① （法）古斯塔夫·勒庞著．乌合之众：大众心理研究：中英双语·典藏本［M］．冯克利，译．北京：中央编译出版社，2017：5.

异质群体共同组成的群体对象。他们可以是具备相同的种族心理的群体。即“遗传赋予每个种族中的每个人以某些共同的特征。”他们也可以是“为了行动的目的而聚集在一起的群体。”这类群体被勒庞称之为“乌合之众”。

（3）物质基础

城市公共空间作为社会介质时除了要将人与人、人与群体联系起来，还要承担着将人与公共空间中的物质基础联系起来的功能。尽管，大部分人认为，一个设计建造完成的城市公共空间，其物理基础要素必然也总是为人服务的。但在很多时候，现代的城市公共空间物质基础却有着华美空洞的外表，毫无人气，脱离人的需求与使用行为。国家政府投入大量资金兴建的城市公共空间，在老百姓的日常生活中，这种空洞的物质基础环境常常缺乏人的活动与参与，显得毫无生气。也就是说，城市公共空间需要将主体活动的人与客体存在于物理空间中的物质基础建立桥梁与联系，让更多的人能够参与到公共空间的物质基础中去，产生更多的活动、故事、事件与记忆，而不是设计建造一种类似于花瓶式的公共空间，这种空间只能为政府提供绿地覆盖率的简单数据，却忽视了人与物理空间的直接联系。

### 3.2.4　联系对象的双向性

作为社会介质的公共空间联系了公共空间中的人，同时也联系了人活动下的公共空间的另一方面，人、群体和物理空间。并且这两个部分具有双向影响性。

根据符号互动论的原理，公共空间首先就具备了意义，即符号互动论的第一个前提：“人类对事物的行为是基于事物对于人所具有的意义发生的[①]”。因此，人们选择这个富有意义的公共空间并针对这个空间进行活动。其次，公共空间具备符号互动论的第二个前提，即“这种意义是人类社会中社会互动的产物”。城市公共空间可以看成是人们通过交流和互动所表达符号意义的标志。人们使用的城市公共空间可以被理解成群体的身份认同和归属感，即需要与其他人、群体接触与交流，共同在城市公共空间中发生活动与联系，这样才能创造或改变城市公共空间的意义和其社会价值。

---

① Herbert Blumer. Symbolic Interactionism：Perspective and Method. Los Angeles：University of California Press，1986.

具备意义的公共空间吸引人们的到来并在其中进行活动；在公共空间活动的人群创造了公共空间的符号意义，同时人们通过自身的判断，对这个空间进行一个解释的过程，从而对公共空间的意义进行不断的修改和处理。

人在公共空间中，既是反映者，又是行动者。人对于公共空间作出的不是物理性的机械反应，而是通过符号：公共空间的意义进行的。这种双向性，使得城市公共空间联系的两端形成了一个双向影响的关系。一方面人的行为可以影响公共空间联系的另一端——人、群体和物理空间，另一方面，通过人、群体和物理空间的改变，公共空间又反影响其主体对象——使用者。由此可见，作为社会介质属性的城市公共空间联系的两部分内容具备了彼此影响与被影响的双向性特征。

## 3.3　作为社会介质的公共空间的属性

作为社会介质的公共空间具备以下三种属性，即载体性、渠道性和角色性。这三种属性凸显了公共空间作为社会介质的独特性。

### 3.3.1　载体

载体（platform）属性侧重于公共空间中物质内容的搭建。此时的公共空间被看作是实现主体社会价值的工具、手段、方法与环境基础。当公共空间的社会介质特征被关注的时候，人们才能通过公共空间这一社会交往的平台获得社会价值、甚至创造新的社会价值。人们利用城市公共空间这个载体进行知识的传播、文化的交流。城市公共空间和新兴的网络社交媒介一样，具备了载体的功能，为人们提供了展示自我的物理空

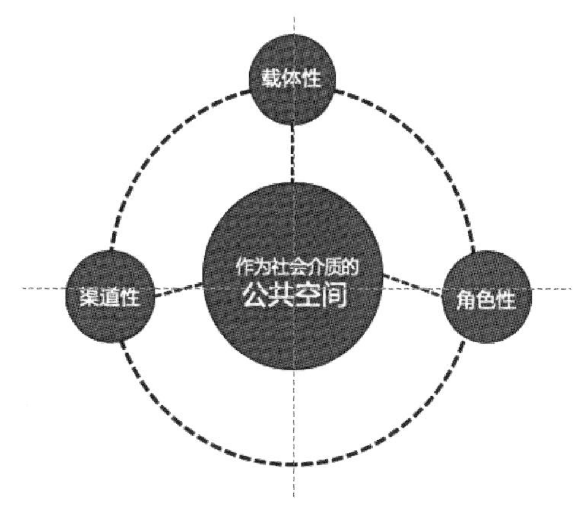


图3-1　公共空间三种属性
（图片来源：作者自绘）

间场所。他针对所有人开放，为所有人提供展示、交流、参与的机会与空间场地。很多群体、组织的线下交流活动都能在城市公共空间中展开，他也是互联网虚拟世界的一个最简单直接的线下补充，成为人们在真实世界的公共空间中寻找到虚拟世界公共性载体的延伸。

通过城市公共空间这一载体空间，设计师与研究者将公共空间的物质要素构建成能提供人们的日常生活、公共活动的交流场所。在这个独特的载体空间中，从古至今人们都在上演着反应时代特征的生活、娱乐与公共性事件，他们体现了每个时代的公共交往方式、日常生活方式、休闲娱乐方式，也影响了各个时代人们对于公共生活的定义。

### 3.3.2 渠道

城市公共空间的第二个属性特征是渠道（channel）属性。关于渠道的解释，在《现代汉语词典》中有两种含义，一是指在河湖或水库等的周围开挖的水道，用来引水排灌；二是指途径、门路。城市公共空间的“渠道”属性是指其具有“途径和门路”的作用。公共空间的渠道属性偏向于社会的“介质”属性。它是指公共空间采取尽可能多的人的行为参与类型进行组合和整合社会关系，以满足不同的使用者的娱乐、社交的综合体验需求，这些渠道类型包括有形的物质要素与连接类型或参与方式的关系，如设施、构筑物、场地要素等与各种不同连接类型的联系或参与方式的关系。无形的渠道是指无形的物质要素：技术基础，如互联网技术、社交媒体等与连接类型或参与方式的关系，也指公共空间的意义对于连接类型和参与方式的影响。

通过公共空间的渠道属性，人们可以开展各种各样的公共生活，抒发个人对社会的意见，促进不同声音的交流，并为不同背景、不同阶层的人们提供公共交往的途径，获得展示自我的门路。而作为渠道属性的公共空间则可以通过物质与非物质要素最终将人与人、人与群体、人与物理空间建立起桥梁与纽带。

### 3.3.3 角色

城市公共空间的第三个属性特征是角色（role）属性。这是一种拟人化的属性特征。当角色属性出现时，其自身为公共空间的参与者们提供了发起、诱发和赋能的三种功能。即这种角色属性为公共空间的参与者们进入公共空间活动提供了主动进入的可能性、引诱进入的可能性以及使得参与者们能够参与活动的可能性即赋能。不同的角色定位可以产生上述三种不同的对应功能。同时面对不同的公共空间参与者，其角色属性也会发生多重定义。一个城市公共空间有时候面对多种使用者或参与者时，其角色属性的定义往往会有多个定义以及随之产生的功效。

总之，作为社会介质的公共空间的角色属性是其特有的属性特征，在参与者们的日常使用过程中承担着重要的作用与功能。

载体、渠道和角色体现了作为社会介质的城市公共空间自身具备的交流性、开放性和自由性。城市公共空间的本质是没有任何进入门槛，面向所有人群开放，人们可以在此自由交往，获得公民的自豪感、安全感和归属感。并且在载体、渠道和角色的属性之下，人们还可以将城市公共空间作为一个社交的真实“对象”，开展他们日常的社会交往行动，发布群体组织的各种活动信息，吸引个人到公共空间中的参与，传播各类型群体组织的社会意义，提升人与人之间社会交往的真实体验，建构一个和谐共处的公共性社会环境。

## 3.4 作为社会介质的公共空间的要素

以下所列内容为公共空间作为社会介质属性时特有的要素，即公共空间所具有的要素内容。从物质基础、连接类型到参与方式和意义的可能性。这四个要素构建起本研究的研究对象、如何去研究以及为什么去研究这三个关键部分。物质基础和连接类型即作为社会介质的公共空间具体的研究对象，而参与方式则代表了怎样去探究作为社会介质属性的公共空间，最后，意义的可能性直指本研究的最终目的，即为何要建立作为社会介质的公共空间这一假设。

接下来，我们就先对这四个要素进行基本的概念界定。

### 3.4.1 物质基础

公共空间作为社会介质属性时，其最基本的要素依然是物质基础（material

base）。任何人造环境都离不开物质环境的营造，城市公共空间亦是如此。我们在界定公共空间要素的时候，出发点始终是从公共空间的物质基础开始的。尽管公共空间的概念属性发生了变化，但其构成物理环境的物质基础始终伴随着公共空间的属性变化而变化。在这里，公共空间物质基础具体是指关于建造公共空间物理环境的全部物质性基础内容，如场地要素、空间形式、分区规划、尺度、色彩、材料、植物配置和技术基础这九个基本要素。在公共空间的物理环境营造过程中，这九个具体要素充当了物质基础的具体内容。他们根据社会介质属性特征的需求，自我组合与修正，其物质基础的构成原则不再是单纯的美学审美和人们的日常行为，而是为了塑造一个具有社会介质属性的公共空间。因此，这里的物质基础不仅仅是构建最基本的物理环境，更是为了公共空间的社会介质属性去构建能够让人们交流、沟通的物质空间基础。

空间形式的选择，分区规划的确定，场地环境的分析都与作为社会介质的公共空间密切联系在一起，什么样的空间形式有利于人们的交流？什么样的布局样式有利于作为社会介质的公共空间体现其平台、渠道和角色的属性？原场地环境的保留与改造依赖于公共空间连接哪种类型的对象与目标？大小和尺度、颜色、材料及结构特征也都与连接的对象和人们的参与方式有关。针对不同的连接对象，其空间大小、尺度、颜色、材料及植物配置的偏好都会进一步的专业化与体验化。

过去公共空间的物质基础设计往往从单纯的空间几何形态学、美学方面要求。而本研究的物质基础则是从作为公共空间的社会介质属性下的要素出发。视角的转变带来了公共空间物质基础设计目标的重大转向。几何形态学和美学要求已不能指导今天作为社会介质属性的公共空间中物质基础的设计，我们需要重新定义物质基础的设计方法。

### 3.4.2 连接类型

作为社会介质的城市公共空间最重要的属性特征就是其“介质性”。社会介质的概念中最突出的特点就是可以连接，具有连接性。因此，连接类型（types of connection）就成了作为社会介质的公共空间必然具备的要素之一。由于城市公共空间具有连接性，所以我们需要明确每个城市公共空间具体的连接类型是什么，即连接对象是什么？只有弄清楚连接类型，才能找到设计研究可能的对象，根据设计对象的需求来设计属于他们的公共空间。

（1）人与物质基础的连接

这里是指公共空间将人与物质基础要素建立起连接，可以是支持人对于物质基础认知上的、情感上的，也可以是行为上的连接。例如人们在公共空间中对于基础公共设施的认知需求，对于优美景色的情感需求，对于活动场地质量的行为需求，对于空间场所记忆的需求等等。作为社会介质的公共空间无法忽视人与物质基础的关系，只有正视这种关系，为人们创造建立连接的可能性，才能满足人们在公共空间中对于优美、舒适、宜人的物理环境的需求。

（2）人与人的连接

这里是指公共空间承担着个人与个人社会关系的连接。这里的个人与个人可以是熟悉的个人，也可以是陌生的个人。公共空间如果能为陌生人提供碰面与交流的可能性则能更大限度地发挥其作为社会介质的作用，让更多互不相识的社会个体建立联系，创建相互之间的社会关系，从而更好地融合在一起。

（3）人与群体的连接

这里是指公共空间将个人与群体联系在一起。人们在公共空间的使用过程中不单是个人与个人的相遇，还有个人与群体、个人与组织、群体与群体的相遇。无论是同质群体还是异质群体，人们都能通过公共空间这个社会介质与其建立联系。从而使个人与群体、群体与群体之间彼此了解、彼此熟悉，并能通过公共空间这个平台共同交换彼此的讯息、知识，达到互相之间的理解，消减不良的误解与矛盾，降低社会犯罪与不安全因素的可能性，逐步建构起一个和谐的为所有人服务的社会公共场所。

### 3.4.3 参与方式

公共空间中对于参与性的要求历来被学者所提及，但又似乎未被提到足够重要的地位上来。这里所指的参与方式（ways of engagement）是强调了公共空间为主体与客体所提供的使用方式，不仅仅是活动类型，而是必须将连接类型与公共空间产生参与性的互动行为。

关于参与性的定义，从语义学上来说，“参与性”与行为或行为表现有关。关于它的研究拓展到社会科学的不同领域，如心理学、教育心理学、组织行为、社会学等，也出现了各种不同的解释。

许多关于“参与性”的研究都离不开“人”，因此目前学术界关于“参与性”的研究大多关注于用户参与（user participation，user engagement）或消费者参与（consumer engagement）这个角度。根据Javornik和Mandelli的研究显示[①]，行为方面是消费者参与性研究的起始，在这之后对于消费者参与性研究的其他维度才开始得到关注。在消费者参与的研究领域，早期研究讨论的是从一维视角出发看待参与。现在学术研究界主张从多维度角度出发来分析参与性。尽管有些学者依然主张从一个维度来进行研究，但他们对于其他维度关于参与的认知同样持承认态度。但他们认为其他维度的考虑并非是具有同等重要的作用。例如，Hollebeek，Guthrie和Cox都建议将认知维度作为最重要的考虑方向。而Catteeuw 则强调情感维度的重要性。Pomerantz则认为行为维度才是最重要的[②]。

不同维度的研究路径都支撑了消费者参与性是一个多维度的概念。需要注意的是，认知、情感、行为维度也是在科学文献研究中关于消费者参与性研究的最常见的一组要素。多维度视角建议将不同维度结合起来，从而获得消费者参与性的最佳表达与建设。学者Gatautis于2016年对参与做出了如下三个重要维度的说明[③]。

（1）认知参与维度

认知参与维度对应的是消费者通过对某一特定对象的接触过程、专注并发生了兴趣。例如，在品牌参与的语境中，认知参与导致了消费者对于特殊品牌的专注或兴趣。在公共空间中，认知参与导致了参与者对于公共空间中的某一特定对象产生了专注、认知的参与活动。

（2）情感参与维度

情感参与维度指的是一种情绪活动状态，也称为灵感或骄傲感，是由参与的对象引起的。例如，在品牌参与语境中，情感参与会导致消费者对于特定品牌产生关联、奉献或承诺。那么在公共空间中，情感参与会导致参与者对于特定的公共空间产生情感上的关联、奉献或共鸣。

（3）行为参与维度

行为参与度是指消费者的行为与参与对象有关，并且能被理解为努力以及互动中的能量给予方。例如，在品牌参与中，行为参与的消费者会针对特定品牌采取购买的行动。在

---

① Javornik A.，Mandelli A. Research categories in studying customer engagement. AM2013 Academy of Marketing Coference，Cardiff：2013.

② Asta Tarute，Shahrokh Nikou，Rimantas Gatautis. Mobile application driven consumer engagement. Telematics and Informatics，2017，34：147.

③ Gatautis R，Banyte，J. The impact of gamification on consumer brand engagement. Transformations in Business & Economics，2016，15：173-191.

公共空间中，行为参与会使空间参与者对于某个特定公共空间采取参与的实际行动。

一些其他的研究学者，例如Vivek、Mollen和Wilson则建议将社会维度也纳入消费者参与性中来考量。同时由社会和移动技术带来的新机遇，社会参与在数字环境中尤为重要。此外，根据Javornik和Mandelli 2013年的研究数据，一个多维度的方法能够在消费者和企业之间通过共同创造的概念建立起桥梁，并能够更为活跃地激发消费者的参与。共同创造已成为广泛研究消费者参与性的领域之一。

考虑到消费者在社区中的角色以及消费者对消费者的沟通交流，最近的研究领域中对于消费者参与的社会和心理方法研究关注度很高。信息和通信技术的发展为消费者的参与创造了新的机会。

尽管我们在城市公共空间的范畴下不存在消费者这一身份，但我们依然可以将公共空间的使用者与消费者画等号。所有消费者参与性的研究观点可以被我们拿来思考城市公共空间中使用者的参与性。由此可见，在公共空间的使用者参与性方面，我们需要从三个维度出发考虑，即认知维度、情感维度、行为维度。这三个维度是彼此交织的结构，没有哪个维度可以替代其他两个维度独立存在。

公共空间虽然是一个实体物质空间，但使用者的参与方式也随着科学技术的不断发展而发生变化。例如，使用者如何在实体公共空间中参与虚拟性或移动性环境、设施、社交活动、社区和平台也日益成为研究者们无法回避的社会问题。

因此，本研究提出关于参与性的三点假设：

（1）提升公共空间中公众的参与性，从而影响公众持续愿意使用该城市公共空间，是作为参与性所具备的基本功能与终极目标。

（2）越多的社会互动越能加深城市公共空间对于使用者参与性的影响。

（3）如果城市公共空间的空间质量能够被使用者高度感受到，则会产生对于使用者参与性的积极影响。

### 3.4.4　意义的可能性

作为社会介质的城市公共空间第四个要素是意义的可能性（potentials of meaning）。意义的可能性在这里是基于布鲁默的符号互动理论中关于符号互动的本质前提而来的。在布鲁默的符号互动理论构架中，其成立的前提基础有三个：前提一，人们对于事物产生的行动依赖于这些事物对于人们来说具有意义；前提二，这种事物的意义来自于或产生于人与自己同类之间的社会互动；前提三，这些意义是可以被修正的，人类可以用一个解释的过程去理解他所遭遇的事物①。

对应于公共空间来说，首先，人们选择在城市公共空间发生目的性的社会行动是依赖于公共空间对于主体使用者来说具有意义，公共空间对不同的人来说具有不同的意义。其次，这种公共空间本身所具备的意义来自于人类在此空间中发生的社会互动行为。最后，这些公共空间产生的意义又是可以被不断修正的过程，人们可以用一个解释、修正的过程去理解他所使用的公共空间。因此城市公共空间的意义不是恒定不变的固有客体，而是人们通过理解赋予的，因此其意义也在不断的变化过程中。同时，公共空间不断变化发展的意义又能反过来影响或培育人们在公共空间中新的使用方式和生活方式。

因此，我们在设计城市公共空间时，就需要考虑作为社会介质属性时，城市公共空间意义的可能性。当他连接不同的使用对象、运用不同的参与方式时，其产生的意义也会发生变化。不同的需求、不同的参与方式和参与度、不同的物质基础建构能够创造不同意义的公共空间。同时这些不同意义的城市公共空间又反作用于人们的参与方式、参与程度、连接对象，甚至是物质基础。这一双向的影响机制使城市公共空间意义的生成更具变化性、未知性和挑战性。每一个城市公共空间当他所承担的社会介质属性中的要素发生变化时，其对应的空间意义也会发生变化，即本研究所指的意义的可能性。

设计者们可以利用这一双向作用机制，设计和建造符合时代发展变化、人们实际需求的公共空间，并且不断探索公共空间可能的意义，区别于以往口号式的设计目标，将公共空间的意义作为设计的动态要素来考虑。

## 3.5　结论

本章主要是运用演绎推理法，对城市公共空间的社会介质属性进行推理论证。在本章第一节中，主要阐述了关于社会介质的定义，明确了介质与媒介二词之间的区

① Herbert Blumer. Symbolic Interactionism：Perspective and Method. Los Angeles：University of California Press，1986.

别，确定了公共空间是一种社会介质，具备社会介质的特征与属性。第二节中，主要推理论证了作为社会介质属性的城市公共空间的联系对象。提出城市公共空间的联系对象分为主体对象与客体对象，其中主体对象为公共空间的使用者即人，而客体的连接对象则分为了人、群体和物质基础。并且又说明了公共空间的这种介质连接性具有双向性的特点。这种双向性使得城市公共空间联系的两端：主体对象与客体对象之间都能产生影响与作用的关系，即彼此影响与被影响的关系。在第三节中，主要提出了作为社会介质的城市公共空间的具体属性特征，即公共空间具备平台属性、渠道属性和角色属性三个特征。其中平台属性更偏向于物质基础的构建与支撑。渠道属性更符合社会介质的“连接性”特征。角色属性则是关于城市公共空间的一种拟人化的属性分析。本章的最后一节，第四节则提出了作为社会介质的城市公共空间的要素。基于公共空间所具备的平台属性、渠道属性和角色属性，本书认为，城市公共空间的要素有四大类，它们分别是：物质基础、连接类型、参与方式和意义的可能性。

通过本章的论述过程，可以获得本研究的第一个研究结果，即对于城市公共空间的本体概念研究，本书认为，城市公共空间具有社会介质的属性，同时也提出了这个社会介质的属性的三点具体特征：载体、渠道和角色属性，并且还挖掘出了基于社会介质属性下的城市公共空间的四个要素：物质基础、连接类型、参与方式和意义的可能性。也为下文具体构成要素的展开奠定了扎实的概念基础。

# 第四章

# 作为社会介质的公共空间构成要素

在前一章中，我们已经解析了作为社会介质的公共空间自身具备的四个要素，即物质基础、连接类型、参与方式和意义的可能性。本章将针对这四个要素，探讨其相互之间的逻辑关系，探究并发现四个要素是如何进行运转与组织的，进而推导出作为社会介质的公共空间构成要素模型。

## 4.1 物质基础

### 4.1.1 物质基础

物质基础是公共空间中最基本的要素。人们在到达公共空间时，第一印象必然是对公共空间物理环境的观察与体验。这时，物质基础就如同城市公共空间的第一印象，它往往承担着展现公共空间特征、独特性的重担。如果一个城市公共空间没有完备的、令人身心愉悦的物质基础，那么公共空间就失去了吸引人们进入的第一次机会。因此，物质基础在城市公共空间中处于重要且基础的地位。

对于公共空间物质基础的分类，我们主要从构成公共空间物理环境的角度出发，思考其客观的物理空间对象中有哪些内容。同时，我们选取使用者的视角，将其在公共空间中的使用角度与物理环境角度结合起来考虑。得出以下九个物质基础的具体分类。它们分别是：场地要素、空间形式、分区设计、尺度、色彩、材料、植物配置、环境设施以及技术基础。

（1）场地要素

场地要素是指城市公共空间所处于的场地位置环境状况，以及其与城市物理空间的关系。公共空间本身具备的自然要素、场地条件和场地现状有哪些？受到哪些城市空间层面的制约与影响？具体来说，场地要素包含两部分内容：自然特征和城市形态。其中自然特征又包含了地形布局、表层水体网络、表层水体地形、表层自然要素等。城市形态是指基于形态学角度出发，其公共空间的形态特征与所处城市形态的关系。例如公共空间自身场地与城市街道的关系，与周边城市建筑的关系，与城市的物理特征的从属关系。每个城市公共空间都不是独立存在于城市环境之外的。其自身具有的自然特征与其所处场地的宏观环境之间的关系是公共空间的设计在一开始就需要关注的内容。

同时，场地要素不仅仅指该公共空间的现状要素情况，它还包括了历时性的场地要素状况。研究者和设计者需要搜集挖掘该公共空间历史发展过程中的尽可能全面的场地要素资料，每一次场地建设的变更，每一次场地要素的衍变都需要搜集与整理，以供研究与设计作出正确的判断与解读。

针对公共空间的场地要素，需要研究者和设计者站在宏观与动态的角度出发，掌握全面而正确的场地要素发展资料，才能为后续的设计与改造提供扎实的基础。

（2）空间形式

空间形式传统意义上是指城市公共空间从几何学角度出发其空间形态的布局样式。通常，我们会将公共空间的空间形式按照景观环境的空间形式风格去分类，有几何形式，有自然形式，还有几何与自然式的综合形式这三种分类方法。我们经常将东方传统园林的自然式造园手法和18世纪英国自然风景园这两类自然式的造园手法作为现代城市公共空间中自然形式的源头。几何形式的空间样式则来源于古希腊古罗马为代表的欧洲古典主义造园样式。但在景观都市主义学派的观点中，空间形式是通过组织事件的方法来表现日常的生活方式。空间形式的选择并非完全依赖于美学的判断、象征手法的表达以及设计师个人的喜好。从曲米设计的法国拉维莱特公园中，我们便可看出，公共空间的空间形式完全可以摆脱几何学形态上的立面与平面的程式化规则，从提供功能空间转向组织社会活动。

今天，城市公共空间的空间形式已经不再拘泥于对风格和样式的追求。人们更看重的是在基本的美学基础上的能够支撑事件发生的设计手法。简约、扁平化的设计风格也影响了城市公共空间如今的审美趋势。

同时，城市公共空间的空间形式也需要考虑到该公共空间的历史基础与文化传承。人们在使用一个城市公共空间的时候，会对这个地方产生场所的归属感。为了延续和支撑这种场所的归属感，公共空间在进行改造与更新的过程中就需要对空间形式进行物质环境上的延续性设计发展。不能一味为了追求支持公共空间内的活动与事件，而将公共空间原本的传统形式特征彻底推翻。城市公共空间之所以能够担负起社会介质的作用，就在于其具有延续性的空间形式特征，及其空间当中具有鲜明形式特征的建筑物、雕塑和艺术品等都应进行传承与保护，让一代又一代的空间参与者可以共享公共空间的历史与文脉。

（3）分区设计

传统的几何学指导下的城市公共空间的分区设计其实是一种功能分区方法。功能分区是指城市公共空间的物理空间按照功能属性进行分布，是一个针对三维立体的功能布置。根据欧姆斯特德式的城市公园设计准则来看，传统的城市景观空间必须以自然环境为背景；在场地的构图中心设置草坪；主园路贯通全园，以曲线为线形的园路组织顺畅。但随着场所精神的提出，城市公共空间的分区设计不再以传统的物质空间的功能属性作为分类依据，而是考虑到场所性，根据场所的不同特征与类型进行分区设计。景观都市主义者则提出景观空间的分区规划可以围绕人的行为活动来组织布置。人的活动纳入城市活动的范畴，而城市活动作为公共空间的分区设计依据进行组织编排。最早的案例是1982年的巴黎拉维莱特公园设计竞赛。竞赛场地原本是一个125英亩的巴黎最大的屠宰场，公园的功能分区是用密集的公众活动空间来取代屠宰场过去的使用功能。作为城市公共空间转型的经典，那里的分区设计样式体现了20世纪80年代初西方国家随着生产和消费经济的转型而留下的城市遗迹。

近十年来，城市公共空间的设计者与研究者越来越多地倾向于依据人们活动的事件特征来组织分区设计与空间布局。同时也加入了以人为中心的分区设计理念。活动的分类通常也结合人群的分类来进行公共空间的分区设计。例如，儿童活动空间以儿童的安全为设计的基础，其稳定、清晰的区块特征被独立划分出来。而其他不需要针对特殊人群的行为特征进行分类的空间，则以事件的活动类型来加以区分，做到面对使用者可用性的最大化。

同时，随着时间变化，城市公共空间的分区设计需要考虑到未来时代发展的变化、不确定性和未知性。新时代的城市公共空间的分区设计趋势已跳脱出传统城市公共空间的几何形态与功能形式为主导的布局方式，出现了并列式、平行条带式和网络式的布局样式。它们的目的在于包容纷繁复杂的城市活动，构建一种分层的、无层级的、弹性的空间环境。

今天的公共空间分区设计越来越多地考虑使用者的需求与使用者的行为方式，通过事件的组织来对物理空间进行分区设计，打破原有功能至上的分区模式，探讨以人的行为活动为基础，支撑与帮助使用者建立新的活动事件和由此引发的新的社会关系来对物理空间进行分区设计。

（4）尺度

城市公共空间的尺度是以人作为实际尺度的度量，即人在公共空间中肉眼可见的尺度感受。同时公共空间的尺度被用来和人类形体的比例进行比较。因此公共空间的尺度离不开人的行为尺度。梅尔滕斯建议鼻梁骨是识别个人的鉴别特征，因此最远的识别人的距离为35米（115英尺），超过这个距离，人脸就会变得模糊。梅尔滕斯还提出人们可以在12米（40英尺）的距离识别人；在22.5米（75英尺）的距离认出人，在135米（445英尺）的距离识别形体动作，即识别男人或女人的最远距离[①]。

不同的公共空间尺度依据上述的准则进行合理设计。例如城市广场，凯文·林奇提出的建议尺寸为12米（40英尺），他认为该尺度是亲切的；24米（80英尺）仍然是宜人的尺度[②]。扬·盖儿建议最大尺度可以是70～100米（230～330英尺），因为这个尺寸范围是能够看清物体的最远距离。另外，还可以结合看清面部表情的最大距离20～25米（65～80英尺）来进行设计。西特建议设计公共广场的尺度时，其围墙长度应保持在3∶1的尺度范围内[③]。阿兰·德·波顿（Alain de Botton）在《如何营造一个有吸引力的城市》中建议广场的直径应控制在30米以内，超出这个尺寸，会令广场上的个体感到自身的渺小，感到疏远和错位[④]。理想的广场空间必须让人们感受到空间的亲密与接近，就像是自家的延伸，而非空旷或幽闭。街道的尺度则是根据人的行为感知而来。一般线性街道、线性公园，哪怕是需要大尺度的纪念性空间，最长距离也不会超过1.5千米（1英里），超出这个距离人们就会失去尺度感。例如，美国华盛顿越战纪念碑仅仅只有500英尺，相当于152米的距离，而从华盛顿林肯纪念堂到方尖碑的距离，刚好是1.2千米（4000英尺）。芝加哥最著名的商业街道密歇根大道别称为豪华一英里，其总长度即为1.6千米（1英里）。

（5）色彩

城市公共空间中色彩是很重要的一类要素。以往色彩的选择多与设计师和项目主导方的主观意向为主。随着城市公共空间与城市设计协调一致，色彩的选择越来越需要考虑周边城市环境和使用者的影响。同时色彩的选择也与其他公共空间物质基础的元素密切相关，无法单独抽离于其他元素孤立选取。

城市公共空间的色彩首先需要考虑主色调的选择。主色调的选择通常与周边城市环境中的建筑物或城市色彩密切关联。在定下主色调之后，还需考虑各个界面关系上的色彩处理方式。城市公共空间的色彩设计首先确定稳定不变的主色调，然后再考虑加入变化的色彩可能性。这里所说的色彩变化是根据时间的影响，以及活动或事件的

---

① 芒福汀．街道与广场［M］．张永刚，陆卫东，译．北京：中国建筑工业出版社，2004.

② Kevin Lynch. The Image of the City. MA：The MIT Press，1960.

③ Sitte，C. Der Stadte-Bau，Carl Graeser and Co，Wien，1901.

④ Alain de Botton.The Architecture of Happiness. New York：Vintage，Reprint，2000.

影响而发生的。

同时，由于城市公共空间整体的环境色彩会随着时间与季节的变化出现多变性，因此色彩的设计也需要同步考虑时间的因素。不同物质的色彩会随着不同的时间变化而发生变化。例如，植物的色彩就会随着季节的变化发生显著改变。春夏秋冬，一棵看似简单的香樟树也会随着季节更迭生出嫩芽，嫩芽颜色变绿、变成深绿，到了冬天还会枯萎凋零。公共空间中大部分的色彩变化来自于植物颜色的变化，这也是人们最喜欢看见并体验其中乐趣的体现时间变化的公共空间物质基础要素之一。

另外，城市公共空间大部分来说，是一个每天24小时，每周7天，一年365天都对公众开放的场所环境，其自身每日的时间变化也会影响公共空间色彩的变化。例如白昼与夜晚的对比，自然影响到公共空间色彩的变化。晚上的公共空间灯光设计与白天非人照灯光环境下的公共空间色彩显然有大相径庭的地方。并且，白天还受不同气候条件的影响，阳光普照的日子与阴雨连绵的日子，高温潮湿的夏季与阴冷下雪的冬季，城市公共空间的色彩也在这气候、季节、时间的影响下不断展现其百变的姿态。

活动或事件也可以改变城市公共空间的色彩。这种色彩的改变可以说是一种新增色彩的改变。如果在城市公共空间中举办不同类型的活动或事件时，人们会将公共空间作为一个平台，搭建其活动或事件的活动空间。这种公共空间的二次变化就会带来色彩的新增与改变。

因此，设计师需要考虑这种新增情况的可能性，在做公共空间最初的设计建造时，将色彩的变化方案也同步考虑进去。哪些是受自然因素的影响，哪些是受人为因素的影响？当人与自然共同作用时，又会产生什么变化效果？城市公共空间的色彩就像大自然的色彩一样，充满了变化与创造的可能性。色彩多变的特点为城市公共空间的物质基础多样性做出了很大的贡献。

（6）材料

城市公共空间的材料也是一个重要的设计要素。普遍范围内，人们认为公共空间中的材料与公共空间的物质造型有关，结合各种材料的物理属性，公共空间的空间构造也与材料选择密切联系。此外，考虑到公共空间的对外开放性，材料的选择需要耐用、耐损耗，能经受住各类极端天气的影响，并且经受住大量人群使用的影响。通常情况下，公共空间的物质材料多以耐腐蚀、耐磨损的石材、金属材质居多，同时也会考虑选择与自然环境接近的各类木质材料。

尽管材料的选择看似简单直接，但随着时代的发展，以人为本设计理念的深入，材料的选择除了要根据结构体系、功能性和耐用性的要求外，还需加入使用者在不同的使用情境中的需求。材料的使用，只有将人的因素纳入进来，才能产生最佳的共鸣效果。以往单纯追求技术与科技的材质发展，出现了很多超现实主义的材料选择。但这些哗众取宠的材料并非对应于使用者的需求。人们对于材料的要求也不再局限于最初对于公共空间场地环境坚固耐用、美观大方的基础性需求，而是希望通过独特的材料体现场所的精神，传递场所的文脉，支撑人们在公共空间中更好地参与活动，并能将优秀、独特的公共空间材料作为该城市公共空间的特色，持续发展下去。

因此，材料的选择与设计，需要结合以人为本的设计理念，同时还要体现公共空间的公共性和耐用性，并且融合公共空间的场所地域性特点，尽可能地与地域性材料相结合，从而创造出基于使用者需求的与地域性材料结合的优秀作品。

（7）植物配置

植物配置是城市公共空间中非常重要的一个物质基础要素。由于城市公共空间属于城市开放地块的设计，其垂直界面除了受到城市周边场地物理环境如地形特征、水文环境特征影响和公共空间建筑要素的影响外，还受到植物配置的重要影响。其次，植物配置又为人们在公共空间中提供了自然环境的最主要来源。人们在公共空间中多数时候是为了欣赏美丽的自然景致，并能呼吸到植物光合作用所带来的新鲜空气。

一般在植物配置的过程中，设计师会根据公共空间的场地环境、布置方式等前期条件来确定植物选择的种类以及植物配置的样式。也就是主要根据物理空间要素关系来决定植物配置的方式和种类。但植物的功能不仅仅是围合与区分空间、供人们观赏。植物与人的关系可以更为紧密，例如人们可以在树下野餐，可以在草坪上做瑜伽，进行日光浴等等。人们还可以与植物建立起关系来，将植物作为活动的对象，植物生长的过程也可以引入人们的参与活动等。植物还可以成为人们认知的来源，通过植物与人的关系，从中学习关于植物与公共空间所处场地的自然条件之间的知识。植物可以是人与公共空间的连接体，通过对植物的认知，拓展更多的知识。

随着视角的变化，植物配置不再是一个单纯的、精致的、客观的物质基础要素，而可以变为城市公共空间中一个主导性物质要素，植物的要素可以成为人们参与公共空间活动的一个重要诱因与连接点。

（8）环境设施

环境设施在城市公共空间属于所有人都会使用的一个重要物质基础要素。这个起源于英国的词语，最早是用来指“设置在城市街道或广场等户外公共空间的各种设施，例如：环卫、生活服务、文化休闲等。[①]”环境设施在公共空间中也常按使用功能被进行分类，并且针对其使用性能进行具体设计，如表4–1所列。在我国，环境设施也被称为“公共设施”，根据《城市容貌标准》GB 50449—2008对公共设施的具体定义为：“设置在道路和公共场所的交通、电力、通信、邮政、消防、环卫、生活服务、文体休闲等设施。”它同时具备了“公共性、开放性、适用性、艺术性、使用的不公平性即主要为本地域的城市居民提供方便和服务等特性”[②]。

**环境设施涵盖的主要内容**　　表4–1

| 类别 | 具体内容 |
| --- | --- |
| 信息 | 指路牌、方位图、信息栏、电话亭等 |
| 卫生系统 | 垃圾箱、饮水器、洗手器等 |
| 交通系统 | 自行车棚、道路分隔设施、地面铺装等 |
| 休憩系统 | 座椅（长椅、座凳）等 |
| 游乐系统 | 儿童游乐设施、健身设施等 |
| 照明系统 | 照明灯具等 |
| 其他 | 凉亭、廊、花架等 |

根据表4–1所示，在中国的城市公共空间中，环境设施仍然被作为城市公共空间的基本物质标配被考虑与对待[③]。从分类上来看，环境设施在公共空间的作用被长期界定为承担特定物理功能的作用。这也就导致了在我国无论是设计者还是公共空间的管理者对于公共设施的认知程度普遍不高。通常设计师主要考虑满足基本的使用需求，而未针对公共设施的适用性进行细化与拓展。不少环境设施好看却不好用，只起到了花瓶的作用，却鲜有实际功效，无法满足使用者的行为需求。同时，公共空间的管理方也未能从维护与支持环境设施的角度出发，对环境设施进行有效地维护。很多时候，一个城市公共空间的公共设施即便被精心建造出来，也会由于后期在使用过程中管理方的忽视而导致公共设施缺乏维护，甚至是被破坏与废弃。环境设施在使用过程

① 约瑟夫·马·萨拉．城市元素［M］．周荃，译．大连：大连理工大学出版社，2001：5-25.
② 范燕群．作为管理与沟通工具的城市街道景观导则［D］．上海：同济大学，2006：17-21.
③ 杨建华，林静，陈力．城市公共空间环境设施规划建设的现状问题分析［J］．中国园林，2013，29（4）：58-62.

中没有获得一个延续性和持久性的保护。西方国家对于公共设施在公共空间中的地位与作用则有着逐步提升的经验。如何将公共设施从公共空间的配角提升至公共空间的主角？公共设施所承载的作用随着其身份的提升而发生变化。公共设施不仅满足人们对于公共空间中进行公共休闲活动的基本支撑，还能激发起人们的相遇与相知。

有人说环境设施就是公共空间的家具，家具的设计只有与使用它的人联系起来才能获得最优的表现。作为户外会客厅的城市公共空间，其空间中非常重要的家具——公共设施可以从一个空间的配角转换为空间的主角。随着新技术、新材料的诞生，公共设施的功能展现出更多的可能性与未知性。人们如何使用环境设施，环境设施又如何激发人们的使用，这是本研究希望探讨的方向。

（9）技术基础

自从1905年，美国辛辛那提街道上安装了世界第一台付费电话起，城市公共空间就开始出现一系列的在当时时代背景下最新的技术设备[①]。中国在20世纪90年代中后期，公共空间中开始有人使用传呼机，之后又出现了移动电话。今天，移动手机上的社交网络和文字信息几乎取代了大部分的声音交流。日本的新干线早在五年前就已全面引入无线互联网Wi-Fi技术。从2017年开始许多国际性的民航航班上也配置了无线互联网Wi-Fi技术。大量的城市公共商业空间也已布置了各种免费的互联网Wi-Fi网络。而中国的城市公共空间却在这个发展上慢了半拍，鲜有中国的公共空间认真运营自己的互联网平台，或提供免费Wi-Fi的使用。从数据的比较来看，美国和加拿大的城市公共空间早在2007年就已经能为使用者提供免费的Wi-Fi无线网络。早在十年前，西方城市的公共空间已经能提供接近普遍的、经常重叠的互联网Wi-Fi接入的各种功能选项。

①市政无线网络Wi-Fi：由政府提供的网络系统，其所提供的宽带无线上网可以覆盖从大到一个城市小到几个街区的范围。2008年，在美国有超过300个市政无线网络项目，覆盖了6750平方英里，并且这其中超过三分之一的项目被完全的运作执行[②]。在美国，市政无线网络建立在各种商业模式之上。有些提供免费的服务，有些则按月收费或按社会经济地位进行补贴。

②社区无线网络：草根组织或非营利性组织提供的地方性、特殊性免费的互联网

---

① Keith N. Hampton，Oren Livio & Lauren Sessions Goulet. The Social Life of Wireless Urban Spaces：Internet Use，Social Networks and the Public Realm. Journal of Communication，2010（60）：703-704.

② ABIResearch . Municipal wireless. Oyster Bay，NY：ABIResearch，2007.

无线网络。和市政无线网络相似，社区无线网络也可以提供小到一个城市街区大到城市地区范围的无线网络系统。

③热点：在有限的地点，如咖啡店、书店或机场休息区提供无线上网。这种访问通常与支付或购买产品有关，例如买一杯咖啡。热点已经在现代城市中成为城市公共空间的一个普遍特征。

④住宅区的无线网络：在学者Horrigan于2007年的文献报道中显示，美国家庭的互联网使用者已有超过19%的比例使用无线网络[①]。这类无线网络通常会越过私人住宅的围墙超出无线网络的覆盖范围。学者Howard于2004年对美国西雅图的研究显示，52%的无线家庭网络的使用者会将网络向街道上的人完全开放[②]。

全世界大约有5亿人使用手机终端的互联网社交网络（Shannon，2008）[③]。这些社交网络允许他们的使用者通过各自的智能手机上网，进而与朋友或潜在朋友联系。新的手机社交网络更像一种社会的网络系统（Ellison et al.，2007）[④]，能构建与影响社会关系（Humphreys，2007）[⑤]。

随着无线网络技术的提供，人们可以在城市公共空间中通过使用智能手机，登陆网络社交平台，或是APP应用软件系统，给城市公共空间带去新的信息，并且重新组织城市公共空间中社会交往的物质基础要素。传统的城市公共空间应该容纳虚拟世界，使城市公共空间转变为一种“混合空间”。在这个“混合空间”里，虚拟空间和物理空间并存，社交网络在真实空间里通过数字技术将人们联系起来，人们得以见面交往，进行更为深入的社会交流。

因此，作为社会介质属性的城市公共空间面对互联网技术下的社交工具应该秉承着开放和包容的态度，物质基础在传统物理性基础要素之下还可以加入最新的互联网技术产生出的虚拟性物质基础要素。今天，一个颇受欢迎的城市公共空间除了依赖于传统的物质基础之外还为人们提供当下最为便捷的生活方式、社交方式：如互联网平

---

① Horrigan，J. Wireless internet access. Washington，DC：Pew Internet & American Life Project，2007.

② Howard，P. Seattle wifi map project［EB/OL］. http：//depts.washington.edu/wifimap/.

③ Shannon，V. Mobile War Oner Social Networking［EB/OL］. International Herald Tribune.com，6 March，URL（counsulted Oct.2008）http：//.iht.com/articles/2008/03/05/technology/wireless.php.

④ Ellison，N.，C. Steinfield & C. Lampe. The Benefits of Facebook“Friends”：Exploring the Relationship between College Students'Use of Online Social Networks and Social Capital. Journal of Computer-mediated Communication，2007，12（4）.

⑤ Humphreys L. Mobile Social Networks and Social Pracice：A Case Study of Dodgeball. Journal of Computer-mediated Communication，2007，12（1）.

台空间与手机应用软件。有了这些技术基础的介入，城市公共空间才更具备沟通的渠道、交流的平台以及独特的角色定位。

### 4.1.2 物质基础与连接类型的关系

物质基础与连接类型的关系是城市公共空间作为“社会介质”属性时首先要解决的一个关系。从逻辑关系上来看，物质基础是城市公共空间设计建造的基石。任何公共空间的研究与设计都离不开第一步：物质基础。因此我们需要在考虑连接类型之前先将公共空间的物质基础罗列清楚。每一个独立的城市公共空间都有其独特的物质基础。根据物质基础具体的九要素，研究者们可以列出一张清晰的列表来一一对应公共空间的连接类型，如表4–2所列。在这张图表中，研究者或设计师们可以像查找清单一样罗列出物质基础与连接类型之间的对应关系，即Ma代表的物质基础之下的9个子集与C代表的连接类型之下的3个子集存在的各类对应关系。并根据这些对应关系，发现公共空间的具体设计要素。

物质基础与连接类型的关系 表4–2

| 物质基础Ma | 连接类型C |
| --- | --- |
| M1 场地环境 | C1 人与物质 |
| M2 空间形式 | |
| M3 分区设计 | |
| M4 尺度 | C2 人与人 |
| M5 色彩 | |
| M6 材料 | |
| M7 植物配置 | C3 人与群体 |
| M8 公共设施 | |
| M9 技术基础 | |

当面对人与物质的连接关系时，物质基础考虑的应是人与物质的使用关系。每一个物质基础的具体要素如何支撑人与物质的使用关系，即人在公共空间中如何通过物质基础的设计更好地提升物质基础本体要素带给人的使用感。人与物质的联系实则是人与物质基础的直接联系。

当物质基础引入人的使用需求时，即Ma对应于C1时，所有的物质基础对应要素就都转向为以人为本的设计轨道上来。场地环境的分析与改造的目的是为了人们使用公共空间的舒适性、安全性。布局样式的设计则是为了满足人在公共空间中更好地识别空间场所。尺度的设计也是为了满足人们在公共空间中行动的舒适性，不能太大亦不能太过狭小。色彩的选择也是为了让人们能够快速而便捷地对公共空间进行本体性认知。同时，人们还可以自己为公共空间增加色彩的可能性。材料的选择则是为了人们更舒适、更方便地在公共空间中使用物质对象。植物配置时则更多的考虑植物本身与人的互动关系。人们既希望看见优美的自然环境，又希望能与自然环境亲密接触。植物配置不再是高深而神秘的对象，人们希望与植物建立亲密的关系，例如个人的种植与认养活动；植物知识的学习活动；植物的物理性栽植与人的行动路径零距离排布，人们在公共空间中可以随时随地与植物接触。公共设施的设计更是依据人们的行为需求、心理需求和情感需求来做出调整与变化。根据不同类型的使用者，公共设施考虑人群分类、人群的特殊需求，从微观出发，根据群体具体的使用习惯、使用方式而进行实际的改良。当设计公共空间门户网站和智能手机应用程序时，应根据联系类型的需求与区别做出紧扣人的行为逻辑的公共空间信息化设计。

当物质基础承担着人与人的关系连接时，即Ma与C2相对应时，则需要考虑的是物质基础如何促进、满足人与人联系的需求。场地环境的设计是为了帮助人与人在该场地上的遇见、交流和共同行为。布局样式的设计是为了提供给人与人在公共空间中的行为活动需求。尺度的设计则需要考虑该公共空间能够容纳多少人的使用，以及他们之间进行怎样的使用。是否需要有公共设施的加入？人们利用这块公共空间进行哪种类型的活动？这些都对尺度的设计产生限定作用。另外，色彩的选择也需要考虑该公共空间连接人与人的特点。是否有地域性、种族性或年龄性的独特因素影响；材料的选择、植物配置的选择也都受到连接人与人关系的影响；什么类型的人会喜欢什么种类的材料；植物的配置应该如何促进人与人的联系；公共设施又是如何促进人与人的行为；人与人的关系连接落实在公共空间中，物质基础承担着最为基础的作用。而公共空间的门户网站与手机应用程序（APP）的建设就是为人与人的联系提供讯息交流的渠道，为人与人联系建立沟通的平台。

当物质基础能够将人与群体连接起来时，即Ma与C3相对应时，需要考虑的不仅仅是促进人与人的关系，还有人与社会组织、人与社会文化之间的关系。这时候物质基础不仅需要考虑人的因素，还需要将社会组织、社会文化的因素共同考虑进去。在满足人们行为需求的同时，物质基础还可以满足人们与社会与文化的联系。

公共空间的物质基础在加入了连接类型的思考后，才能将公共空间的物质基础要素与人的关系连接在一起，物质基础因为人的连接关系而发生设计的转变。

因此，物质基础与连接类型的组合呈现出公共空间的一种要素组合方式，即作为社会介质属性的公共空间会出现将物质基础与连接类型综合在一起考虑的情况，并且不能将这两个要素的任何一个孤立起来看待，他们彼此之间的对应关系直接影响到后面要素的运行机制。

### 4.1.3　物质基础与参与方式的关系

物质基础与参与方式的关系是城市公共空间作为“社会介质”属性时另一个需要解决的关系。当我们将物质基础与每一种参与方式建立联系的时候，可以列出一张清晰的列表来一一对应公共空间的连接类型，如表4–3所列。在这张表中，研究者或设计师们可以像查找清单一样罗列出物质基础与参与方式之间的对应关系，即Ma代表的物质基础之下的9个子集与E代表的参与方式之间的3个子集存在的各类对应关系。并根据这些对应关系，发现公共空间具体设计要素。

物质基础与参与方式的关系　表4–3

| 物质基础Ma | 参与方式E |
|---|---|
| M1 场地环境 | E1 认知参与 |
| M2 空间形式 | |
| M3 分区设计 | |
| M4 尺度 | E2 情感参与 |
| M5 色彩 | |
| M6 材料 | |
| M7 植物配置 | E3 行为参与 |
| M8 公共设施 | |
| M9 技术基础 | |

当物质基础引入参与方式的不同类型时，即Ma对应于E时，所有的物质基础对应

要素就都转向为人的参与方式上来。场地环境的分析与改造的目的是为了人们在空间中的参与。布局样式的设计则是为了满足人在公共空间中更好地进行认知参与。尺度、色彩以及材料等的选择也都与参与方式的不同类型相关联。什么样的尺度可以使人产生行为参与和认知参与，什么样的色彩与材料能让人产生情感参与。

公共空间的物质基础在加入了参与方式的联系后，才能将公共空间的物质基础要素与人参与方式和参与行为联系在一起，物质基础因为参与方式的转变和需求而发生设计的转变。

因此，物质基础与参与范式的组合是公共空间中的另一组要素对象，即作为社会介质属性的公共空间会出现物质基础与参与方式联系在一起的情况，这两个要素的组合关系也会直接影响到后面要素的运行机制。

## 4.2 连接类型与参与方式

### 4.2.1 连接类型

连接类型的概念提出是基于本研究的着眼点——公共空间的“社会介质”属性而来。作为社会介质的城市公共空间自然是要连接社会介质的两端，也就是社会介质的连接对象。连接对象的多样性直接引导出了连接类型这一概念要素。当公共空间作为“社会介质”被研究、设计和定义时，就需要在物质基础之上引入“连接类型”这一重要要素。相对于物质基础来说，连接类型是在最基本的要素之上又加入了新的要素特征。

根据前一节的介绍，本研究将城市公共空间的连接类型被分为三个部分，第一是人与物的连接；第二是人与人的连接；第三是人与群体的连接。前一个连接类型讨论的是人与物质对象之间的连接，后两个连接类型则是指人与人、人与社会之间的连接关系。总体上来看，连接类型是将人作为公共空间的主体联系对象来考虑，而客体联系对象则是从物质到人再到社会这三个方面。

过去公共空间的研究视角主要集中于将公共空间作为本体对象来研究，针对的也主要是作为本体对象的公共空间自身存在的美学问题、物理功能问题。后来逐渐引入了人的行为习惯与行为方式，但研究的视角依然是公共空间如何支撑人的行为方式，鲜少有学者将人的行为与公共空间的“社会介质”属性建立联系。作为社会介质属性的公共空间，其连接性是“社会介质”的根本特性。因此，明确公共空间的连接类型是将公共空间的物质属性向“社会介质”属性转变的第一步，具有重要的意义。倘若不探究连接类型，那么公共空间的“社会介质”属性就无从谈起，作为“社会介质”的公共空间也就失去了“位于二者，或多余二者的中间体”这一基本特征。也只有理清楚公共空间的连接类型，才便于研究的后续展开。在明确了物质基础和连接类型之后，我们才能根据物质基础的基本条件与连接类型的真实需求，建立起后续的公共空间设计方法与设计目标。

### 4.2.2 参与方式

在前文的论述中，我们讨论了公共空间的物质基础引入连接类型时，会发生的组合方式。这是本研究的研究对象，即探讨作为“社会介质”的公共空间属性时，公共空间的对象是谁？明晰了研究对象之后，我们需要考虑的是对象以何种方式在“社会介质”属性的公共空间中发生关系？公共空间又是以何种方式进行运作？于是，我们提出了将“参与方式”作为体现公共空间“社会介质”属性的具体运作方法。

参与方式是公共空间实现其“社会介质”属性的实现方式，即公共空间的物质基础或连接类型需要通过不同的参与方式，才能实现公共空间的“社会介质”属性特征。

参与方式在前文中已经具体介绍过，本研究定义的公共空间参与方式依据学者Gatautis于2016年对参与做出了三个重要维度的说明[①]，而分为三种类型。

（1）认知性参与方式

公共空间中的认知性参与是指：人通过观察、收听、与他人交谈等方式获得关于公共空间环境特征的相关信息，这种公共空间环境特征的知识增长及认知形成的过程是人们参与公共空间的重要形式。这种认知性是使用者通过对某一特定公共空间的接触过程、专注并发生了兴趣。例如在公共空间“品牌参与”的语境中，认知参与导致了使用者对于特殊公共空间的专注或兴趣。

① Gatautis R，Banyte J. The impact of gamification on consumer brand engagement. Transformations in Business & Economics，2016，15：173-191.

（2）情感参与方式

情感参与是指人们在公共空间中获得了一种情绪活动状态。例如，在公共空间的体验中，情感参与会导致参与者对于特定公共空间产生情感的关联、奉献或承诺。城市公共空间在情感参与时，会与参与者建立情感上的密切联系，从而使参与者对该公共空间产生情感上的共鸣与依恋。

（3）行为参与方式

行为参与是指公共空间中的使用者与他人在公共空间中进行意见交换、信息交换或行为互动等方式。行为参与是个体在日常生活中对于公共空间做出的行为方式。例如，人们在日常生活中直接参与或亲自组织各种活动以丰富城市公共空间的使用类型。

不同的参与方式以及不同的参与效果，使得城市公共空间“社会介质”的属性得到了展现。作为“社会介质”的公共空间除了联系了不同类型的连接者，还让这些连接者们根据不同的参与方式与公共空间的物质基础发生关系。如果没有参与方式作为“社会介质”属性的公共空间的运作方式，那么公共空间就会丢失了“社会介质”属性，也就失去了空间的公共性，失去了空间的使用者。因此，参与方式是城市公共空间作为“社会介质”属性时的关键性运作方式，为公共空间的物质基础和连接类型提供了如何在公共空间中运作的可能性。

### 4.2.3　连接类型与参与方式的关系

连接类型与参与方式在作为社会介质属性的城市公共空间中分别指代人的关系与人的行为。物质基础只有在考虑了人的关系与人的行为之后才有产生意义的可能性。因此这里的连接类型与参与方式是四要素中最为关键的部分。只有将人的关系和人的行为分别进行了思考与连接，物质基础的设计才能产生公共空间的意义。同时，这里的连接类型不只是指代单纯的使用者或个人，而是考虑公共空间中的各种不同的连接关系。而参与方式也并非是简单的活动。如果活动不能将人与公共空间产生作用与联系，那么这个单纯的活动就不能引导出最后的意义来。因此参与方式是指人在公共空间中发生的行为关系。

由于前文中我们已描述了城市公共空间的连接类型和参与方式，所以我们依然采用表格的方式，将连接类型C和参与方式E一一对应，自然也就能找出两者的各子集之间的对应关系（表4-4）。

连接类型与参与方式的关系　表4-4

| 连接类型C | 参与方式E |
| --- | --- |
| C1 人与物质基础 | E1 认知参与 |
| C2 人与人 | E2 情感参与 |
| C3 人与群体 | E3 行为参与 |

从表中我们可以看到，连接类型的各项子集可以分别与参与方式的三种类型发生关系。C1人与物质基础的连接关系可以与参与方式中的E1认知参与发生联系，也可以与E2情感参与发生联系，抑或与E3行为参与发生联系，或同时与这三种参与方式发生关系。相同的，C2人与人的连接关系和C3人与群体的连接关系也可以分别与E1认知参与、E2情感参与、E3行为参与单向或同时发生关系。于是连接类型和参与方式的所有关系就都可以从上图的表格中一一对应寻找出来，为后续的具体设计理清运作方式的类型。

连接类型和参与方式的要素构成，进一步帮助设计师和研究者解读公共空间是如何由一般的空间通过过程的运行而转变为具有社会属性的空间。

## 4.3　意义的可能性

### 4.3.1　意义的可能性

城市公共空间作为“社会介质”属性时，它本身具备了意义的可能性。我们首先需要明确地将公共空间的意义提出，只有在清楚地认识到公共空间能够创造意义，才能理清本研究的研究目的。至此，城市公共空间作为“社会介质”属性存在时，各类要素的特性，以及要素之间的运行方式，都是为了一个目的，创造城市公共空间新的社会关系。城市公共空间的意义也是这个新的社会关系中的一个重要环节。它具备了布鲁默的符号互动论理论中的三个前提假设，即布鲁默认为的符号互动的本质：前提一，人们对于城市公共空间产生的行动依赖于城市公共空间对于人们来说具有的意义；前提二，这种公共空间的意义来自于或产生于人与自己同类之间的社会互动；前提三，这些公共空间的意义是可以被修正的，人类可以用一个解释的过程去理解他在公共空间中所遭遇的事物。

因此我们在研究城市公共空间时，需要将“意义的可能性”作为一个重要的要素内容，它是构成新的社会关系的重要环节之一。为什么要研究城市公共空间，为什么要设计与建造城市公共空间，因为其本身具备了多种意义的可能性，同时公共空间又可以作为社会介质的场所，通过人们的行为互动来改变公共空间的意义。城市公共空间的“意义”具备动态性，它会随着物质基础、连接类型和参与方式的影响而发生变化。同时这种“意义的可能性”还具有双向性特征。它并非只能受到物质基础、连接类型和参与方式的影响，它自身还能反作用于前面三种要素，从而影响到物质基础、连接类型和参与方式的变化。这种双向机制使城市公共空间具备了符号互动论的本质特征。

本研究将“社会介质”属性的公共空间意义的可能性界定为符号意义。正因为公共空间具有符号意义，因此其符号意义才会随着使用主体的不断编码与解释而产生不同的意义可能性。也正因为符号意义的这个可解释性，意义的可能性才具有了双向的动态特性。

意义的可能性并非是个绝对抽象的概念。在城市公共空间的意义变迁中我们能找到很多城市公共空间具体的意义描述，但作为“社会介质”属性的城市公共空间其意义的可能性则是为了体现城市公共空间的载体性、渠道性和角色性的特征。并且意义的可能性还侧重于构建新的意义类型，比如人们新的生活方式、新的社会文化、新的科学技术、新的交流方式等等。作为“社会介质”的公共空间是人们市民生活的发生地，体现了最新的公共空间场所意义。随着第四次工业革命的方兴未艾，今天或未来的城市公共空间必然会受到新的技术驱动力的影响，产生新的前所未有的意义的可能性。例如无人驾驶交通工具、3D打印、高级机器人和新材料对于公共空间的影响。或许未来的城市公共空间的布局与设置完全依赖于无人驾驶交通工具，后者的出现必然会影响城市公共空间的使用方式与行走尺度。3D打印技术则能改变公共空间中不少物质基础要素的生产方式。时间被快速化，生活节奏的提升同样会影响人们参与公共空间的方式，随之而来的公共空间的社会意义也会出现变化。

## 4.3.2 连接类型与意义的可能性

从表4–5中可以看出，不同的连接类型可以导致公共空间产生不同的意义。例如人与物质基础的连接可以导致公共空间中对人和物质基础关系意义的重新理解；人与人的连接则会导致人与人关系意义的再定义；人与群体的连接导致人与群体关系意义的重新建构。从连接类型到意义的可能性之间，可以随着连接类型的不同需求、不同关系而产生出针对不同人的关系需求的公共空间的意义。它们可以是人与物质之间的意义，也可以是人与人、人与群体之间的意义。

连接类型与意义的可能性关系图 表4–5

| 连接类型C | 意义的可能性Me |
| --- | --- |
| C1 人与物质基础 | |
| C2 人与人 | 符号意义 |
| C3 人与群体 | |

## 4.3.3 参与方式与意义的可能性

从表4–6中可以看出，不同的参与方式可以导致公共空间产生不同的意义。例如认知参与的方式可以导致人们对于科学和教育意义的重新理解；不同的情感参与方式也会导致对于某种纪念意义的再定义；不同的行为参与则会导致人们对于日常生活意义的再定义。由符号意义可以引发出很多新的精神意义类型。人们将意义符号化，也将公共空间符号化，用来表示他们自己给出的精神意义。

参与方式与意义的可能性关系图 表4–6

| 参与方式E | 意义的可能性Me |
| --- | --- |
| E1 认知参与 | |
| E2 情感参与 | 符号意义 |
| E3 行为参与 | |

根据表4–6的显示，我们可以迅速地为每一个具体的城市公共空间寻找出具体、直观的由参与方式导致公共空间意义发生变化的具体原因来。以往抽象的、模糊的公共空间行为内容在此可以被具体归类到三种类型参与方式的活动中去，不同的参与方式的变化最终就会产生公共空间新的意义的可能性。并且还能通过此表找到关于公共空间新的意义的对应类别。

因此，为公共空间中连接类型与意义的可能性和参与方式与意义的可能性之间建立具体的关系子集，可以为研究者和设计师提供非常便捷的思考工具。这两份关系图表就像是一份便签图表，可以随时为研究者和设计者在面对具有社会介质属性的城市公共空间的研究时提供直接的帮助。

至此，我们推导出了作为社会介质的城市公共空间要素构成的第一种构成方式，如图4–1所示，即由物质基础出发，考虑连接类型和参与方式，从而产生出公共空间意义的可能性。在这个构成方式中，前三个要素，两两形成联系关系，最终影响第四个要素——意义的可能性。

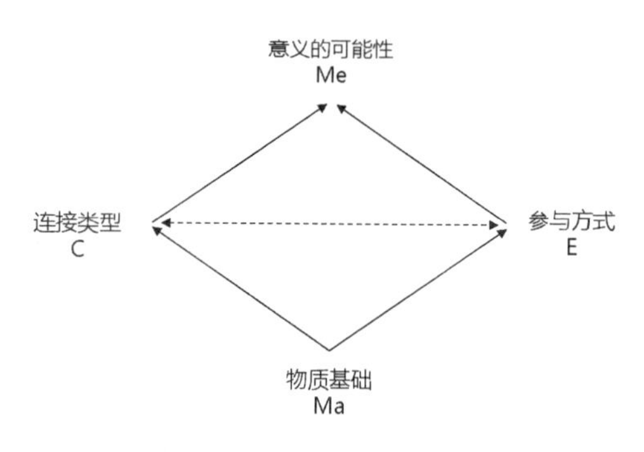


图4–1 构成方式一

## 4.4 意义的可能性如何反作用于物质基础、连接类型和参与方式

### 4.4.1 意义的可能性何时产生反作用

根据布鲁默的符号互动论理论构架中，其成立的三个前提条件，即布鲁默认为的符号互动的本质中的第三点，这些意义是可以被修正的，人类可以用一个解释的过程去理解他所遭遇的事物。从此点前提条件的内容，我们不难看出：首先，意义的可能性是可以被修正的；其次，意义的可能性是一个可以被不断解释的过程。也就是说任何一个城市公共空间的意义都会随着时间的变化而被修正、被解释。因此意义的可能性对于公共空间来说就是一个动态的变化要素，其变化过程需要人类不断地用一个相

呼应的解释过程去理解。所以每当城市公共空间的意义发生变化的时候，其变化的结果就会反作用于公共空间前面三个要素。于是只有随着变化的意义而去调整和修正公共空间中的物质基础、连接类型以及参与方式，人们才能理解并适应这种意义可能性的变化。理解了意义可能性的这种变化与反作用特征，研究者和设计者们方能把握住城市公共空间变化的原因并寻找出下一步改造的方向。

## 4.4.2　意义的可能性如何影响物质基础、连接类型和参与方式

根据图4–2显示，意义的可能性如果发生变化，则与其相对应的物质基础、参与方式和连接类型都会产生相应的变化。这些变化的具体表现会通过每个要素的子集内容所体现出来。例如，意义的可能性如果发生了任何一种变化，则物质基础下的九个子集要素也会表现出对应的变化来。场地环境、空间形式、功能分区会随着意义的变化而发生改变，尺度、色彩、材料、植物配置、公共设施和社交工具都会发生变化。物质基础的这种变化会影响参与方式的三种方式。有可能就会出现认知参与的变化、情感参与的变化又或是行为参与的变化。而连接类型也会随着物质基础的改变而发生相应变化。具体来看，人与物质基础的连接类型、人与人的连接类型或人与群体的连接类型都有可能因为物质基础的变化而产生变化。

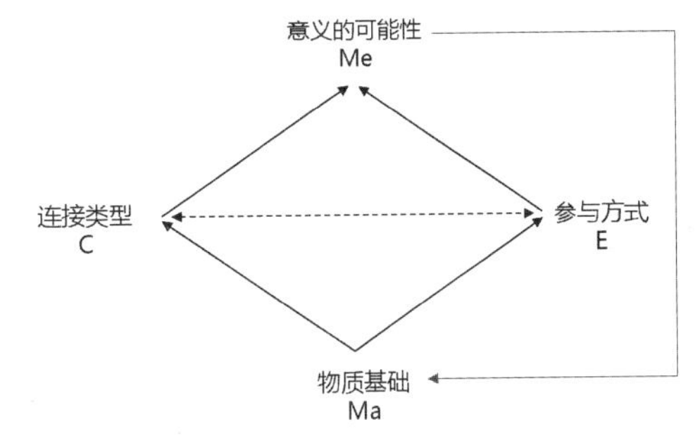

图4–2　构成方式二

简而概之，意义的可能性变化会引发一个变化的联动性，使物质基础、参与方式和连接类型都跟着同时变化与更迭。意义的变化作为公共空间的最高需求，密切影响着另外三个要素。作为变化性的城市公共空间的意义，人们只有通过物质基础、连接类型和参与方式的解读与解码来对应于公共空间永恒的变化。

用举例说明的方式可以直观地阐述具有社会介质属性的城市公共空间中，因为意义的可能性变化进而影响物质基础、连接类型和参与方式。

例如天安门广场在新中国成立之前是故宫的一个内部庭院，普通老百姓无法进入。新中国成立之后的相当长一段时间内天安门广场成为国家重要政治性集会活动的场所，体现着新中国在成立初期各个政治阶段的政治意义。而随着改革开放之后，

国家对于政治性活动的频率及重视程度的降低，天安门广场的群众集会活动也随之减少。随着天安门广场的政治集会意义的变化，也就导致了天安门广场的物质基础不需要支撑频繁的政治活动，物质基础的连接对象不再是政治集会的人群，人们在天安门广场中的参与方式发生了变化。今天，人们通常是自发性来此地进行参观旅游活动，例如参加天安门广场上的升旗仪式；参观天安门城楼，接受爱国主义教育等，而不再像改革开放以前，全国各地的年轻人们在政治活动的影响下，聚集于天安门广场参加各类政治性集会活动。因此，天安门广场已经从过去领袖崇拜的符号意义中转变为我们国家重要的和平政治性广场。人们可以在此见证崛起的中国，学习与回顾过去的革命精神与革命历史。

天安门广场意义的变迁使得物质基础、连接类型乃至参与方式都发生了变化。过去多是集体性集会活动，今天则是自发性非集会活动。

四要素的具体内容　　表4-7

| 物质基础Ma | 连接类型C | 参与方式E | 意义的可能性Me |
| --- | --- | --- | --- |
| M1 场地环境 | C1 人与物质基础 | E1 认知参与 | |
| M2 空间形式 | | | |
| M3 分区设计 | C2 人与人 | E2 情感参与 | |
| M4 尺度 | | | |
| M5 色彩 | C3 人与群体 | E3 行为参与 | 符号意义 |
| M6 材料 | | | |
| M7 植物配置 | | | |
| M8 公共设施 | | | |
| M9 技术基础 | | | |

根据表4-7所列，我们可以看到意义的可能性中的各个子集与物质基础、连接类型和参与方式下的各个子集之间会形成多种排列组合的关系。无论是从物质基础出发最终影响意义的可能性，还是从意义的可能性出发最终反作用于物质基础、连接类型和参与方式，表4-7都能为研究者和设计者快速地寻找到四要素下各子集的对应关系。

# 4.5 公共空间构成要素模型：MCEM模型

## 4.5.1 MCEM要素模型

通过前文所述的城市公共空间作为“社会介质”属性时的四个要素之间的两两对应关系，我们可以从总体上得出关于物质基础、连接类型、参与方式和意义的可能性之间的模型关系来。以下本研究将上述四个要素分别根据其对应的英文单词：Material Basis、Types of Connection、Ways of Engagement、Potentials of Meaning，简称为“MCEM”。该模型的结构如图4-3所示，模型为一个菱形结构。从下至上，第一要素为物质基础，其作为城市公共空间的基础要素承担着最为基本和稳定的作用，其他的要素特征都需要在其基础之上才能得以展开与发展。在物质基础要素中涵盖了九个具体的基础内容，他们分别是场地环境、空间形式、分区规划、尺度、色彩、材料、植物配置、环境设施和技术基础。物质基础通过这九个具体分类来具体建构出城市公共空间的物理性特征空间，也是建构具有社会介质属性的公共空间的基础。在物质基础之后是处于并列位置的两个要素：连接类型以及参与方式。物质基础只有与连接类型和参与方式相联系，才能将公共空间的设计对象进行明确的归类，这也是将一般性公共空间向具有“社会介质”属性的公共空间转变的关键步骤。这里的连接类型是指人与物理空间、人与人、人与群体之间的联系。物质基础的设计需要与这三种连接类型相关联，在满足基本的美学问题之后，物质基础的方向需要考虑人与物理空间的联系，人与人的联系以及人与群体的联系这三种基本关系。物质基础如何满足这三种不同连接类型的需求是城市公共空间作为“社会介质”属性特征时必然关注的角度。这三种连接类型代表了人在城市公共空间中对于不同对象的关系需求。具备“社会介质”属性的公共空间承担着这三种连接类型的载体、渠道和角色的属性特征，因此物质基础离不开“社会介质”的连接对象。同时，物质基础也

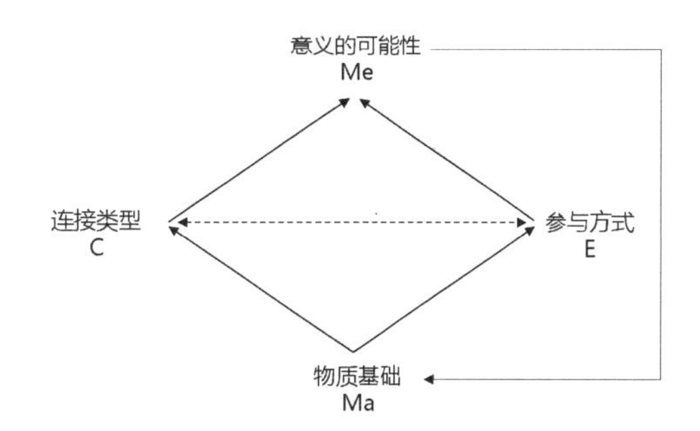

图4-3 MCEM模型

可以与参与方式发生联系。城市公共空间人的行为方式，即参与方式。参与方式是人如何在公共空间中展开行为的活动。物质基础通过人的认知参与、情感参与和行为参与而产生意义的可能性。从物质基础到连接类型和参与方式，也就引导出该模型的第四个要素：意义的可能性。作为城市公共空间的最高层级要素，创造意义的可能性是每个城市公共空间的初衷与愿景。而意义的创造并非一个抽象的概念，它作为MCEM模型的第四个要素，是由物质基础和连接类型以及参与方式共同作用的结果。

此外，该模型结构还具备双向互动机制。即第四个要素：意义可能性的变化又会影响整个公共空间的其他要素，即物质基础、连接类型和参与方式都会受其影响。当公共空间的意义发生变化时，其相应的会影响物质基础的构造、连接类型的关系、参与方式的选择。不同的公共空间意义建构需要有不同的物质基础、连接类型和参与方式的对应。一旦公共空间的意义可能性随着时间、事件的影响而发生变化时，这种变化就会在前面三个要素的身上体现出来。相应的，原本设计的物质基础会发生变化，连接类型也会产生变迁，参与方式也会受到物质基础的变化而产生改变。

这种模型结构的反向影响关系也更适合于今天城市公共空间项目的改造设计。中国目前的城市建设已经进入一个稳定的成熟期，20世纪90年代涌现出来的大拆大建项目已经告一段落。中国城市在过去的三十年间历经西方社会两百年的发展过程，中国城市公共空间的发展也随着中国城市的迅猛变化而发生了本质性改变，中国人过去的城市公共生活系统几乎完全消失。作为“社会价值”的城市公共空间，其意义已经发生了转变。在今天这个互联网技术快速发展的信息时代，中国以其尖端科技引领世界的发展，而中国的城市公共空间却在日益衰落。如何将新时代的人们重新带回城市公共空间是一道摆在专业人士和城市管理者们面前的难题。一方面，我们在不断地改造环境、治理污染；另一方面，新建设出来的城市公共空间中游客们却寥寥无几。我们只有利用时代的特性，认清时代的特征，重新定义公共空间的意义，从而根据新的意义来改造物质基础、连接类型和参与方式。这样，我们的城市公共空间才能重新焕发生机，重新吸引人们的驻足与停留。

### 4.5.2 MCEM模型要素组合的原则

在前文所介绍的MCEM模型要素的组合中，笔者已经将四个要素如何组合的关系介绍建构完整。但仍需强调的是，这四个要素在其组合关系中，意义的可能性是一个最为重要以及根本的要素，统领于整个模型的构成与组织。物质基础作为城市公共空间的基本要素，是公共空间再定义与再思考的物质出发点。从物质基础开始，如果要达到公共空间的意义，则必须通过连接类型和参与方式这两个关键性要素，才能将原本传统的只具有物质基础的公共空间焕发出不同的意义可能性来。

因此，在MCEM模型要素的组合原则中，意义的可能性统领于其他三个要素，物质基础是最为基础层级的要素架构，连接类型与参与方式是物质基础想要获得最终意义的必经途径。

同时，不同的城市公共空间又具备了不同的时间性、地域性和人本性的特征。针对不同时间性、地域性和人本性前提条件下的城市公共空间，设计者和研究者应该灵活运用MCEM模型要素的组合方法，将其作为一种设计的工具与方法，针对具体问题进行具体分析，寻找到具体的组合关系与使用策略。而不应生搬硬套，更无需对号入座，将MCEM模型工具变成设计者的魔法棒，而不加以合理的诠释与解读。

今天，随着城市化建设的放缓，我们终于进入一个对城市建设的转型与反思时代。因此MCEM模型的建构为中国城市公共空间的后现代化时代提供了一个可供思考与使用的工具。这种双向构成的模型适合于当下及未来中国城市公共空间的设计以及后期的评估。我们既能将这个模型作为城市公共空间设计立意时的思考工具，又能在设计建设的过程当中运用此模型进行评估，从而不断修正错误的设计方向，使城市公共空间的设计始终围绕着“社会介质”属性的要求而展开。一种是顺向的使用，另一种是逆向的评估与改良。无论处于公共空间设计改造的哪种阶段，MCEM模型都能帮助设计师和研究者们更为清晰明了地去探索城市公共空间作为“社会介质”属性时所能创造的社会意义。

## 4.6 小结

本章节在第三章的基础上具体阐述了作为“社会介质”属性城市公共空间四大要素：物质基础、连接类型、参与方式和意义的可能性之间的逻辑关系。首先通过分析四要素的内容关系，具体列举了各要素相互之间的具体子集关系，建立构成要素的第一个模式。例如第一节阐述了物质基础作为构成要素基础的重要性，提出了九种物质基础的具体内容。第二节分析了连接类型与参与方式的关系，列举了三种连接类型与三种参与方式之间的两两对应关系。由此得出观点，连接类型和参与方式代表了公共空间中人的关系和行为，是作为介质属性的公共空间产生意义的关键要素。第三节阐述了意义的可能性。具体分析了连接类型和意义可能性的关系以及参与方式与意义可能性的关系。从而推导出作为社会介质的城市公共空间构成要素的第一种模式，即物质基础通过连接类型和参与方式从而产生意义的可能性。本章第四节，论述了模型运行机制中意义可能性的反作用。公共空间的前三个要素一方面以互相联系的方式构建出了意义的可能性，同时意义的可能性变化又会反作用前三个要素，即意义的改变会导致物质基础的变化从而影响连接类型和参与方式。这也是构成要素的第二种模式。

最后根据前面两部分的内容，综合分析建构了MCEM模型，将该构成的运行机制、运行特征以及其双向互动影响机制的运行方式做了总结性概述。

# 第五章

# 关于MICEM模型的实例分析

本研究提出作为社会介质属性城市公共空间，其要素的界定分为四个方面，根据层级关系，这四个要素又从下至上分为物质基础、连接类型、参与方式和意义的可能性。本章节拟从实例分析的角度出发对这四个要素之间的关系，即MCEM模型进行实例解析。通过具体的城市公共空间案例来进一步分析MCEM模型的可实施性与操作性。

## 5.1 MCEM模型实例选择的原则

本研究提出的MCEM模型是一个可以在具有“社会介质”属性的城市公共空间中被应用与验证的模型，因此本章根据MCEM模型的基本特征选取了具有明确代表性的实例进行具体分析。这些案例首先都能通过MCEM模型的双重运行机制来体现城市公共空间具有“社会介质”属性这一根本观点。其次由于每个公共空间案例中其设计背景、场所地理条件、适用人群和发展过程都不尽相同，因此各个实际案例都有其自身的独特性。对应于MCEM模型中四要素之间的两两关系，以及MCEM模型所具有的双向性影响机制。本章选取能够具体说明四要素关系的案例和MCEM模型双重运行机制的案例来进行对应解析。

本次案例选取都基于研究者本人的田野调查以及问卷调查的基础之上而确立。在前期的问卷调查中，研究者主要调查了影响公共空间的客观因素。这其中包含了空间质量与数量；潜在使用者的特征（如社会经济地位、年龄、性别和种族特点）、心理学因素（如自我功效、感知障碍）对于个人偏好的影响。其次将美国的城市公共空间与中国的城市公共空间中使用人群中的老年人行为习惯又进行了比对。最终调查删选出公共空间案例中满足公共空间作为“社会介质”属性的四要素的基本要求，即物质基础、连接类型、参与方式和意义的可能性。

经过前期的田野调查与问卷调查，我们发现并不是所有冠之为“城市公共空间”的公共空间都具备了“社会介质”的属性，也不是所有的“城市公共空间”都能够成为人们公共生活的平台、渠道与角色。因此本章选取的案例，是为今后的研究者和设计者提供如何设计具有“社会介质”属性公共空间的参考方法。

## 5.2　物质基础与连接类型和参与方式的关系实例

无论物质基础与哪种连接类型和哪种参与方式相关联，首先必须理解公共空间的物质基础是为哪种关系和哪种行为服务。寻找到这个物质基础的服务对象至关重要。传统模式上，设计师们总是会执着于美学理念的追求，以为公共空间的物质基础面对的是美学需求。尽管，美学需求固然重要，但绝不是惟一需求。公共空间的物质基础应该满足其作为社会介质属性的要求，即必须具备载体性、渠道性和角色性。站在这个立场上，设计师和研究者们才能为公共空间的物质基础寻找到高于美学需求之上的介质属性，即公共空间的物质基础是为连接类型和参与方式而服务的。

人作为公共空间的连接主体，其对应的连接客体类型有哪些？不同类型的人其连接类型有哪些异同点？城市公共空间在设计建造之初，设计者或研究者必须结合实地物质条件和人的关系及人的行为需求进行调研与分析，明确该场地物质基础的自身特色是什么？如何与人发生关系？人通过该公共空间可以联系的对象又有哪些？根据人的不同连接对象，公共空间的物质基础相应做出怎样的布局、安排、改造与设计？接下来我们就以美国纽约市曼哈顿中央公园和高线公园这两个经典案例来解析MCEM模型中物质基础与连接类型的关系。

### 5.2.1　场地要素与连接类型的关系

谈到场地要素，必须理解场地要素涵盖的类型。通常情况下我们指的场地要素包含自然要素与城市要素两部分内容。这里我们以自然要素作为公共空间的物质基础来分析其是如何与连接类型相联系的。

通常情况下每个城市公共空间的场地要素首先需要考虑自身的自然要素构成。在场地之中是否有特殊的地形地貌特征需要保护与延续，如独特的水文或特殊的地质条件等将会成为公共空间场地要素的特殊组成因素。如何将独特的自然要素融入公共空间的设计之中并非是一个简单保护就能解决的课题。如果只是将场地中的自然要素以博物馆中对展品进行保护陈设的方式呈现在众人面前，就失去了自然要素的再利用性。

下面笔者将以纽约市中央公园为例，详细解读自然要素与连接类型的关系。如图5-1所示，中央公园位于纽约市曼哈顿岛上。在曼哈顿岛上有四种不同种类的基岩石，而在中央公园，这四种基岩中的两种——曼哈顿片岩（Manhattan schist）和哈特兰片岩（Hartland schist），它们都是变形的沉积岩，暴露在中央公园各种不同的岩层中。人们肉眼就能看见在中央公园的场地中有灰黑色的暴露于地面之上的大型岩石[①]。而另外两种出现在曼哈顿岛上的基岩石，如福德姆片麻岩（Fordham gneiss）[②]和因伍德大理石（Inwood marble）并不在中央公园的表层。曼哈顿片岩和哈特兰片岩在大约4.5亿年前的古生代的塔克逊（Taconic orogeny）造山运动中形成，在此期间，构造板块开始向彼此移动，导致了超大陆和泛大陆的产生[③]。过去，各种各样的冰川覆盖了中央公园所处区域，最近的一次是在大约12000年前的威斯康星冰川。因此在中央公园中随处都可以看到过去冰川的痕迹，这些冰川都是冰川运动的结果，冰川消融后，巨石落下，在岩石上露出南北冰川条纹。

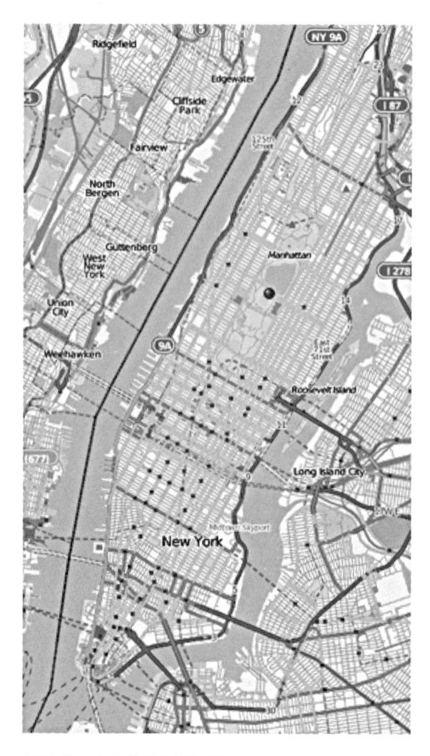


图5-1　中央公园区位图
（图片来源：https://en.wikipedia.org/wiki/Central_Park#cite_note-65）

今天，人们依然可以在中央公园中看见这些基岩以及冰川消融后的痕迹，并且利用这些巨大的凸起于地表的岩石进行各类娱乐活动。如图5-2、图5-3所示，这是位于公园西南角附近的“老鼠岩”，其大致呈圆形，宽约17米，高约4.6米，东、西、北各不相同。由于老鼠岩附近有许多巨石的聚集，每天多达50人会来攀爬。此

① B Mccully. City at the Water`s Edge: A Natural History of New York. Rutgers University Press，2007.

② 福德姆片麻岩，由变质火成岩组成，形成于10亿年前，在格林维尔造山运动期间出现在一个古老的超级大路上。它是加拿大地盾中最古老的岩石，也是北美板块中最古老的部分。

③ AN Shah. Deformational History of the Manhattan Rocks and its Relationship with the State of In-situ Stress in the New York City Area，New York. Dynamics & Control，1992，2(3):255-263.

图5-2　中央公园“老鼠岩”攀爬
（图片来源：自摄）

图5-3　中央公园“老鼠岩”玩耍
（图片来源：自摄）

处也由于石头质量很差，攀爬难度很小，被称为“美国最可怜的巨石之一”。从照片中可以看出，巨大的岩石与儿童游乐场的位置相邻，孩子们将基岩当成自然的玩具，在这里任意攀爬玩耍；图5-2中，“老鼠岩”被攀岩爱好者们利用，他们直接找到了公园管理方，并通过建立安全设施，例如在基地周围铺设木屑，使他们在这里进行安全的攀爬。

中央公园这种对于自然岩石层的保护与利用，让基岩重新焕发了生命力，也让人们与中央公园最古老的自然要素建立了联系。当笔者在中央公园中考察时，遇到一对老年夫妇，他们告诉笔者，基岩石是中央公园中最重要的自然资源，也是纽约所有公园中最独特的地质化石，是最鲜活的地理教科书。

中央公园的基岩石保护方法，让我们看到了自然要素与连接类型的联系关系。拓展与开阔了对于公共空间中自然要素保护的方法，将自然要素与连接类型相联系，可以使自然要素更好地为公共空间的社会介质属性服务。

### 5.2.2　分区设计与连接类型的紧密结合

（1）从连接对象出发支撑分区设计与连接类型的关系

由于中央公园面积很大，其公园内部分区设计的空间布置为不同的连接类型提供了多样性的选择。如图5-4所示，中央公园的面积达到843英亩（约3.41平方千米），是美国第一个城市公园，也是纽约市最大的城市公园，位于纽约曼哈顿上城西区和上城东区之间，最东端到第五大道，最西端到第八大道（中央公园西大道），最南端是59街（中央公园南大道），最北端是110街（中央公园北大道）。中央公园是美国最出

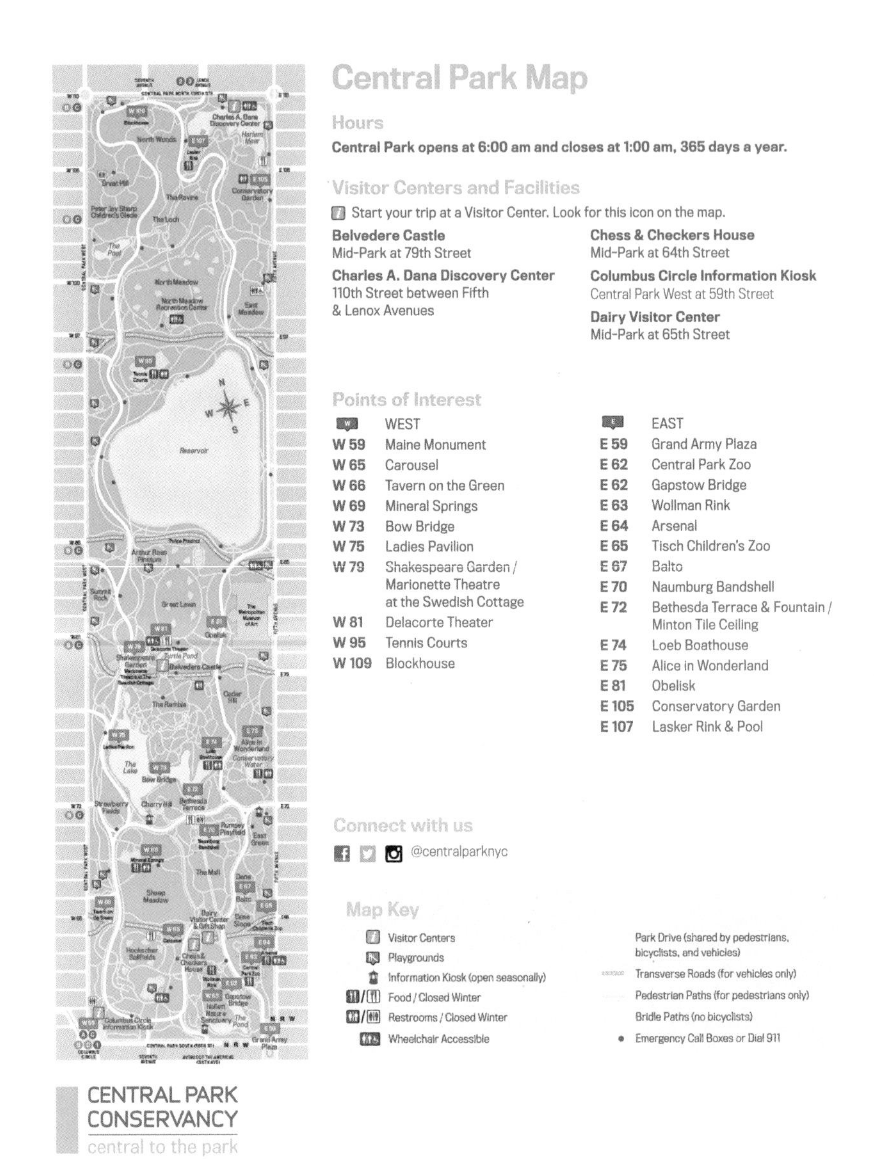


图5-4　中央公园平面图
（图片来源：http://www.centralparknyc.org/maps/）

名的城市公园，依据维基百科数据，每年约有超过三千万游客前来①。作为一个面积巨大，使用人数众多的城市公园，中央公园具有丰富的物质基础，这些丰富的物质基础又与不同的连接类型建立起联系，形成动态和多样性的连接方式。下面，我们就针对从连接对象出发来分析中央公园中分区设计与连接类型的联系。

在如此面积巨大的城市公共空间中游览，游客们很难在有限的时间内涉足公园的所有地方所有景点。因此，中央公园从使用者角度出发，根据不同的使用者对于公园分区设计的不同需求而设计了不同的游览功能，这些游览功能又能反作用于公园的分区设计，使其与不同的连接对象紧密联系在一起，最大限度地提升中央公园的功能区域的使用率。例如，在中央公园的官方网站上，我们可以找到以下最为官方的游览项目，如图5-5所示：1）有指导的游览；2）时间表；3）游客与团队；4）个人游览。在有指导的游览下，共设有14个游览项目，例如探寻鸟的游览、中央公园南部游览、中央公园核心区游览、春季花卉：温室花园游览、面向家庭的徒步发现之旅等。每个子项目都可以通过中央公园的官方网站获得相关时间、地点和具体内容以及游览所需

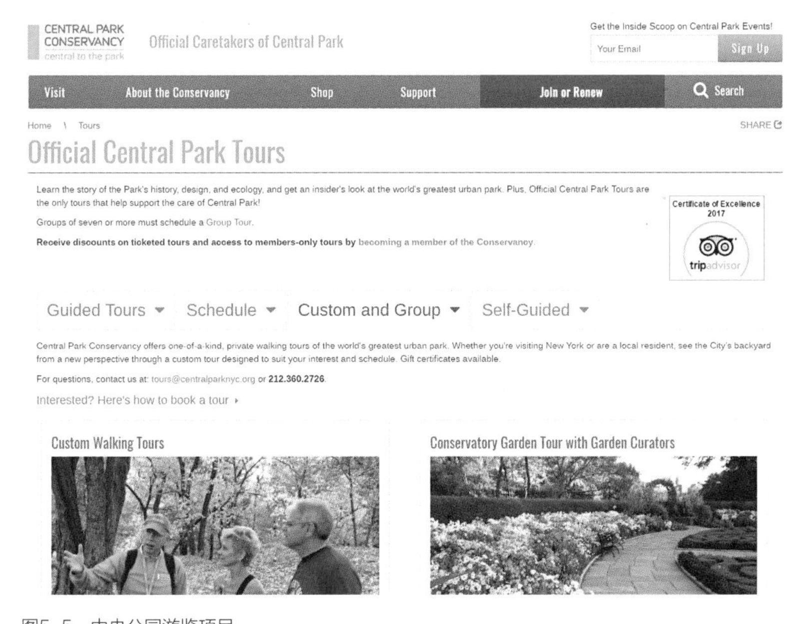


图5-5 中央公园游览项目
（图片来源：http://www.centralparknyc.org/tours/）

① https://en.wikipedia.org/wiki/Central_Park.

时间、资费等信息的具体介绍。在团体游览下，共设有两种需要付费的团体游览项目，第一个为漫步之旅，第二个为温室花园之旅。这两种付费的团体游览项目面向学生、老年人或非营利组织及中央公园的会员提供优惠。漫步之旅和温室花园之旅都将人数限定在40人以内，并配有不同的时间长度及内容的活动安排。通过这两个不同的团体游览，参与者可以学习到中央公园的历史、设计、景观和著名景点的相关知识。第三种个人游览中，中央公园为其提供了四种子类型的游览推荐，如漫步之旅、树木之旅、名人音频之旅、虚拟之旅。前两种游览都是为单身的使用者提供漫步旅行的路径与内容以及探访中央公园中树木的旅行内容，而第三种名人音频之旅则是访问中央公园的音频旅游指南，收听纽约市最著名的名人评论。他们会针对中央公园的著名景点、建筑、艺术雕塑等的故事背景进行评论。并且这些收听的音频内容必须与音频上所介绍内容的物理空间相吻合。这种形式类似于游览博物馆建筑时，参观者可以租借耳机以获取展呈物品的详细音频介绍。最后第四种虚拟之旅，则是通过虚拟现实的技术，将中央公园从西72街开始直到公园核心区的景象在网站上为个人游客展现出来。这场虚拟之旅将人与公园物质基础联系在一起，也开创了新的公共空间的体验形式：人们已经无需亲身进入公共空间便能通过虚拟现实的技术在互联网上观赏公共空间的景色。

中央公园不同类型的参与者们都可以根据自己的实际需求寻找到适合的浏览路线、游览对象和游览内容。可见，中央公园的游览活动及内容并非仅仅从简单的空间布局出发，而是其分区设计的布局也综合考虑了不同需求下的人与物质基础的连接。例如，中央公园为自己的公园参与者们进行了详尽的分类，并为八类使用者们提供了具体的活动建议。这里的八类使用者们分别为：艺术爱好者、运动爱好者、观鸟者、养狗者、家庭、第一次参观者、历史爱好者和自然爱好者。每类使用者还会有具体的游览与使用公园的场地推荐。由此可见中央公园的管理方已经将公园分区设计与其所联系的使用者紧密联系在一起。他们不仅仅是从空间维护的角度出发去运营中央公园，而将更多的公园功能的拓展与维护和使用者们建立起关系来。只有从连接对象的角度出发，公共空间才能将其分区设计的空间环境设计做到以人为本，以用户为中心。

另一个案例是高线公园，坐落于纽约曼哈顿下城区的高线公园是目前全世界最负盛名的新兴城市公共空间。每年，高线公园吸引着超过300万名游客前来观光、旅游。高线公园的前身其实是纽约曼哈顿废弃的一段纽约中央铁路西区线的城市铁路。它为不同的连接类型提供了具体的观光区域、观光路线和观光内容，例如高线公园为建筑爱好者们提供了纽约下城区西区的城市建筑体验方案，如图5-6所示，建筑爱好者们能在这个建筑游览线路中找到自己与纽约城市建筑之间的联系、与纽约人的联系、与纽约下城西区社区文化的联系，即将公共空间的物质基础与连接类型之间真正建构起桥梁关系。

（2）活动支撑分区设计与连接类型的联系

①活动内容以连接类型为基础

针对中央公园中各种不同类型的景点及景区功能特征，将独具特色的景点活动内容与连接类型们紧密结合起来。为此，中央公园提供了各种以连接类型的行为活动为主导的地图。这种地图的设计方式就是将活动内容连接起公共空间分区设计与连接类型。

图5-6 高线公园建筑爱好者游览图
（图片来源：http://www.centralparknyc.org/tours/）

如图5-7、图5-8所示为中央公园自行车骑行地图和中央公园跑步地图。在跑步地图中，设计者根据中央公园自身的场地要素形态特色进一步规划出了八条不同坡度变化、不同长度以及不同地理特征的跑步地图。这八条具体的跑步地图为跑步爱好者们提供了多样的跑步活动空间，并将跑步爱好者们与中央公园独特的场地要素紧密联系在一起。而在中央公园的自行车地图中，设计者则明确标注了自行车可以骑行的路线，一条总长度为9.68公里的环形路线。同时通过这条骑行路线，骑行者们可以到达哪些中央公园的著名景点，会与哪些人行路段相重叠，需要注意骑行安全，以及骑行路线周边环境设施等讯息。通过这张自行车地图，自行车爱好者们能够明确中央公园中的自行车骑行路线。中央公园在自行车爱好者和跑步爱好者们与公园的物质基础之间架起了连接的平台，让越来越多的自行车爱好者以及体育爱好者们更多地骑着自己的爱车，穿着

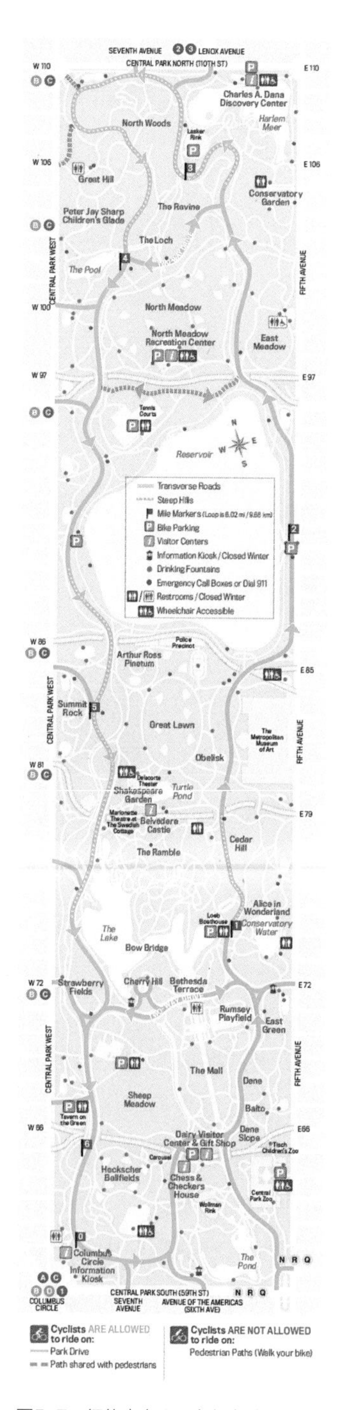


图5-7　纽约中央公园自行车骑行地图

（图片来源：http://www.centralparknyc.org/maps/）

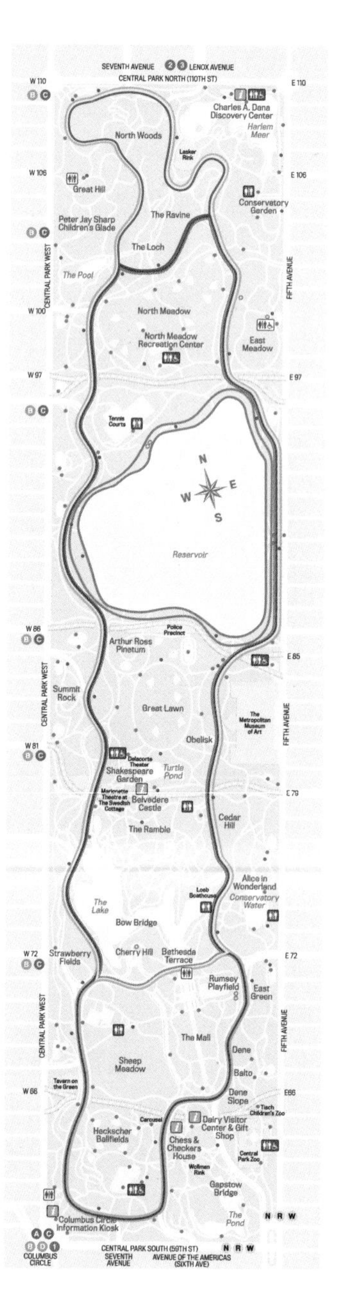


CENTRAL PARK CONSERVANCY

central to the park

图5-8　纽约中央公园跑步地图

（图片来源：http://www.centralparknyc.org/maps/）

自己的跑鞋，边骑边跑中感受中央公园的美好环境。

这两张地图将中央公园的功能分区按照人的行为活动来划分，同时通过这种行为活动的空间标注，又将热爱自行车骑行以及跑步爱好者们吸引进入中央公园，使他们与公共空间的物质基础发生联系。中央公园充当着为这些活动的爱好者们提供交流的平台与渠道的属性特征。每到春夏季时，纽约的自行车骑行者以及跑步爱好者们都会纷至沓来，热闹的场面让人往往误以为这里正在举办一场自行车比赛或是跑步比赛。但其实，众多的自行车爱好者和跑步爱好者们每天都会出现在中央公园的主要通道上。这已成为纽约中央公园一道美丽的风景线。

②分区设计的活动多样性促进了连接类型的多样性

分区设计的活动多样性这里指两个内容，一是分区设计上活动种类的多样性，另一个则是分区设计上相同活动的区域多样性。如果能同时满足以上两个要素，那么该城市公共空间必然能吸引来多种类型的连接类型。

首先我们来看一下中央公园分区设计中活动种类的多样性。中央公园伴随着其广阔的面积，空间中设置了种类多样的功能区域。并且这些多样化的活动区域连接了不同的使用者，为不同的连接类型提供了参与活动的场所。例如，中央公园共有7个主要的草坪和19个“草地”以及许多个小草坪，还有大片的树林。在这些草坪和树林空间中，有些就被用于正式或非正式的团队运动，有些则被用作安静的区域。中央公园中还有四处不同尺度大小的水体，在这四处水体周围，人们可以进行划船、观景、航模船比赛等多种活动。中央公园动物园是由野生动物保护协会管理的四个动物园和一个水族馆的一部分。动物园里有一个室内雨林，一个切叶蚁群，一个冰凌的企鹅屋，还有一个北极熊水池。此地是纽约市曼哈顿居民最喜爱的城市动物园。在中央公园的东西两侧还有许多封闭的儿童游乐场，可以供不同年龄段的儿童使用。公园内还有一条6英里（9.7公里）长的园路，可以由慢跑者、骑自行车者、滑板者和旱冰滑行者使用，尤其是在每周末和晚上7点之后，机动车被禁止通行，上述体育活动爱好者们可以在公园主园路上尽情运动。通过这些多样化的活动分区，纽约市的普通百姓和家庭周末可以选择在中央公园中的草坪上聚会野餐，闲坐放松；白领阶层则可以在中央公园中进行慢跑、骑行，中央公园的慢跑与骑行路线足够丰富与漫长。艺术爱好者们可以在中央公园中进行即兴表演，例如夏季的露天演唱会甚至是一些正式演出。专业或半专业的运动员可以在中央公园的运动场地上进行训练，这里有棒球场、足球场、排球场以及攀岩场地等。而文艺青年们则会选择中央公园作为闲坐读书、户外野餐或者约会聊天的场地。而时下以纽约为背景发生地的热门的电影、连续剧也常会选择中央公园作为拍摄取景地。中央公园体现着纽约人的生活方式，每天上演着纽约人的纽约生活，它对于所有身处纽约的人来说没有任何距离，不设置任何障碍。

其次是中央公园相同活动的区域多样性。我们从图5-9可以看出，在中央公园中仅playground游乐场就布置有21个。这21个游乐场平均散布在中央公园长度分别为800公尺的东侧和西侧位置，分别临近东西两边及南北共112个街口位置，平均每5～10个

图5-9 纽约中央公园游乐场分布图

（图片来源：http://assets.centralparknyc.org/pdfs/maps/Central_Park_Playgrounds_Map.pdf）

图5-10　中央公园游乐场1

街口布置一处游乐场以方便周边居民、儿童和青少年们快速到达与使用。这些游乐场联系的连接类型各不相同，但基本都是以儿童与青少年们为主，每个游乐场有明确的针对使用者的年龄段限定，例如图5-10的游乐场1——西110街游乐场，面向1～4岁的儿童、学龄前儿童和学龄儿童；而游乐场2，塔尔家庭游乐场，位于西100街，面向学龄前儿童和学龄儿童，不包括1～4岁的儿童；游乐场7，松树园游乐场，位于西85街，面向学龄前儿童、学龄儿童、青少年和成人。

从这些数量巨大的游乐场中，我们发现相似的功能分区由于数量上的多样性，可以使连接类型产生更多的可能性。

### 5.2.3　基础设施与连接类型的关系

通过改造，高线公园从过去被废弃的城市铁路轨道变成了纽约下城区精美的城市公园。它将纽约曼哈顿下城西区的城市景象、市民生活呈现给了来此地的本地居民以及慕名而来的世界各地的游客们。如图5-11～图5-13所示，高线公园做了很多关于基础设施与连接类型之间的设计。比如将高线公园原先的线形铁路轨道切断，结合城市

（a）

（b）

图5-11　高线公园休憩平台

道路、城市建筑，建造了人们可以坐下来观看城市街道的节点空间，如图5-11所示，这处休憩设施利用了原来铁路轨道的高度，打破原先的浏览路径的线形布局，在局部做出节点拓宽的改造，将人们的行径路线做出转折，面对城市道路方向做出了悬挑结构的下沉式座椅平台空间，并且将这个休憩设施的造型设计成小型观影厅的感觉，而传统意义上观影厅的屏幕位置则变成了一面透明玻璃，玻璃之外恰好面对纽约下城区的道路空间。人们休憩于此，仿佛就是面对着城市流动的道路进行观看。这种奇妙的体验，将人与城市道路、城市生活密切联系在一起，透过一处透明的观景休憩空间，人几乎可以零距离地俯瞰城市街景，而城市道路上的机动车驾驶员或是街道上行走的人们又可以关注到高线公园上这处奇特的基础设施。这种双向的互看方式促进了人与城市、人与高线公园、人与人、人与群体的多重联系。

高线公园还利用保留的部分铁轨道路，结合人们的行径路线和休憩座椅，将参观高线公园的游客与高线公园过去的历史连接在一起，吸引人们产生更多的认知行为和参与行为，如图5-12所示。同时，高线公园独创的这种流线型基础设施，如休息座椅的形式、饮水池、潜水区等全部做成了线性造型，如图5-13所示，一方面是为了与高线公园的线性空间和单一的线性浏览路径相一致，另一方面他布置于人们行走的游览通道上，坐着的人与行

图5-12　高线公园保留铁轨

（a） （b） （c）

图5-13 高线公园基础设施的线性造型与线性布置

走的人直接相对，充分满足了那些喜欢观看行为的人们，不论是观看远处的建筑和街景，还是观看公园中来来往往的行人；如果人们走累了、口渴了也可以快速寻找到自己的休憩点和饮水点。这种无距离的基础设施布置方式为人们的使用提供了便捷，人与人、人与物、人与群体的连接成了高线公园上最生动的场所体验。

## 5.2.4 植物配置与连接类型的关系

高线公园的植物以多年生植物、草类、灌木类和乔木类植物为主，选择的依据主要考虑了植物的结构和颜色的变化，并且重点关注本地植物的选择。一些最初生在高线地铁轨上的物种也被纳入了新的高线公园的景观之中。

除了考虑具体的植物种类之外，高线公园中的植物配置设计也将连接类型的因素考虑了进去。设计师在考虑体现高线公园植物的本土性原则上，还将植物与不同的连接类型结合起来考虑。不同年龄段、不同类型的人们到了高线公园中都能找到自己与植物之间的关系。例如，高线公园中从第一期到第三期的全部空间上共布置有17处花园景观（图5-14），在这些花园景观中大部分植物都会被挂上名称牌（图5-15），在这些牌子上，人们可以看见关于具体植物的科学介绍，了解他们的科属类型、专业学名、生长习性等特征，并且人们还可以通过高线公园的网站寻找到在这里的所有植物品种的名称与讯息。最为吸引人的是这17处花园景观还可以接受各种类型的活动。例如，纽约本地的中小学学生们可以在老师的带领下来到这里进行植物科学课程的实地教学（图5-16）。针对纽约市本地二年级到八年级的学生，有一个关于了解自然、历史和设计的活动。这项教学活动要求学生们在高线公园中发

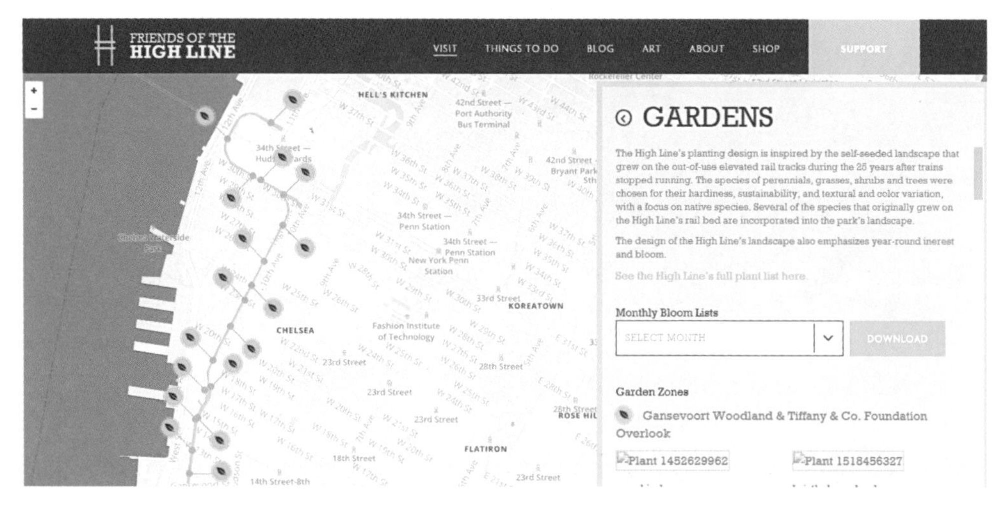


图5-14 高线公园17处花园
（图片来源：https://www.thehighline.org/visit）

图5-15 植物介绍牌

图5-16 高线公园植物教育活动
（图片来源：https://www.thehighline.org/blog/2016/06/21/high-line-after-school-artist-scientists-program）

现组成曼哈顿特色的人、植物和动物，并使用自己的植物指南来帮助孩子们识别植物及其与本土动物的关系。

今天，高线公园为人称道的地方不仅仅是它保留了曼哈顿的这段城市铁路线，而是改变这段城市废弃铁路线，使其满足不同类型连接者们的关系与需求，并为他们提供了多种多样的参与方式，这点我们将在下一小结具体阐述。

总之，纽约高线公园从过去一个被人遗忘、废弃的城市铁路高架线转变为今天闻名遐迩的世界级城市公共空间，其对于物质基础的改造与新建，体现了物质基础与连接类型直接关联的逻辑。从座椅数量、位置的设计到休息平台的体量、造型设计，再到高线公园中植物配置的设计，无一不体现出这些物质基础要素与连接类型之间紧密的关系。

### 5.2.5 新技术基础下的拓展与参与方式的关系

（1）公共空间的门户网站

美国纽约中央公园具有悠久的历史，它是现代城市公园的标杆之作。自从它建成之初起，中央公园就是美国纽约曼哈顿居民休闲娱乐、公共生活的宝贵场所。

中央公园在考虑物质基础与连接类型的关系上做了如下具体的举措。首先他们将城市公共空间的使用与最新的网络技术结合在一起，根据21世纪互联网社会中人们的交流方式来改变中央公园与人的连接方式。过去人们在前往一个城市公共空间之前首先是通过纸质媒介如书籍、地图去寻找到该公共空间在城市中的地理坐标与位置，同时一些相关其他信息，如开放时间、历史资料、活动信息与场所特色等也都基于纸质地图、旅游书籍等这类纸质媒介。但今天，当你打算前往中央公园之前，无需花费大量的时间与精力去寻找繁琐的纸质材料和信息。中央公园建设有自己的官方网站，任何人只需要通过登陆它的官方网站就能寻找到几乎任何你在到达前所需要获取的基础信息。如图5–17所示，打开中央公园的网站，其网站的信息架构由六部分内容组成：游览、关于管理机构、购物、支持、加入或更新（会员）、搜索，可以看见中央公园将游览列为第一项，体现了公共空间最基本的物理特性：为人提供游览的功能。接下来，我们再点击进入游览专栏（图5–18），里面由12个子项组成，即游客中心、问与答、观光、可做的事、日历、地图、饮食、婚礼、骑行、宠物社区、影视点、游船。在这12个子项目中，人们可以根据这些网络信息为自己的中央公园之旅制定详细的游览计划，并能第一时间收到中央公园的咨询信息。

这类公共空间官方网站的设计相当于拓展了公共空间物质基础的范畴。以往人们以为的物质基础仅限于实体公共空间中肉眼所见的物理性元素。而今天，对于大部分成长于互联网时代的年轻人来说，公共空间的互联网信息也成为城市公共空间不可或缺的物质基础类型。

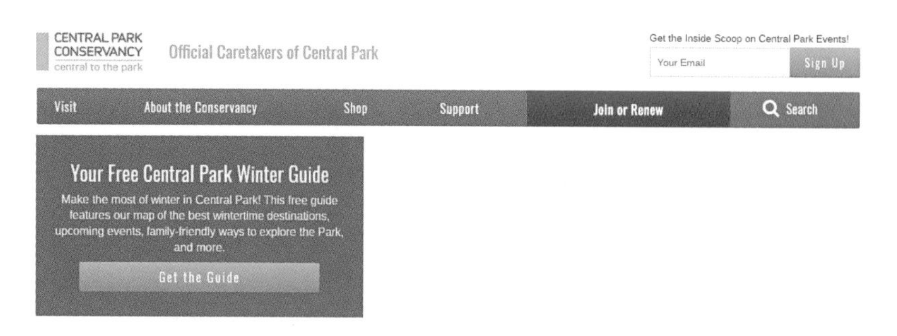

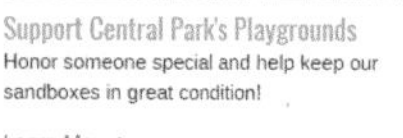


图5-17　中央公园官方网站
（图片来源：http://www.centralparknyc.org/）

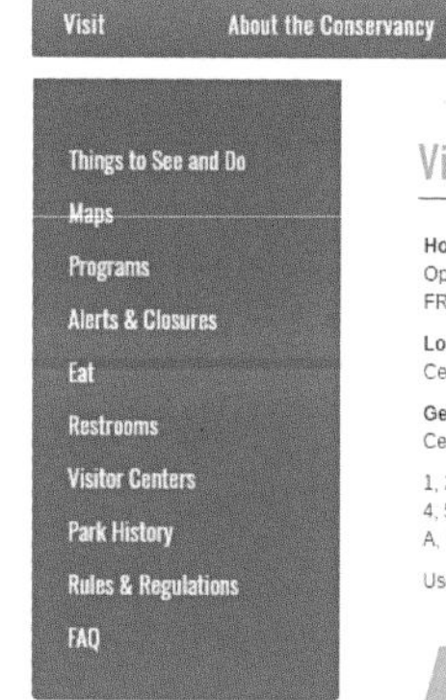


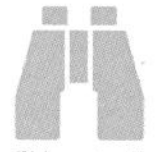

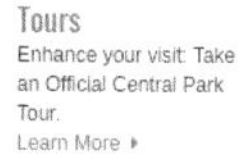

图5-18　中央公园游览专栏
（图片来源：http://www.centralparknyc.org/visit）

（2）无线互联网技术在公共空间中的运用

手机应用程序在公共空间中运用：

城市公共空间不仅需要建立门户网站用来时时更新发生在公共空间中的活动、事件，还会建立基于智能手机操作系统的应用程序软件，即APP软件。这种手机智能软件的使用已成为互联网时代下的城市公共空间中人与空间产生交互关系的另一种新型方式。依然以纽约中央公园为例，人们可以通过下载中央公园的APP应用软件，通过卫星定位技术和无线Wi-Fi技术，此款应用软件可以实时定位你在公园中的位置，并能寻找到你所感兴趣的景点，还能提供洗手间、饮水池和食物售卖点等基本地理信息。当你游览于面积很大的中央公园时，手机APP可以帮助你了解和发现你想要看见的公共空间物理景点，同时又能起到一种心理上的保护作用，帮助避免迷路等情况发生，如图5-19所示。这种新型的信息技术增加了公共空间与使用者之间的内在联系，过去只能通过真实的实体交互来增进空间场所的体验性，现在却可以加入虚拟技术，同样达到空间场所的体验感。并且这种“线上”与“线下”相结合的体验方式更能吸引年轻人走出室内空间回归真实的公共空间中。

图5-19　中央公园手机应用软件

面对全新的网络技术和智能手机社交化的趋势，城市公共空间必须直面时代与社会的发展，吸收新技术的优势，将新的交流方法与交流工具运用到传统城市公共空间中。互联网和手机移动技术能够促进公共空间中社会交往的便利性。

## 5.3　连接类型与参与方式的关系实例

过去传统的城市公共空间只是为人们提供休闲娱乐的基础性物质场所，但为了体现公共空间的“社会介质”属性这一特性时，就会在这些最为基本的由公共空间提供的物质基础要素中进一步考虑不同连接类型的参与方式。今天学术界普遍认为参与可以帮助城市公共空间更好地实现使用者的需求并为公共空间创造新的价值。

公共空间的参与方式如何与连接类型相联系与对应呢？通过公共空间的参与方式，不同的连接类型都能获得临时的空间、资源、满足、快乐、便利性、照顾、帮助、治愈、知识和能力、过程与经历以及社会地位。在它所提供的这些结果之下，我们发现一个好的公共空间，并且愿意经常频繁地光临此地，同时人们又能在这个空间中发生设计师未曾预先设想到的行为，这一往复关系更进一步促进了公共空间中社会的交流、参与的展开，使之形成一种良性循环的富有全新意义的公共空间。

## 5.3.1 人与物质基础的连接类型对应的参与方式

人与物质基础的连接类型是指在作为“社会介质”属性的城市公共空间中，为人与公共空间中的物质基础建立连接关系，并且通过参与方式的形式来建立这两者之间的连接关系。

首先，我们以辛辛那提市的城市公共空间：斯梅尔滨江公园为例（Smale Riverfront Park）。这是个坐落于美国辛辛那提市区俄亥俄河边的一处城市公园，如图5-20所示。公园的南部紧邻辛辛那提俄亥俄河上的地标，也是第一座悬索桥桥梁；公园的北部背靠辛辛那提老城区的古老街道以及新建的体育场馆。这里是辛辛那提市民经常游玩的目的地。这个公园最具吸引力的地方除了优美的自然河景与桥梁之外，来到这里的人们尤其是儿童与青少年们可以寻找到自己玩耍的内容。该公共空间的环境设施设计别具一格，传统功能性设施在这里获得了突破性的使用方式。面对着俄亥俄河，这里有可以随风摆动的秋千休闲座椅，如图5-21所示，人们可以一边休息，一边轻摇座椅，摇曳生姿的美丽座椅，还刻意提高了座面的位置，使得坐在上面的成年人找回孩童时代荡秋千的感觉。

图5-20 斯梅尔滨江公园俯瞰

图5-21　秋千休闲椅

图5-22　小飞猪设施

图5-23　机械取水区

针对儿童群体，斯梅尔滨江公园设计了一系列针对儿童个性需求的娱乐设施，例如图5-22所示的小飞猪，如果不仔细观察，人们仅仅以为设计师将辛辛那提城市吉祥物“小飞猪”的造型用到了儿童娱乐设施上。但这其实只是设计师的一个创意，最吸引人的是这个小飞猪的参与方式必须通过多人协作来共同实现。当儿童通过下面的攀爬绳索爬进小飞猪后，家长或成年人需要在小飞猪的下面摇动绳索，这样小飞猪的翅膀就会上下扇动，整个小飞猪便会作出飞翔的动态姿势。这种行为参与的方式，让儿童与家长共同使用与参与娱乐设施，一改过去家长在旁无聊等待，儿童独自玩耍，彼此之间没有联系的状态。还有为了儿童探索机械原理取水的玩水设施，如图5-23所示。在这个设计了阿基米德螺杆、水泵和水泵的管道系统中，儿童们可以从中获得隐藏的机械取水的乐趣，同时探索着水的奥秘。这个奇特的娱乐设施，将儿童与水的设施通过认知参与和行为参与的过程密切联系在一起。

接着我们再来看看斯梅尔滨江公园中这个全世界最大的脚踩钢琴，如图5-24所示。这座巨大的脚踩编钟钢琴由辛辛那提本地的维尔丁公司制作。在钢琴键下的传感器通过电子方式使位于结构顶部的撞针敲击编钟发出鸣响。这套铜质的编钟本身具有历史价值。它最早于1946年被安装于美国宾夕法尼亚州中部的一个教堂中，后来被维尔丁公司保存下来。而维尔丁公司又与此公园有着悠久的历史渊源，1842年最早的

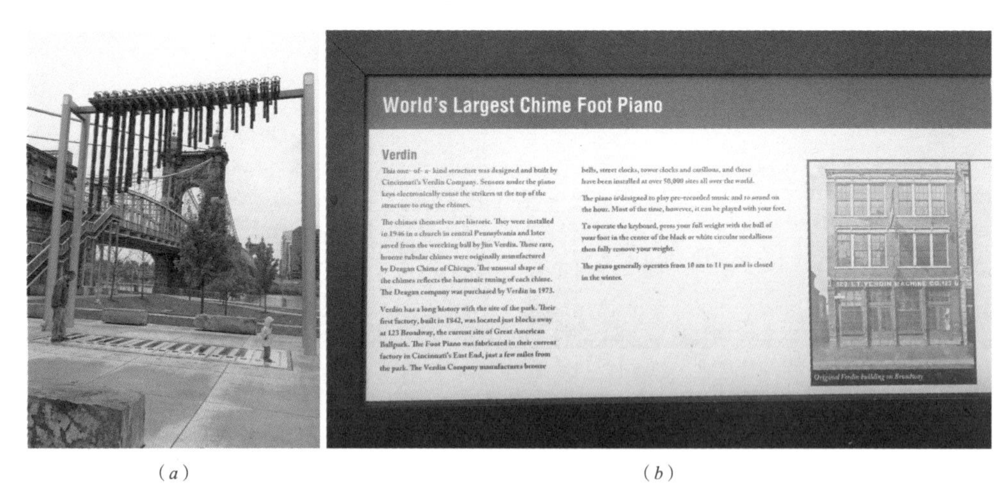


（a）　　（b）

图5-24　世界最大脚踩钢琴

维尔丁工厂便坐落于离此公园几个街区之隔的位置。而这个脚踩编钟钢琴依然由今天辛辛那提市的维尔丁公司建造。平时，每天的整点时间，编钟钢琴会播放预先设计好的音乐。但大部分时候，这架脚踩编钟钢琴需要人们用脚去弹奏。一方面，只有当人们将全身力气应用于脚部，再将脚放在黑色或白色的圆形中心点时，钢琴才能发出声音。如果需要持续产生音乐的话则需要快速移动脚步和身体，有时就需要多人一起配合，协作参与来共同完成。另一方面，这个独特的设施又将人与该设施背后的一段悠久的历史背景联系起来，悠久的铜质编钟被今天的人们重新运用，产生新的生命力。在人与物质基础联系的同时又拓展出了人与文化历史的联系。这个神奇的设施，也成为该公园最受欢迎的地方。悠扬的编钟声通过共同行为的参与方式，传递给人们快乐的气氛，并延续着辛辛那提本土的文化与历史。

最后，我们回到高线公园，来看看高线公园中面向学校的活动是如何将人与物质基础联系起来的。高线公园在设计、历史、园艺和公共艺术之外还面向纽约及周边地区的学校全年提供独特而多样的教学工具及教育者。这就是典型的将学校的学生和教育者作为人的元素，他们要与高线公园中可以用来进行教学工具或教学开展的物质基础进行连接，于是便通过行为参与、认知参与的方式，如通过指导性的实地考察、课后项目、面向居民的艺术教育以及与学校的合作活动来具体展开参与的活动。每年有超过4000名学生参与到高线公园的教育项目中。在实地考察项目中，高线公园为美国2～8年级的学生提供手工设计的拓展，观察本地自然环境，了解曼哈顿西区历史。学生们通过高线公园提供的指导性观察，参与到本地文化、自然环境、具体植被物种的调查研究中，培养了学生们的实地调研能力，加深了学生们对于自然、植物以及城市环境的实际认知。

## 5.3.2　人与人的连接类型对应的参与方式

作为“社会介质”属性的城市公共空间应该具备将互不相识的人与人联系起来的功能。通过设计不同类型的参与方式，激发陌生人之间的共同参与性，从而使得人与人的连接在城市公共空间中产生。这种通过参与方式来沟通人与人之间的连接方法也是“社会介质”属性的公共空间能够产生的连接类型与参与方式关系的第二种具体表现形式。

仍然以纽约高线公园为例，高线公园为了将人与人之间建立联系，他们设计和实施了多种参与活动项目。这里以高线公园提供的青少年项目为例。高线公园的青少年项目为纽约市当地14到19岁的青少年提供了有偿的工作机会，包括文化活动、园艺、非正规教育和公民参与。在过去的几年里，这项工作已发展成两个不同的项目领域：绿色理事会（Green Council）、青少年艺术与文化委员会和青年团（Teen Arts & Culture Council），如图5-25所示。绿色理事会是一个为当地青少年提供的园艺工作培训项目。在六个多月的时间里，青少年们学习植物科学，并获得城市园艺和食品公正的实践经验。青少年与高线公园的园丁一起工作，维护公园，并与全市各地的合作伙伴共同努力，振兴绿地和种植粮食。青少年艺术与文化委员会是一个由纽约市当地青年组

（a）

（b）

图5-25　高线公园绿色理事会、青少年艺术与文化委员会和青年团
（图片来源：http://www.thehighline.org/activities/teen_programs）

成的团体，他们在公园里创作公共项目，将艺术、文化、园艺和社会公正结合在一起。这些十几岁的工作人员花了六个多月的时间来批判性地思考权力和文化的生产，参加整个城市的活动以获得灵感，并在团队中开发自己的项目。超过1500名来自城市的青少年聚集在一起，参加这些令人兴奋的活动。

高线公园的青少年项目为我们拓展了参与方式的新方法。青少年们可以通过一个优秀的参与类项目，在公共空间中通过共同认知、共同行为、共同获得情感的体验，加深彼此之间的了解与认识，以公共空间为平台，获得共同的成长记忆。

### 5.3.3 人与群体的连接类型对应的参与方式

人与群体的连接类型是指在“社会介质”属性的城市公共空间中，人与群体之间可以通过参与方式来使这两种对象之间发生互动关系，从而产生联系。群体的解释在本研究中即指由同质群体和异质群体所组成的“心理学群体”。同时，人与群体的连接类型还包含人与社会组织、社会文化之间的联系关系。一个真正具备“社会介质”属性的城市公共空间是会为人与社会组织、社会文化搭建彼此联系的平台与渠道，让人们通过参与方式来与社会组织和社会文化建立彼此理解、彼此共生的和谐关系。

这里我们再以高线公园为例，纽约高线公园的管理方在如何促进公园为纽约市民服务这部分做了精心而持续的设计。公园定期会举办各种不同的主题活动，有些是临时性活动，有些是常年性的固定活动，有些是针对不同人群的活动。将高线公园的使用者：纽约市民与高线公园的管理者建立联系，甚至将高线公园的旅游观光者与高线公园内的一些专业社团组织建立联系。

针对这些人与群体的联系，高线公园提供了各种类型的参与类活动方式，具体如文化类活动、家庭类活动、青少年活动、艺术活动、野营活动、针对学校学生的活动。在这些丰富的参与类活动下，高线公园的各个物理空间、物理功能以及管理方式、组织方式等各部门都参与到了高线公园的运营、组织与日常管理中去。他们通过不同的参与方式，活动类型等使高线公园中的使用者可以在此建立与各类群体、组织和社会文化的联系。这种联系关系使得城市公共空间的价值得到了拓展。

以文化活动为例，高线公园通过创造有趣而富有创造性的公共活动项目，鼓励社区人群和管理方的参与。它们会举办动态的现场表演，通过音乐和活动为所有年龄段的参观者提供平台来体验高线公园。从舞蹈派对到拉丁节奏节再到诗歌和口语节的活动，这一系列活动使得游客们能够通过高线公园感受到纽约城市的艺术和文化。

高线公园已不仅仅是纽约城市一处普通公园的概念，通过连接类型和参与方式的多样性设计，高线公园为社会和居民创造了更多的社会价值，它是一个学校、一个社区、一种文化、一种生活体验，它的意义已经超越城市公共空间传统的物理属性，它将人与人的交流、人与社会的交流完全融合在一起。在这个看似动线简单的直线形公园的外壳之下，吸引人们的不仅仅是风景、街道与花草，更多的是因为不同的参与方式的设计而带给使用者的体验、情感与记忆。

## 5.4　连接类型和参与方式对意义的可能性的影响实例

在明确了公共空间中的物质基础之后，我们应该考虑如何通过连接类型和参与方式的组织与设计来为公共空间的意义找寻可能产生的途径。接下来的案例为我们提供了具体的连接类型和参与方式对意义可能性的影响。通过下面案例的分析与解读，我们可以看到，物质基础是如何在连接类型或参与方式的作用下推动城市公共空间产生意义。连接类型的多样性和参与方式的生动性、体验性能够正向影响公共空间意义可能性的探索与产生。

### 5.4.1　连接类型和认知参与对意义的可能性的影响

当高线公园未被保护、改造之前，它只是纽约曼哈顿下城区的一处废弃的城市铁轨带，这里荒草丛生，毫无生机。政府部门曾经将其纳入拆建的计划之列。但自从高线公园被设计建造起来之后，它吸引了大量的旅游者前来观光，人们发现这是一处绝佳的感受纽约曼哈顿下城区城市景致的公共空间。站在高线公园上，你离身边的纽约建筑如此之近，甚至可以看见窗户后面的居民，城市生活的气氛可以在这里被近距离接触。孩子们可以在这里记录植物的生长，家庭成员们可以在这里露营、野餐。每个季节，高线公园还会推出具有季节特性的科学项目，例如夏季的晚上，人们可以到此地来观测天象，追踪天上的星星。

针对学校的学生，高线公园精心设计了独特的认知参与活动。以高线公园面向纽约市的“学校实地考察”为例（图5-26），高线公园的实地考察活动为学生提供了有趣的、亲身体验的设计、本土生态以及纽约曼哈顿西区的历史。学生们在指导下于高线公园中观察散步，进行探究性的人工制品的调查，并搜集主要的信息数据以考虑未来的规划。这个认知参与活动全部符合纽约和纽约州的学习标准及共同核心目标。教育者们根据高线公园的资深特色，探索出不同的认知参与主题活动，例如，通过“河流和铁路”主题，将社区的公民在原生植物和动物之间重新建立连接；以及让人们设计一个名为“在天空的公园”的高线公园再设计活动。这些认知活动的核心目标是希望人们通过新技能：如观察、预测、引用证据和阐述新观点的方法来探索。如图5-27所示，一名学生观察了一条沿着高线的工厂建筑历史照片，并寻找这座老建筑与今天的建筑有什么结构差异。他做出了一个假设，那就是这座建筑为什么没有任何窗户呢？因为他曾被用作一个巨大的冰箱。

图5-26　高线公园“学校实地考察”
（图片来源：https://www.thehighline.org/blog/2016/04/19/from-teachers-how-field-trips-enrich-classroom-teaching）

自2009年以来，已有超过2.1万名来自纽约各地的学生进行了高线公园的实地考察。有些人每周去公园游玩，有些人甚至不知道他们刚到公园的时候头顶上有个公园。实地考察的关键性的学术课程是根据研究人员教育引导：“丰富实地考察有助于学生的发展，文明的年轻男人和女人拥有更多关于艺术的知识，有较强的批判性思维的技能，表现出历史共鸣，增加显示更高水平的宽容和有一个更大的消费文化和艺术品

（a）

（b）

图5-27　认知参与的教学活动
（图片来源：https://www.thehighline.org/blog/2016/04/19/from-teachers-how-field-trips-enrich-classroom-teaching）

味。”可见看似普通的认知行为，可以带给人们多么具体而深刻的意义影响。

高线公园为不同的连接类型提供了多样化的认知参与方式。如果离开了高线公园，人们很难获得这些有趣的认知参与，也就失去了高线公园带给人们的乐趣与体验。

通过上述介绍的一系列的认知参与活动，原本没有意义的被废弃的地铁线，如今被作为社会介质，重新创造出了许多的意义，教育的场所、社交的场所、文化活动的场所等等。高线公园通过其不断追求与精心的建设，为来自世界各地的游客提供了意想不到的参与方式，你不仅仅是观看街景、建筑和植被，而是通过高线公园里不同的参与方式，不同的活动方式，发现纽约这座城市的魅力与特色。

### 5.4.2　连接类型、情感参与、行为参与对意义的可能性的影响

笔者在美国纽约市中央公园进行调研的时候曾发现这样两个故事。第一个故事主角是两位年迈的老太太。2015年的夏天，笔者带着调查问卷，请这两位老太太进行问卷回答时，她们正安静的坐在中央公园道路旁的休闲座椅上，面对着公园道路上来来往往的人群，显得怡然自得。笔者在做问卷调查之际，与两位老太太进行了访谈，从访谈中得知，她们是一对女性闺蜜，住在中央公园的附近，每天两位女性闺蜜都会结伴前来中央公园，安静地坐在长椅上，呼吸这里的新鲜空气，享受阳光、鸟叫和熙熙攘攘的人群带给她们的快乐。老太太们骄傲地告诉我自己的年龄，一位82岁，一位83岁。她们手指着眼前骑着自行车路过的年轻人说：“我们年轻的时候也和她们一样，会来这里跑步、骑自行车，甚至是野营和野餐。”中央公园对于她们来说充满了情感参与的回忆，这些情感参与更影响了她们的行为参与，使得她们从年轻时代起，就会偏爱中央公园，到这里来活动成为她们漫长岁月里的一种生活行为习惯（图5-28）。

图5-28　中央公园中的受访老太太

第二个故事发生在中央公园的一处棒球活动场外。当我寻找调研对象时，发现了一位打扮十分绅士的老先生。此时老先生正在棒球场外的长

椅上吃着三明治。当我与他攀谈的时候，他也同样告诉我，退休之后只要天气和身体状况允许，他每天都会来中央公园。他指着前方棒球场上的年轻人们，告诉我自己年轻时候的活动和他们一模一样，现在虽然无法再上场打球，但看着年轻人的身影，仿佛回到了过去自己打球的日子。

中央公园对这两个故事中的老太太和老先生来说，充满了回忆与个人色彩。这些富有个人意义的价值是由他们自己的情感参与和行为参与建构起来的。因为曾经在这里发生了那些珍贵的情感参与和行为参与的活动与故事，中央公园对他们来说才是独一无二，不可替代的公共空间。尽管时间发生了变迁，行为活动也不再是几十年前的活动，但他们依然会选择每天都到这里来。由此可见情感参与和行为参与必然会作用于公共空间的意义可能性。连接类型只有通过情感参与和行为参与，才能最终获得公共空间对其的意义与影响。连接类型无法凭空跳过情感参与和行为参与而直接影响公共空间的意义。在这条运行链上，不同的连接类型通过自己独特的情感参与和行为参与而产生不同的意义，也就说意义的可能性会根据参与方式的不同、连接类型的不同而产生多样化的可能性。

### 5.4.3 连接类型、认知参与、情感参与和行为参与共同作用于意义的可能性

（1）美国匹兹堡市章鱼花园

美国匹兹堡市的章鱼花园（Octopus Garden）是一个在两栋房子中间的微型公园，只有10英尺×12英尺大小面积，如图5-29所示。它由私人拥有，却服务于周边社区居民，是一个私人所有的公共空间。2004年，章鱼花园的前身——一栋匹兹堡老城区的独立式住宅，因为一场大火，一夜之间化为平地。卡耐基·梅隆大学设计学院的副教授——克里斯丁·休斯联合了艺术家劳拉·麦克劳林一起开始章鱼花园的设计、建造与运营。由于章鱼花园的土地并非是属于政府，而是属于个人所有，因此章鱼花园的所有运营费用也全部出自个人。今天，这个微型城市社区公共空间由社区中的学校、社区周边的家庭共同出资建设。通过改造，这片废墟地现在变成了一个既是城市花园又是社区居民聚集地的公共空间。整个空间的物质基础为一个花园，花园中有花卉和蔬菜种植区，一个小型图书馆和一个巨大的马赛克章鱼雕塑。但这个看似狭小而简单的公共空间却连接着周围社区以及学校的居民和学生们。因此章鱼花园的建设与项日活动的设计组织充分服务于其所处的社区居民以及临近的学校。

（a）　（b）　（c）　（d）

图5-29　章鱼花园实地照片

2015年，章鱼花园筹集到了超过30户家庭的资金，每个家庭至少捐助75美元的赞助费，用来进行花园内部的雨水和地下水收集，在花园的土地上进行蔬菜、水果和花卉的种植。章鱼花园还为本地社区的儿童教育提供户外运动场所，建立户外课堂，让儿童们在户外自然环境中认识科学、农业、植物等知识。花园还与社区日托机构合作，通过工作坊的活动，帮助它旁边的日托所进行创新主题设计。

通过周围社区居民的情感参与和行为参与，章鱼花园得到了创新，社区文化也得以再造。章鱼花园从一片火灾废弃地成长为面向社区的居民、儿童、学校服务的社区花园。它真正体现了社区公共空间应该承担的社会责任，它丰富的可持续性的发展过程已不再是公共空间中物质基础的单纯建造。它围绕居民的行为、居民的需求，以使用者为中心，创造为使用者服务的公共空间。尽管章鱼花园是一个私人花园，但它身上体现了公共空间的核心价值，为全体大众服务与设计。

（2）美国华盛顿越南战争纪念碑

坐落于美国华盛顿特区的越南战争纪念碑广场已经诞生了超过30年之久。作为一个纪念性公共空间，它突破以往传统的纪念性公共空间的物质基础设计手法，放弃高大威武的纪念碑样式，采用了卧倒在地的英文胜利字母“V”的字母形态组成纪念墙的造型与游客的参观路径。当游客慢慢走过参观路径时，一旁的纪念墙的尺寸和人的距离形成亲密的尺度关系。人们可以清晰地看见刻在纪念墙上的越南战争阵亡士兵的名字。沿着纪念墙的底座，是一条窄而长的凹槽，这里可以给阵亡士兵的家属们放置纪念亲人的鲜花与蜡烛。设计师林璎，选择了强大而富有生命力的文字来无声地纪念那些故去的士兵。同时她将纪念碑的形式、尺度和观看方式与人们的参观行为结合考虑。透过那些墙上的名字，每一个身处此地的人立即就将自己与故去的士兵联系在了一起。这既是认知的参与又是一种情感的参与，黑色的大理石材质上镌刻的一个个逝去者的姓名，白色的蜡烛和黄色的鲜花代表着他们的亲人始终在祭奠他们。这种无声的祭奠方式，带给每一位亲临其境者强烈的震撼。由于战争结果的失败，美国国内在20世纪70年代掀起了汹涌的反战运动。因此，越南战争纪念碑没有宣扬战争，而是从尊重生命的角度出发，用静默的方式，设计和塑造了一个经典的纪念性公共空间。每年的父亲节，美国当地社团和群众组织还会在此地举行越战老兵的纪念活动，如图5-30所示。这个尺度小巧、低调的纪念碑成了那些越战老兵后代家属们祭奠故去亲人的场所。通过这种认知参与、情感参与、行为的参与，越南战争纪念碑广场连接着今天与过去，生者与逝者，和平与战争。这座看似被淹没于美国华盛顿特区中央大草坪

(*a*)

(*b*)

图5-30　美国华盛顿越南战争纪念碑2015年父亲节活动

的一处景观节点，却对很多人来说具备着深远的意义。每一个到华盛顿特区游玩的游客几乎都会来此参观，在那些密密麻麻的姓名文字的黑色花岗岩背后，连接着美国一段无法抹去的历史与回忆。

## 5.5 意义的可能性对于物质基础、连接类型和参与方式的反作用实例

前文我们通过案例分析了由物质基础与连接类型的关系确定和物质基础与参与方式的相互关系从而产生公共空间意义可能性的这条单向路径。现在我们会通过公共空间的改造类实际案例来阐述意义的可能性如何反作用于物质基础、连接类型和参与方式。这条反向运行机制是指意义的可能性首先影响了公共空间的物质基础，从而影响连接类型和参与方式。

MCEM模型的这种反向运行机制不仅仅只适用于改造类城市公共空间项目，站在公共空间作为设计介质的意义高度，它可以对城市公共空间的成长与发展产生有利的、不确定性的和可变化性的影响。随着时代和技术、文化的变迁与发展，作为“社会介质”属性的城市公共空间自身具备着与时俱进的特质。它可以通过不同时代背景下的意义需求的变化来反作用于物质基础的设计，从而影响连接类型的关系和参与方式的行为。

### 5.5.1 美国辛辛那提市城市历史街区“莱茵河区”OTR改造

莱茵河区简称为OTR，坐落于美国辛辛那提市老城区的北部，是一个居住和商业区域，面积为300英亩，约120公顷（图5-31）。它被认为是美国现存面积最大、最完整的历史街区。1983年，莱茵河区被列为美国国家史迹名录。它保留了美国最大的意大利式建筑街区，并且完整保留了19世纪美国城市街区风貌。其建筑意义可以与新奥尔良市的法国区，南卡罗莱纳州萨凡纳市与查尔斯顿市的历史街区，以及纽约市的格林尼治村相比。莱茵河区从辛辛那提市德国移民大量涌入时代起开始发展，成为该城市德裔社区的核心部分长达数十年之久。

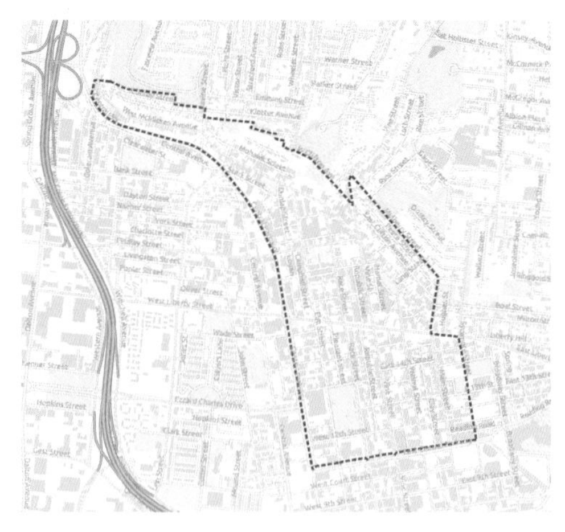
图5-31 莱茵河区总平面图

自从20世纪60年代之后，这片地区随着人口数量的减少，大量19世纪建造的街区和建筑遭到破坏。当时的莱茵河区成了美国内陆城市情况的一个典型案例：破旧的历史街区中绝大多数的居民是贫穷的非洲裔美国人，街区中的建筑结构严重恶化并伴随许多的废弃空间。当时的社区居住人口只有一万至一万两千的数量，但在20世纪初，莱茵河区的人口数量大约是当时的五倍多①。在20世纪一整个世纪的发展中，尽管大部分的街区被保留，但莱茵河区仍有将近百分之七十的建筑遭到了破坏。

2002年莱茵河区提出了最新的街区改造计划，该计划旨在保证现有大多数街区住户、公司所有者、房地产所有者和社会服务者、开发公司以及社区企业和其他利益相关者的共同利益不变的基础上，延续该街区的社会、文化、历史文脉的意义，努力恢复其原有的地域性特色，激发莱茵河区的城市活力，改变过去贫困和犯罪率高的街区现状。可见莱茵河区的改造计划是首先明确了该公共空间的意义的可能性。辛辛那提市政府希望能够通过这一改造计划重新定义该社区的社会、文化、历史文脉的意义，激发该街区的城市活动，改变过去严重的犯罪率问题，提升本地的经济收入，提高本地区的房地产价格。并且明确了参与方式的具体形式，通过组织和开发，让更多的辛辛那提市市民能够在这块街区进行多种多样的社会公共活动。例如对于该街区历史建筑、文化遗产的旅游项目；利用华盛顿公园的空间优势每年打造辛辛那提市市民的夏季活动节；将芬德利市场作为辛辛那提市最具历史的露天市场，每周末举办农业市集的活动。

通过上述具体的行为参与、认知参与和情感参与，将辛辛那提市本地居民与莱茵河区的居民、社会组织紧密联系在一起。与之对应的，莱茵河区做出了下列具体的改造项目：（1）对于居民和利益相关者的坚定保护；（2）对街区中的艺术和文化团体进行丰富与多样化的发展；（3）对独特历史建筑的保护；（4）将芬德利市场和音乐厅定

① Cain，C.A. Overothe Rhine：a description and history；historic district conservation guidelines (Historic Conservation Office，Cincinnati City Planning Department). 1995.

义为城市遗产场所；（5）利用辛辛那提市中心与辛辛那提大学之间丰富的地理位置优势[1]。莱茵河区改造希望解决的问题是街区的投资萎缩、人口与经济的衰退、犯罪率和不安全感以及不健康感的环境感觉、贫穷、在种族化和经济多样化下的社区凝聚力等问题。在该规划方案提出后的数十年间，莱茵河区的整治与发展获得了很大程度上的成功。通过对街区中历史建筑的保护，如将这一历史街区中的历史感保留与重现，让人们亲身体会和感知辛辛那提的历史文化氛围；将公共投资聚集于此，对建筑进行改造，吸引新兴创业者来此投资，不仅提升了该街区的经济活力，又为原本衰退的街区人口注入了新的血液，改变了过去大部分是贫穷的非洲裔住户的情况。社区人口结构得到改良，多种族多阶层的人们开始共同生活于此，犯罪率也相应降低，过去充满暴力、犯罪、危险的老城区终于焕发出健康的光彩（图5-32）。

图5-32　莱茵河街区

莱茵河区的改造是历史文化街区改造的成功范例，它为了获得全新的现实意义，通过把过去的重要建筑、公共空间和对它们的回忆想象以稳定和固定的物质基础形式保存了下来，并使其通过改造的方式重新吸引各种连接类型的参与及使用，有机地将过去与现在连接起来，创造了人们与城市公共空间之间的情感联系，使历史街区重获新生。

## 5.5.2 美国辛辛那提市芬德利市场改造

芬德利市场是辛辛那提市目前唯一现存的市政管理下的传统农贸集市。它也是美国俄亥俄州现存历史最悠久的市政传统集市。芬德利市场的主体建筑采用了一种耐用但非常规浇筑的钢结构，这种结构技术在当时的美国很少被使用，该主体建筑于1972

① Over-The-Rhine Comprehensive Plan，2002.

(a)　(b)　(c)

图5-33　芬德利市场历史建筑

年被收录于美国历史建筑名录中（图5-33）。芬德利市场于1855年正式对外运营。在18至19世纪，公共市场伴随着美国城市居民人口数量的上升和城市人口对于食物需求的上升而同步发展。在美国的许多城市，包含辛辛那提在内，都建造了大型的市政集市，在这里有家庭屠夫和鱼贩，同时吸引了农民前来售卖自家种植的菜品，街道上还有很多摊贩。在美国内战开始时，辛辛那提市共建造了包含芬德利市场在内的九个公共市场。但从19世纪末开始，辛辛那提的公共市场就进入了衰落阶段。随着产业工人搬离辛辛那提老城区，再加上其他新兴市场的竞争，芬德利市场就成了唯一仅存的市政市场。然而，因为芬德利市场所属地理位置的优越，它位于辛辛那提老城区与北部新社区的交汇处，本社区居民和其他地方的人们依然能够方便到达。尤其是今天，即便家庭当中都有了冰箱以及汽车，但芬德利市场依然保持着相当的活力。

针对芬德利市场的传统街区环境，辛辛那提市政府希望能够通过改造恢复与连接芬德利市场对于辛辛那提本地区市民的吸引力，重新发挥公共市集的作用，所以于2002年起对芬德利市场首先进行了基础设施的整修，主要是在市场周边增建了停车场，以供汽车出行的人们使用。由于今天，芬德利市场想要连接的人群已不仅仅局限于莱茵河区的居民，而是希望面向所有的辛辛那提市民，因此，停车场的改建成了芬德利市场联系本地居民的首选改造措施。基于美国现代城市化的建设，这个建造在车轮上的国家，其居民出行的最重要交通工具就是汽车。因此，在芬德利市场的传统莱茵河区的街道空间中，设计师和建造者们利用了街道中被废弃的空地和建筑间的空地改造了付费的停车场，为人们到达芬德利市场提供了首要的便捷条件。

其次，由于芬德利市场的意义发生了变化，人们参与芬德利市场的行为也发生了

（a） （b） （c）

图5-34 芬德利市场之户外露天市场图

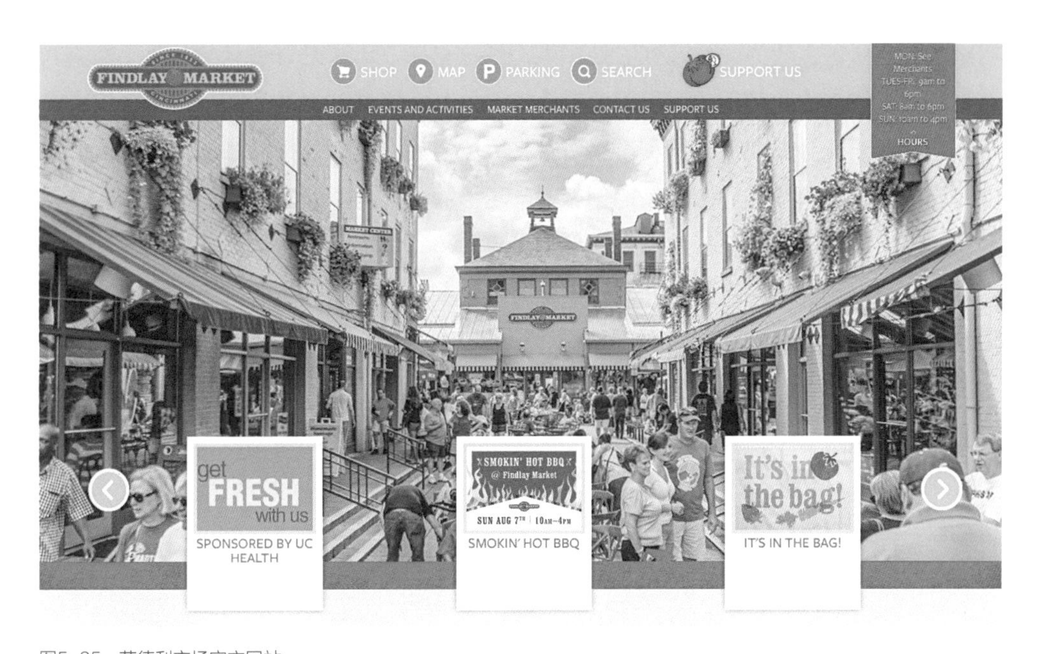


图5-35 芬德利市场官方网站
（图片来源：http://www.findlaymarket.org/）

变化。一百年前，这里是本地居民每日购物的生活场所。如今，芬德利市场成了辛辛那提居民周末体验传统集市生活的场所。于是，针对周末的农家市场，在芬德利老市场建筑的周边公共开放地带新建了供临时市场所用的露天市场（图5-34）。通过这些改造措施，支撑了居民与当地农民的市集活动。在周末集市中，大部分商户会利用芬德利市场的户外临时空间售卖自己的货品，其中大部分货品都是农场主们的直接营销，人们可以选购到其他地方没有的最新鲜的本地农产品。同时，这里还有一些店铺空间是为辛辛那提市的创客们所提供。人们除了可以来此购买农产品之外，还可以通过定期的创客活动来体验与购买创客们的设计产品。这也为芬德利市场拓展了新的参与方式、新的连接对象以及新的物质基础。

芬德利市场通过改造项目焕发了新的活力，获取了新的意义。人们可以在平时尤其是周末驱车前来，体验每周末举行的“周末集市”，感受一百多年前传统的芬德利市场的生活氛围；亦可以来此购买到创客们的新概念产品，体验到更具时代性的芬德利市场新的文化生活。

芬德利市场的创新改造并不是简单的功能重构或功能置换，而是通过意义可能性的再定义，为人们提供了新物质基础、连接类型和的参与方式。芬德利市场成为本地居民们周末休闲生活的一个最佳去处。人们到这里来，不再是过去日常的买菜购物，而是在周末集市的参与活动下更好地获得认知性与情感性的参与方式，与更多的人接触，获得新的社会关系。芬德利市场重新将周边居民、本地居民和辛辛那提市的农场主们连接了起来。并且还将新型的创客们与本地居民建立了联系。而建立联系的具体措施则是通过局部物质基础的改造，例如新建的停车场为人们提供便捷的到达性。新建的芬德利市场户外空间，重新规划了临时商铺和长期商铺的位置，为买卖双方提供了新的交流载体。

通过芬德利市场这个作为社会介质的公共空间改造项目，不同的连接对象们都能参与和体验到过去传统的集市生活精髓，同时又为新的群体，如创客们提供了新的直接面对民众的机会。芬德利市场作为一个传统市场也为新时代的人们提供了交流、汇聚的场所，创造出了新的意义。

### 5.5.3 美国辛辛那提市华盛顿公园改造

华盛顿公园是辛辛那提市市中心一个重要的公共空间。在过去的150年间，它一直在发展，以适应社区的需求和愿望。2007年华盛顿公园在辛辛那提公园董事会和辛辛那提中心城市发展公司（3CDC）的联合之下进行了一次以社区为基础的总体规划改造。这次改造为华盛顿公园制定了新的规划目标：在保留公园的独特性之上，增加了新的基础设施，以支持该社区（莱茵河社区OTR）的改造计划，如图5-36所示。总之，2007年进行的华盛顿公园改造项目，旨在提升华盛顿公园作为莱茵河区的公共空间的凝聚力与独特性，希望能吸引更多居民的使用和参与，从而提升并支持莱茵河社区的改造计划。以前华盛顿公园的意义并不是要提升整个社区精神与文化从而达到改造社区的目的，而面对这个新的意义，华盛顿公园则开始了一次完美转型。

针对社区振兴的目标，首先公园需要进行物质基础、连接类型和参与方式的创新与改变。针对物质基础的设计与排布，华盛顿公园进行了十处分区设计，如图5-36所示。每个分区的内容都由其特定的连接对象和参与方式所组成。公园希望能引入青少年儿童、周边居民住户以及更为广泛的辛辛那提市市民前来参与。对应这些连接类型，华盛顿公园建造了最先进的互动水景。这个面积7000平方英尺的

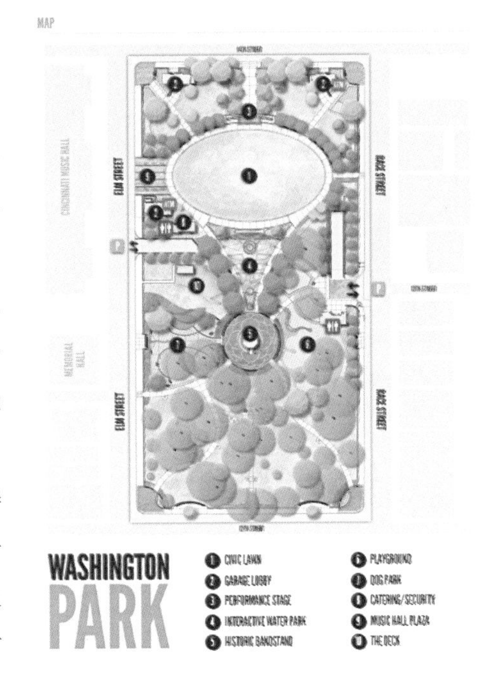

图5-36 华盛顿公园平面图
（图片来源：https://washingtonpark.org/map/）

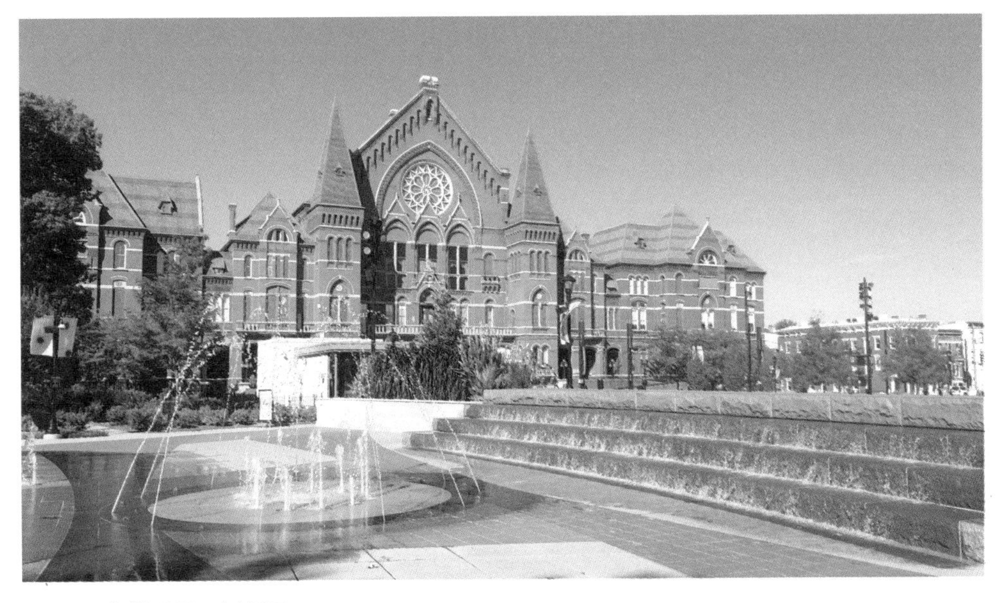
图5-37 华盛顿公园互动水景区

(a)

(b)

图5-38　华盛顿公园儿童游乐场

互动水景区是公园的焦点和全年的吸引力，如图5-37所示。互动水景中的水元素包括了130多个可以与音乐和灯光同步的弹出式喷射水体。其他周边元素包括阶梯级的流水和巨大的卵石，水流过卵石两边，创造出好玩的吸引儿童的地方。

另一个促进参与方式的分区设计是儿童游乐场，如图5-38所示。改造后的儿童游乐场是一个以辛辛那提悠久的历史建筑为特色的有围栏的儿童活动区域。游乐场的设计灵感来自于辛辛那提城市的别名：女王之城的丰富遗产。设计者试图将儿童的行为参与、认知参与和辛辛那提市的悠久历史建立联系，能够在玩耍的同时了解自己所生活城市的文化遗产。它的主要特色包括一个游戏城堡、攀爬墙、沙盒、双滑梯、一条运河船和乐器。这些物质基础都被创造性地融入一个安全的、充满想象力的游戏环境中，为各个年龄段的孩子们提供了游戏与交流的空间。并且该游乐场还会在周末或节假日为所有家庭提供免费的活动。

华盛顿公园里还有一个独具特色的地方就是狗乐园，如图5-39所示。这个占地1.2万平方英尺的狗乐园里是辛辛那提市区及莱茵河区唯一的一处为狗设计的公共空间。设计者为游客和他们的宠物提供了独特的参与方式，例如狗乐园中有一条小溪和巨大的花岗岩卵石，可供狗狗玩耍（图5-39*a*）；而为宠物的主人们则提供了淡水的饮水设施。狗乐园外围的长椅可以为游客提供休憩和阅读的功能，并且还能与其他养狗人士或爱狗人士们进行交流（图5-39*b*）。狗乐园的中心区则是一种特殊的合成材料草皮，供宠物狗们尽情地奔跑与嬉戏。这处狗乐园成为辛辛那提市市区养狗人士们最爱的公共空间。因为这是一个为宠物和养宠物的人们提供联系的公共空间。在这里，狗能够与其他小狗建立联系，而宠物的主人也能带着自己的宠物与其他养宠物狗的人们

（*a*）

（*b*）

图5-39　华盛顿公园狗游乐场
（图片来源：https://washingtonpark.org/features-of-the-park/14-2/）

建立联系。这里不仅仅是一个为宠物狗提供活动的场所，而是一个为宠物及其主人们建立社会交流的平台。因此，但凡到访过此地的爱狗人士们大部分都会将这里作为自己的向往场所，也就不足为奇了。

华盛顿公园还会为不同人群组织各类集体性、公共性活动，这些活动有些是行为参与，有些则是认知参与，还有的是情感参与，如图5–40所示。例如，每年夏季定期举办的辛辛那提夏季艺术与音乐会；为儿童和家庭举办的各类活动，如2018年3月29～31日举办的塔夫脱赛季揭幕战周末活动（TAFT`S SEASON OPENER WEEKEND），如图5–41所示；为辛辛那提本地创客们提供的跳蚤市场；一系列运动组织在此召集的户外活动，如瑜伽锻炼等。这些充满参与性质的活动将华盛顿公园变得热闹非凡。每

（*a*）

（*b*）

图5-40　华盛顿公园的各类活动
（图片来源：https://washingtonpark.org）

年一到春夏季，各类组织、各类活动纷至沓来。华盛顿广场成为辛辛那提市市民娱乐生活的一个极具吸引力的场所。透过这些不同参与类型的活动，不同类型的连接对象在此获得了联系与交流，一系列积极的社会关系在此发生、维系与维护。

图5-41 塔夫脱赛季揭幕战周末活动
（图片来源：https://washingtonpark.org/event/tafts-season-opener-weekend/2018-03-29/?event）

从华盛顿公园的改造案例中，我们可以看到一个城市公共空间是如何从意义的可能性的转变而影响了物质基础的改变，从而吸引更多的连接类型参与，促进参与方式的创新。华盛顿公园的变化不仅仅是公园面积的拓展、公园活动场地的新建、基础设施的更新，而是参与方式的变化和连接类型的变化最终导致发生于此的社会关系的深刻变化。

## 5.6 中国特色的城市公共空间案例

### 5.6.1 上海愚园路改造项目

2019年2月28日，对于上海市长宁区愚园路来说是一个值得纪念的日子，这一天，愚园公共市集正式对外开业了。作为上海市长宁区率先试点的“城市更新”案例，愚园路街区更新项目走在了上海乃至全国的前列。

作为一条上海市知名的“百年老路”，短短2775米长的愚园路上汇集了108幢小洋房、60幢历史建筑和11处文保单位，但作为一条连接了静安寺和中山公园两大商圈的主马路，街道在改造之前却缺乏生气，充满萧条与冷清的景象。通过改造之后，首先在不打扰整个社区居民生活状况的前提下，潜移默化地进行“微调”，清退租户，引入新兴的品牌进驻愚园路主街道两侧，其中以愚园百货公司最具代表性。这幢临街的西式洋楼曾是文坛“三剑客”之一——施蛰存作家的旧居，后成为上海长宁区江苏路邮局物流中心，如今变成了时尚的打卡地。改造后的愚园百货公司不仅是一个咖啡店，更是一个潮流的买手店，集生活美学与设计艺术于一体的生活体验店，更是从江苏路走进愚园路后第一个吸引人们停留的驻足地。不仅针对新入住的时尚店铺，愚园路还重新整合了道路两边新旧商铺的店铺招牌样式，重新设计了人行道地面自行车的摆放位置，布置了供人休憩的座椅，美化了人行道与建筑之间的围墙，结合新时代背景下的社区文化与社区历史，建造了具有浓浓文化传承的愚园路历史名人墙（图5-42 ~ 图5-47）。

图5-42 愚园路街景

其次，对于愚园路1088弄宏业花园内进行重点改造，建成愚园公共市集。公共市集原为上海市长宁区医药职工大学校舍

（*a*）

（*b*）

图5-43 愚园百货公司

图5-44 愚园路临街座椅

图5-45 愚园路历史名人墙

图5-46　愚园路临街建筑及店铺招牌

图5-47　愚园路自行车停放标识

的宏业花园，改造后变成了愚园路社区邻里中心——愚园公共市集。在这1200多平方米的全新空间中，一楼为社区食堂、社区菜场、社区配套服务等，如弄堂老面馆、耳光馄饨、山东水饺等特色小吃店，以及设计时髦的社区菜场，方便周边居民的日常生活；二楼为社区艺术活动空间，为社区居民及周边白领阶层提供各类艺术展览，目前主要由粟上海社区美术馆、LUNA DANCE STUDIO和弥金画廊组成（图5-48～图5-53）。

愚园公共市集的改造最大程度上保留了原有的社区居民、社区“老人”的生活方式，同时也将“艺术”与“生活”结合，引入新时代背景下新鲜的生活方式。人们在公共市集除了像过去一样能够便利地获取生活基本品外，还能以此为交流的平台。老邻居们可以在市集里聊聊家常，新市民们则能在市集里看见地道的上海社区文化与社区生活。

除了愚园公共市集外，愚园路还引入了国际化的艺术团队作品，矗立于愚园路

图5-48　愚园路宏业花园入口门头

图5-49　愚园路公共市集外景

图5-50 愚园路公共市集入口

图5-51 愚园路公共市集共享大厅

图5-52 愚园路公共市集户外空间

图5-53 愚园路公共市集社区菜场

1107号公共草坪上的装置Colorways就是德国艺术团队Quintessenz的作品，并且是他们在中国的首件作品。这件彩色的装置由33种不同颜色、33个不同的层面组成，从各个角度看都有不同的感受和体验，同时这个装置还会随着户外风向的不同而产生随风而动的变化，成了愚园市集正对面的一道独特的风景线。

愚园路改造项目提升了愚园路街道与社区的空间意义，在挖掘愚园路历史文化资源的基础上重新激活了愚园社区的新时代生活风貌。该项目的更新一方面考虑愚园社区的传统居民的日常生活需求，改善公共空间的空间质量，另一方面又引入了新的白领阶层乃至面向上海全市范畴下的市民，将艺术与生活、艺术与历史、艺术与文化体验相结合，重新打造愚园路，将中国特色新时代背景下的“社区营造计划”作出重要尝试。

## 5.6.2　上海星巴克烘焙工坊

作为目前全球最大的星巴克门店，星巴克臻选上海烘焙工坊自2017年12月开业以来一直占据着全球星巴克迷们的关注热点，并且如今这里已经成了上海的又一座商业地标。它还被评为2018年上海市工业旅游景点示范单位。换句话说，星巴克上海烘焙工坊已经不仅仅是一家星巴克全球面积最大的门店，而是上海这座城市的新标签。据相关数据显示，上海烘焙工坊每天平均接待8000人次客流，一年累计接待量超过数百万人次。人们蜂拥而至的原因是因为上海烘焙工坊中向所有的星巴克迷们提供了全新的门店形式。同时这种全新的星巴克门店形式也进一步吸引和促进了人们的公共性活动与公共性交流。

上海烘焙工坊区别于星巴克其他门店的最大特点在于其宣传的“沉浸式咖啡体验”。进入烘焙工坊剧院式建筑之后，最吸引人的便是围绕“咖啡是如何加工的?”而建造的一座贯穿建筑上下两层的咖啡生产区。这个“烘焙剧场”的生产区域由生豆站、巨型大铜罐、烘豆机、咖啡传输管道和包装站组成。每粒生豆“走完”这整套系统，大约需要经历七分钟的时间。围绕着这套最吸引人的生产系统，来到烘焙工坊的人们可以找到舒适的座椅，选择自己喜欢的视角，近距离体验咖啡的生产过程。以大铜罐为整个烘焙工坊视觉中心，为人们提供了行为参与和认知参与的空间体验（图

图5-54　巨型大铜罐

图5-55　“烘焙剧场”咖啡生产区

（a）

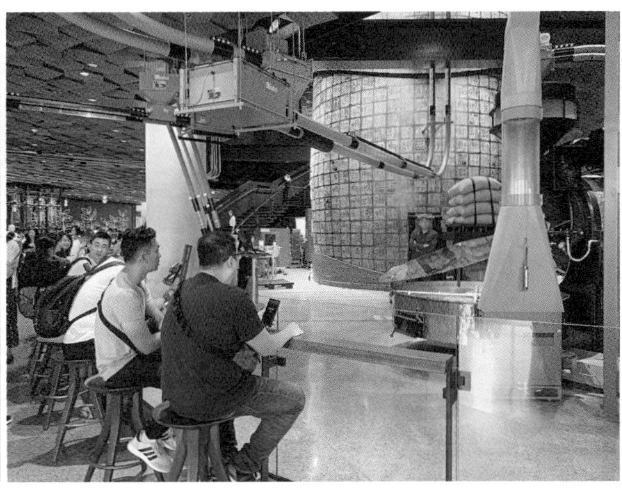

（b）

图5-56　顾客近距离观看“烘焙剧场”

图5-57　烘焙工坊一楼主吧台

5-54～图5-56）。

其次，烘焙工坊还为每一位顾客提供“选择一种冲煮方法”而设计建造了独特的五个咖啡吧台空间（图5-57）。在不同的咖啡吧台上，顾客可以选择咖啡压滤壶、意式浓缩、虹吸、冷萃咖啡、手冲咖啡、CLOVER咖啡机抑或是STEAMPUNK、CHEMEX。于是围绕冲煮方法，工坊在一楼核心区域设立了主吧台，这是目前星巴克全球最大的吧台，这里有全世界最先进的半自动浓缩咖啡机制作的咖啡，围坐在主吧台边，星巴克迷们可以近距离接触咖啡大师们带来的独特创意饮品。同时人们又能透过巨大的吧台，找张座椅，坐下来与朋友一起品评咖啡，观看咖啡制作师制作咖啡，甚至是与咖啡制作师们聊天，成为朋友。除此之外一楼还设立了品鉴吧台，人们在这里可以品尝到啤酒、葡萄酒以及各类创意特调酒饮。而在二楼则设计了星巴克全球最长的咖啡吧台：约27米的长吧台。长吧台里拥有5个由荷兰设计师量身定制的冷萃冰滴塔。人们可以在这里品尝到由冰滴塔制作的冰滴、冷萃、气致冷萃等三种类型的饮品。同时，长吧台也提供融合鸡尾酒的特调咖啡饮品。二楼的另一个亮点在于茶瓦纳吧台。这是星巴克向中国千年茶文化致敬的一种全新茶饮体验区。在这里，人们可以精心挑选茶瓦纳茶饮，尝试在咖啡品牌的店铺中寻找中国的茶味。

在过去的2018年内，星巴克上海烘焙工坊成为星巴克全球销售最高的门店。这家烘焙工坊的运营经验也正在被复制到全球市场，甚至被其他咖啡品牌借鉴。上海星巴克烘焙工坊已不仅仅是传统意义上的咖啡馆，而是利用咖啡馆这一公共空间的介质属性，先去制造一个话题性的场所，不断吸引消费者们的聚集，从而为消费者们提供新产品的同时也为消费者们提供情感体验、行为体验和认知体验的有意义的空间场所。

## 5.7 小结

本章通过对实际案例的解析，具体分析了作为社会介质属性的城市公共空间四要素之间的模式运行机制。同时又通过具体案例的设计过程与方法介绍，具体论证了MCEM模型的可实施性。

首先在实际案例解析部分，本章通过具体的已建成公共空间案例的具体解读来论证MCEM模型的运行机制。

主要将具体案例根据以下步骤进行论证。一是物质基础与连接类型和参与方式的关系。通过场地要素与连接类型的结合；分区设计与连接类型的紧密结合；基础设施与连接类型的关系；植物配置与连接类型的关系；新技术下物质基础的拓展与参与方式的关系来具体论证。二是连接类型与参与方式的关系。通过人与物质基础的连接类型对应的参与方式；人与人的连接类型对应的参与方式；人与群体的连接类型对应的参与方式来具体论证连接类型如何通过参与方式在公共空间中产生关系。三是连接类型和参与方式与意义的可能性的关系。通过连接类型和认知参与与意义的可能性，连接类型、情感参与、行为参与和意义的可能性，连接类型、认知参与、情感参与和行为参与共同作用于意义的可能性来论证参与方式对于公共空间意义的可能性会产生直接的作用。四是意义的可能性对于物质基础、连接类型和参与方式的反作用。通过三个具体的实际案例：美国辛辛那提市城市历史街区“莱茵河区”OTR改造、美国辛辛那提市芬德利市场改造和美国辛辛那提市华盛顿公园改造，进一步解析意义的可能性对于另外三个要素的反作用性。全章最后又以两个中国上海的城市公共空间案例来进一步说明公共空间四要素的运行模式。

# 第六章

# MCEM模型应用有效性分析

根据上文阐述的MCEM模型工具的要素组成以及运行机制，本章接下来就对MCEM模型的实际应用进行分析与阐述。试图论证MCEM模型工具可以作为城市公共空间设计方法的一种补充，也是种贡献。通过实验的设计、分析与评估结果的展示，在论证MCEM模型工具的实用性上提供了开放和具体的实例，为后续的实际运用提供了依据与指导，也为公共空间的设计提供了新的设计方法的选择。

## 6.1 MCEM模型有效性验证

笔者拟将MCEM模型应用于相关公共空间的设计中，对设计方案进行指导。为了突出模型的应用效果，笔者将优选出两组设计人员（设计学专业学生），分别采用MCEM模型工具和不采用MCEM模型工具进行设计的方式，对比其设计方案的优劣，从而体现出MCEM模型在设计中的指导作用。

### 6.1.1 设计人员的选择

参与此次工作坊的设计人员为江南大学设计学院和四川美术学院设计学院在读学生，全部为本科三年级及以上年级学生共20名，已接受过专业系统的设计教育。为了实现分组情况的随机性，本研究采用系统抽样方法①，以期将所有参与设计人员平均分成两组。

系统抽样法又称为机械抽样，即将*N*个总体单位按照一定的顺序排列，然后先随机抽取一个单位作为起始单位，再按照某种确定的规则抽取其他*N*–1个样本单位。在系统抽样中，等间距抽取是最为常用的规则，故系统抽样经常被称为等距抽样。本次实验是将20名学生分为两组，因此可以选择间距为2进行系统抽样，具体过程如下：

（1）根据学生的学号从小到大依次排布（*N*=20），记录排列序号（1起）；

（2）将奇数序号的学生编为第一组（Group 1）；

（3）将偶数序号的学生编为第二组（Group 2）。

---

① 郝大海. 社会调查研究方法［M］. 北京：中国人民大学出版社，2015：32.

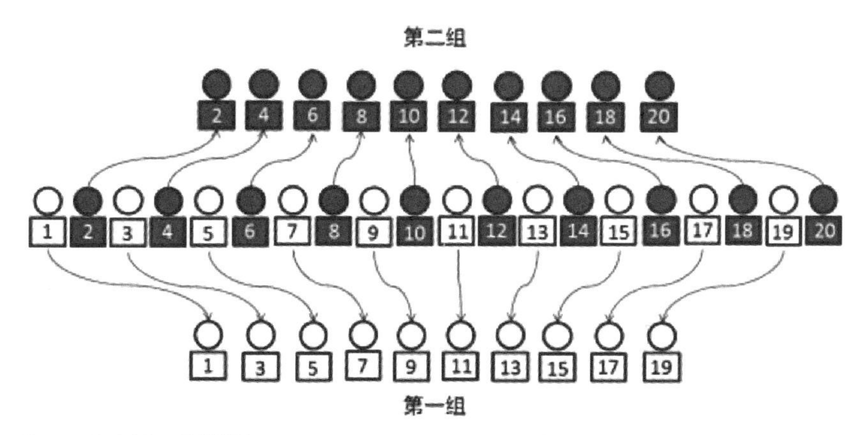


图6-1 实验小组系统抽样法

分组结果如图6-1所示。由于学校在对学生进行学号编排时，每个学生具有唯一学号，而学号的分布具有显著随机性，因此保证了按照学号大小进行学生排列时样本的随机性。之后通过系统抽样的方法，选择奇数与偶数，分别将设计人员进行分组，充分地保证了设计人员在挑选过程中的随机性，进而保证了两组设计人员在设计水平上的大致相似，为验证MCEM模型的可靠性奠定了基础。

两个小组的学生都被布置了相同的任务，即对所提供的场地进行自由选择，将自己选择的场地改造为具有社会介质属性的公共空间。两组学生的任务相同，但工作坊展开的方式却略有区别。

## 6.1.2 设计工作坊题目的选择与流程

（1）选题目的

本次工作坊由笔者提供两种类型的公共空间供学生自由选择，一种为室外传统公共空间，一种为室内新型公共空间。希望学生通过此次的基于社会介质属性的公共空间再定义设计，完成对于自选场地的公共空间的再设计。以此进行两个小组的对比研究，希望对两种不同设计方法进行排序与比较，研究MCEM工具模型是否能对公共空间设计起到作用。

（2）选题要求

①相同点

两组设计者的任务书的设计目标相同，两组设计者的任务书都要求设计者根据提供的场地进行自由选择，将自己选择的场地改造为具有社会介质属性的公共空间。

②不同点

两组设计者的任务书中，第一小组未介绍关于MCEM模型工具的理论，也未规定必须使用这种设计工具来进行快题设计；而第二小组则明确给出了MCEM模型工具进行快题设计。同时在任务书中，还对第二小组的设计者提出要求，必须绘制出MCEM模型的分析图以及设计对象的社会关系图。

（3）设计工作坊的过程

①第一小组设计人员在拿到任务书后立即进行快题设计。笔者未对第一小组设计人员进行任何关于MCEM模型的理论介绍。

②第二组设计人员的工作坊则分为两个部分展开。

第一部分是由笔者向被试者介绍本研究的前期成果，具体论述对于城市公共空间的本体属性的研究，即本模型的理论依托：城市公共空间具有社会介质的属性。由此引申出所具备的三点社会介质属性：载体性、渠道性和角色性。基于上述的本体概念设定，进一步向被试者介绍MCEM模型的要素构成，即物质要素、连接类型、参与方式和意义的可能性。并且介绍了该模型的运行机制，以及模型中所体现的意义可能性的双向互动机制。第二部分是要求被试者运用MCEM模型，对于所给场地进行公共空间的再设计。对于第二部分的内容，笔者明确下发了设计任务书，任务书中包含两个内容：一是运用MCEM工具要素设计出大厅改造项目的对应内容，二是运用MCEM工具进行设计之后，在设计表达中需建立新的江南大学设计学院一楼大厅的社会关系图。

第二小组工作坊内容的核心部分为设计者对于MCEM模型的使用以及设计出新的公共空间社会关系图。在设计任务书中，最重要的一点就是规定了使用MCEM模型进行公共空间的改造，其设计的最终表达成果是社会关系，体现新的熙街商业街中公共空间的社会关系。这张社会关系图成为学生们此次设计任务的最终目标。而不是像以往的快题设计一样，最终目标是为了呈现空间的效果表达，花大量的精力在平面图、立面图、剖面图、效果图的绘制上。社会关系的表达，也让学生进一步了解MCEM模型对于设计具有社会介质属性的公共空间的目的是什么？这个工具的最终的目标是要建构新型的社会关系，而不是局限于公共空间物理属性的建构。

（4）设计工作坊的时长

两组设计人员的工作坊时间长度相同，但考虑到第二组设计人员必须先用1小时时间来接受MCEM模型的理论讲解，因此第二小组设计人员的总时长比第一小组多出一小时，但两组设计人员绘制快题的时间相同，都为6小时。即，第一小组用时：上午8:30—11:30，下午1:30—3:30；第二小组用时：上午8:30—11:30，下午1:30—4:30 。

在两组设计人员作品完成后，对两组20份作品进行编号，用A、B、C、D、E……T，20个字母进行编号，其中前十个（A至J）为在MCEM模型指导下的作品（第二小组），后十个（K至T）为未在MCEM模型指导下的作品（第一小组），编号规律不告知后续评委。

### 6.1.3　作品主观评估结果汇总

邀请23位评分专家（专家由12位设计学院教师和11位设计学院学生构成）对20副作品进行排序，以个人对作品的综合感受评定作品的排序。获得排序之后，对20副作品的综合得分进行统计，排名第一得20分，第二得19分……最后得1分。将20副作品在23位专家评审的得分进行相加，所得平均分记为该作品的最终得分，按照最终得分进行作品优劣的排序。所得结果如下（表6-1）：

作品平均得分　表6-1

| 作品编号 | 得分 | 序号 | 得分 | 序号 | 得分 |
|---|---|---|---|---|---|
| A | 10.83 | H | 11.17 | O | 8.61 |
| B | 17.48 | I | 10.70 | P | 4.39 |
| C | 16.17 | J | 5.09 | Q | 3.22 |
| D | 3.57 | K | 12.35 | R | 10.70 |
| E | 10.65 | L | 10.48 | S | 8.91 |
| F | 17.00 | M | 11.48 | T | 10.13 |
| G | 11.78 | N | 15.39 | | |

按照作品得分从高到低的排序是：B> F > C > N > K > G > M > H > A > I > R > E > L > T > S > O > J > P > D > Q。作品B在整个评分过程中获得了最高得分，获得了绝大多数评委的认同。而作品Q，在绝大多数评委评定中处于较低的水准（图6-2）。

对各个组的得分进行分析，第二小组Group1（A至J）的平均得分为11.44分，第一小组Group2（K至T）的平均得分为9.57分。平均分相差近2分。在本书的评价体系

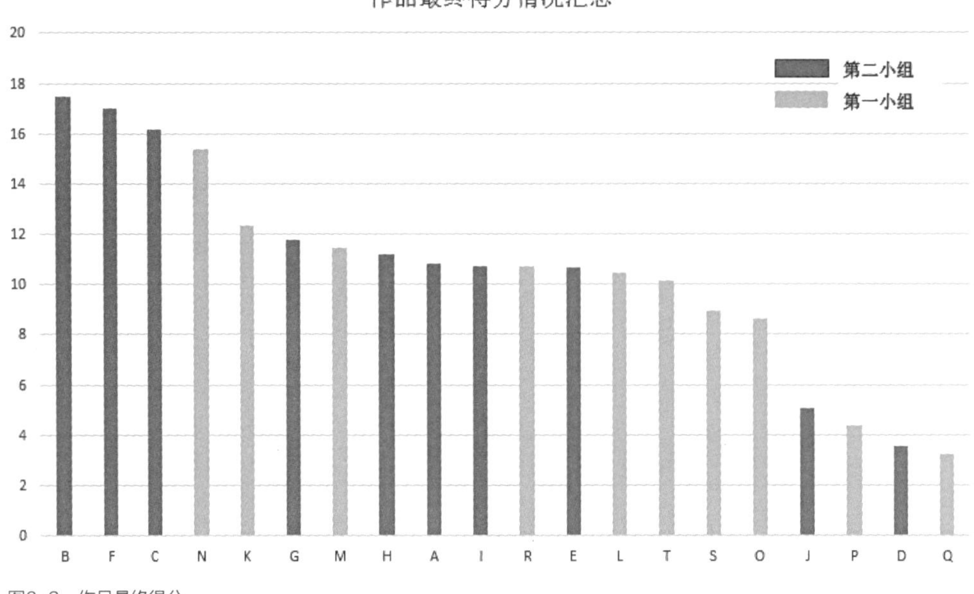


图6-2　作品最终得分

之内，平均分的数值反映了在所有作品中的排序，相差2分意味着第一组作品的平均位次要高于第二组作品2个位次。

### 6.1.4　结果分析

（1）在前10个作品A～J的平均分，以及后10个作品K～T的平均分中找出差距，体现其差异性。这一步的作用，使模型应用体现出优势。

（2）重点作品解析

针对评分后位于分数前三名和分数后三名的作品进行重点分析。从而比较出评委公认的好作品的内涵以及较差作品的问题。

1）排名前三名的作品解析

①作品B

排名第一的快题设计成果如图6-3所示，作品编号B。其设计方案以MCEM模型为基础，从熙街公共空间的现状出发，分析出物质基础如何通过连接类型和参与方式的组成关系来生成新的公共空间的意义。具体来说，他认为熙街现有的节点公共空间部

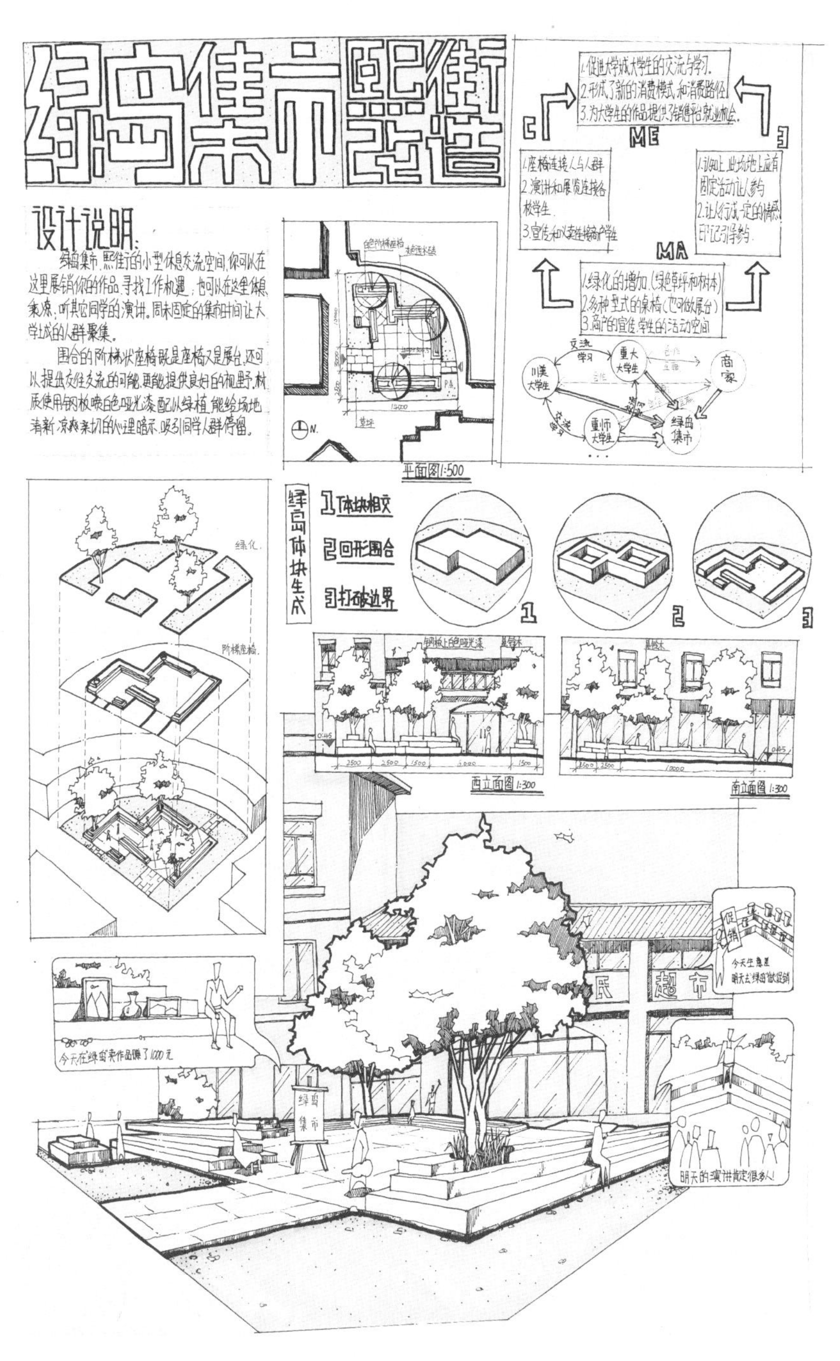


图6-3 作品B
（图片来源：作品B）

分应该进行：（1）绿化的增加，例如增添绿色草坪和树木；（2）多种形式的桌椅，既可为人们提供户外休憩，又可作为学生作品的展台；（3）增加熙街中商户的宣传和学生们的活动空间。通过这些物质空间的改善与设计，例如，座椅的设计可以将人与人群相联系，演讲和展览的活动可以促进各学校学生之间的交流，宣传和义卖活动又可将商户与学生联系在一起。同时，通过物质要素的设计，提升人们的认知参与，此场地上应有的固定活动如何更好地吸引人们的参与。通过不同物质要素的设计，让人们形成一定的情感印记，更好地引导人们的情感参与与行为参与。有了这些物质要素、连接类型和参与方式的共同作用，最终将这处毗邻重庆大学城的商业街改造成一个促进大学城大学生的交流与学习的场所，形成新的消费模式和消费路径，并为大学生的设计作品、艺术作品提供一个销售与展示的平台，促进更多的就业机会。

该作品通过MCEM模型的第一种模型样式，即从物质基础开始，通过连接类型、参与方式的作用，最终创造出一个具有新的意义的公共空间来。作品思路清晰，解决的路径与方法借由MCEM模型工具进行了逻辑推理与演绎。目标明确的基础之上，很好地根据该场地存在的实际问题，找到了行之有效的解决方案。作品最终设计的社会关系图中清晰地建构了不同人群之间的社会关系。四川美院的大学生如何与重庆大学以及重庆师范大学的学生进行交流与学习，这三所大学的学生们又如何与熙街的商家建立联系，这个公共空间取名为绿岛集市，即希望在这些相关人群之间建立一个载体与渠道的作用，为他们提供一个交流、互赢的新的社会关系。

该同学的快题作品，在充分运用MCEM模型的基础之上，有序地将丰富而又复杂的社会关系融入熙街商业街公共空间的改造中去。合理利用了目前公共空间当中的物质基础要素，将学生与商家，四川美术学生与外院学生，充分连接在了一起，通过学术交流、商业资源对接、共创创作环境与平台，构建了充满交流性的公共空间，既能体现熙街所处的重庆市大学城的地域特色，又为所有的利益相关者搭建了交流的平台、渠道和角色。

②作品F

排名第二的快题设计成果如图6-4所示，作品编号F。这位设计者的设计思路较为独特。他首先是从熙街星巴克门前广场空间现存的缺失意义入手，思考并确定了该广场空间需要设计改造的意义是什么。该设计者从分析图中发现其选择的这片场地缺少休憩空间、公共事项公告、喝咖啡的休闲空间，缺少交谈聚会、看管巡逻、闲逛购物、拍照游览的人，路况只适合骑车等运动需求，于是他将该空间的改造意义定位在

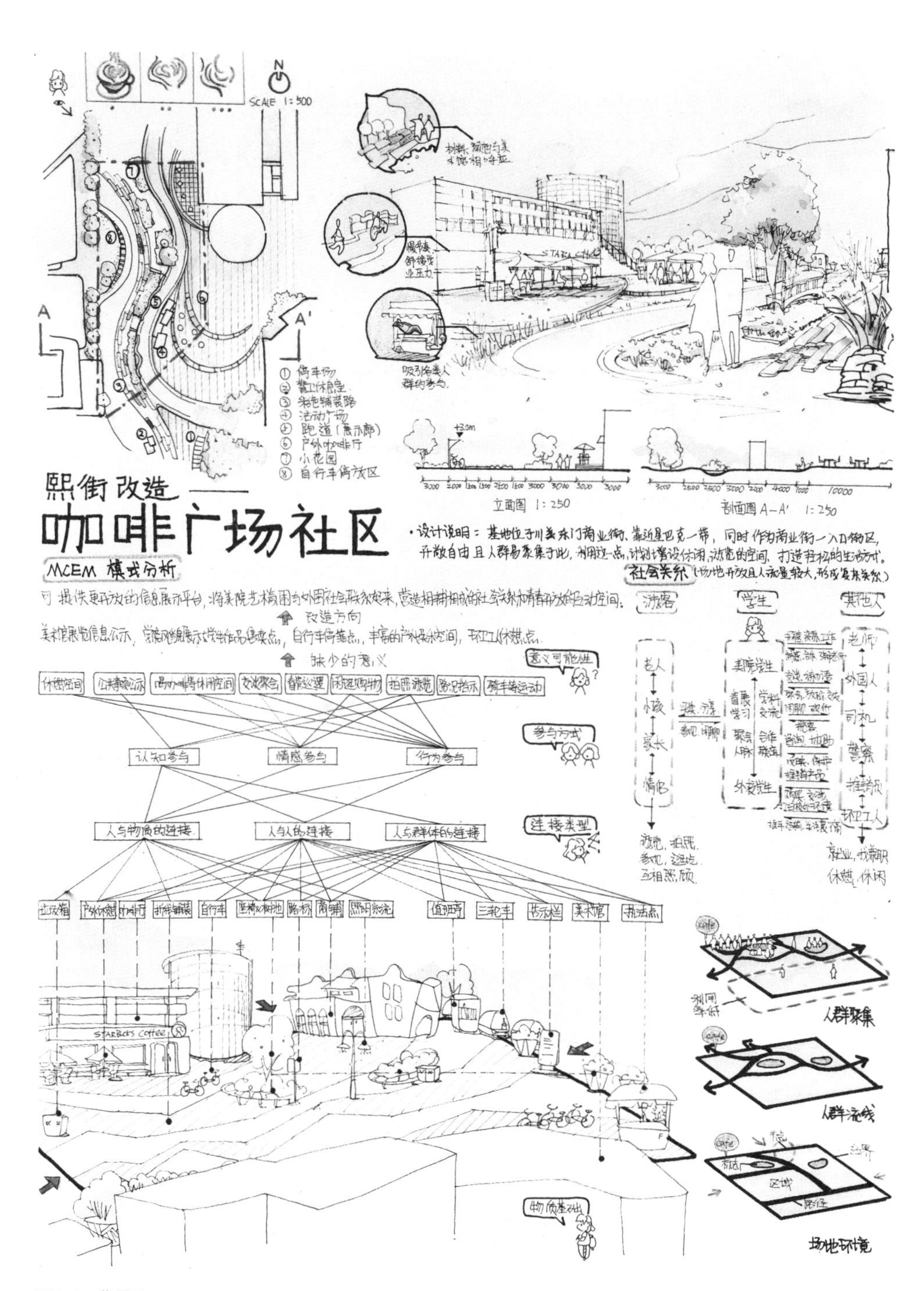


图6-4　作品F

（图片来源：作品F）

可提供开放的信息展示平台，将四川美术学院的艺术氛围与外围社会联系起来，营造一个相辅相成的青春开放的互动空间。面对这个改造的意义目标，设计者将连接类型和参与方式进行了具体的要素分类。在物质空间中找到彼此之间可以发生互动关系的联系方式。最终为该场所的设计确定了物质基础的设计内容，即需要设计垃圾箱、户外休憩空间、咖啡厅、地面铺装、自行车车道、座椅和树池、照明系统、商铺外立面、值班亭、三轮车停靠点、告示栏与美术馆视线的联系、管理者的执法点等等具体的设计内容。在MCEM模型工具的统领之下，这些看似点状的物质基础要素有条不紊地与连接类型和参与方式建立联系，为最初设定的意义可能性服务。通过设计者设计的社会关系图表，不难看出，在这块公共空间中，设计者希望将游客、学生和其他人群建立起即时交流的新型社会关系。在这个面向四川美术学院主入口的广场空间位置上，设计者在其试图运用的星巴克咖啡的形式设计语言表达的背后，其实蕴含着更多更具体的设计目标。如何将现有的场地条件、场地问题、场地使用者们联系在一起，MCEM模型工具的运用为设计者提供了一种有利的设计方法。

③作品C

排名第三的快题设计成果如图6-5所示，作品编号C。其设计的熙街商业街中心区的公共空间是通过MCEM模型解析将物质基础部分分为了舞台空间、集市空间和休息空间这三个部分。设计者巧妙地利用场地当中原有也是仅有的一棵大树，在广场空间上设计了一个构筑物，该构筑物的上部空间作为趣味的休闲区，下部空间可以作为临时性的舞台、集市交易区，同时也可兼顾休息纳凉的需求。在这个空间构筑物下，可以将学生、老师、居民、游客充分联系在一起，通过集会、娱乐、社团活动、舞台表演、广告宣传等认知行为和情感行为的参与，创造出一个为各种类型的人们共叙的户外公共空间。

该作品的突出特点在于，设计者灵活整体性地运用了MCEM模型工具，合理推导出了该公共空间的物质基础要素，并且将这些物质基础要素巧妙地引入了连接类型与参与方式的不同组合类型与需求之中。同时，设计作品的展现能很好地结合原有场地的物质基础的条件，合理设计与规划，在保留原有场地中的重要乔木基础之上，将原本缺失的集市空间、舞台空间和休息空间进行了三合一的创造与设计。在看似一个空间架构的样式之下，分解出了不同的参与方式与活动内容来。

但该作品对于场地空间意义可能性的挖掘稍显简单和空泛。如果设计者能继续深入探究该公共空间意义的可能性，则会将该设计提升到一个更具有社会意义的高度与

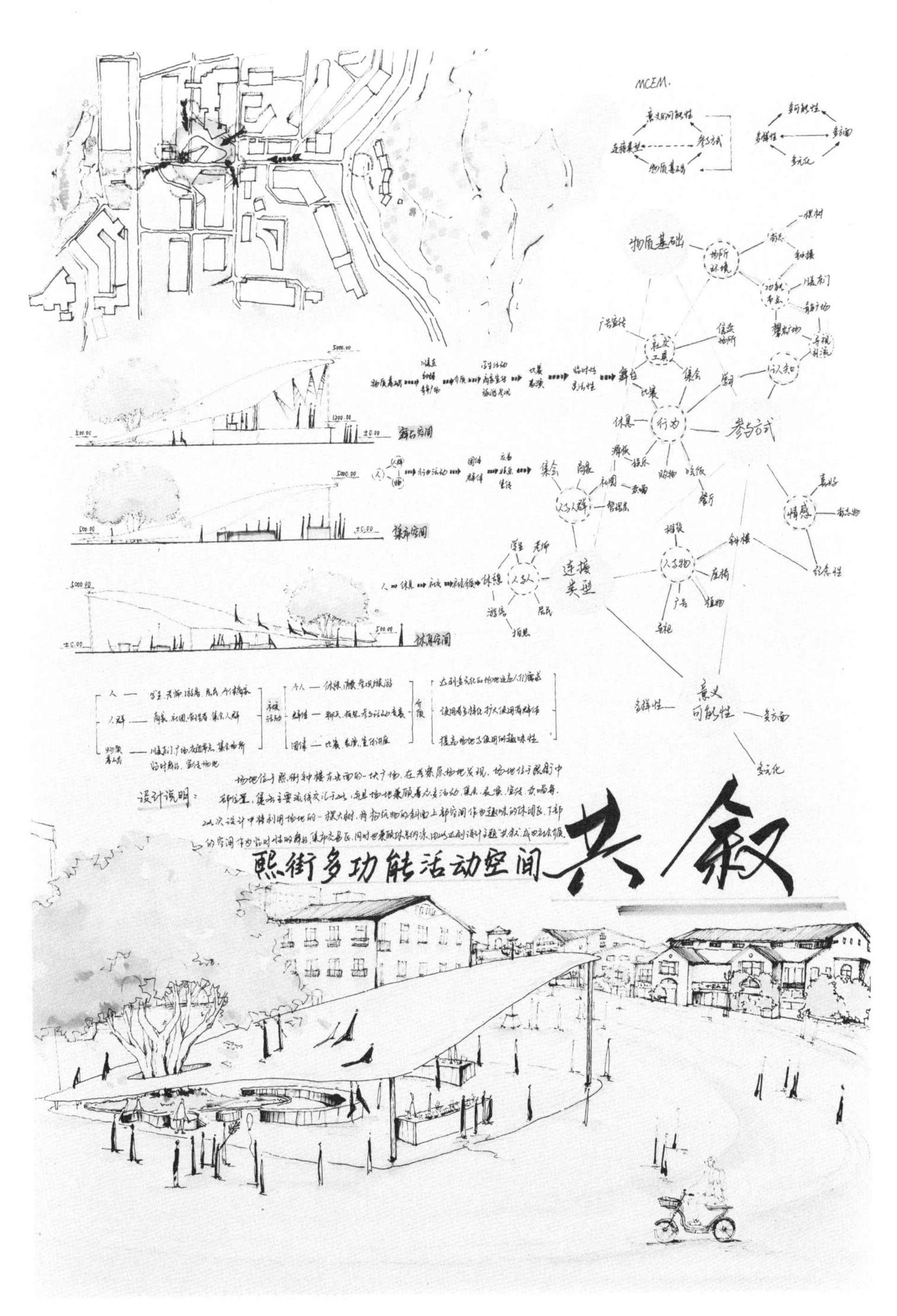


图6-5 作品C
（图片来源：作品C）

角度上。

2）排名后三名的作品解析

①作品Q

排名最后一位的快题设计成果如图6-6所示，作品编号Q。该快题设计的问题在于整个设计没有一个明确的设计目标，缺乏关于公共空间的介质属性设计的思考过程，对于公共空间公共性的思考无法从图纸上寻找到。尽管该作品图纸的设计手绘能力娴熟，图面表达精美，但在其精美外表下难以寻找到对于公共空间所具有的社会介质属性的具体解读。整个设计采用水体为中心区，围绕水体区四周排布植物、道路以及座椅。尽管设计者也画了三张场地分析图，但从这三张分析图中，只能看出流于形式化与程式化的几何学场地解析，无法看出人们如何在此空间中进行公共性活动，进行哪些公共性活动，以及对应的在哪里进行公共性活动。评阅人普遍认为该作品是最没有公共空间主题性的设计，流于技法的表现，缺乏深层次对于公共空间如何扮演社会价

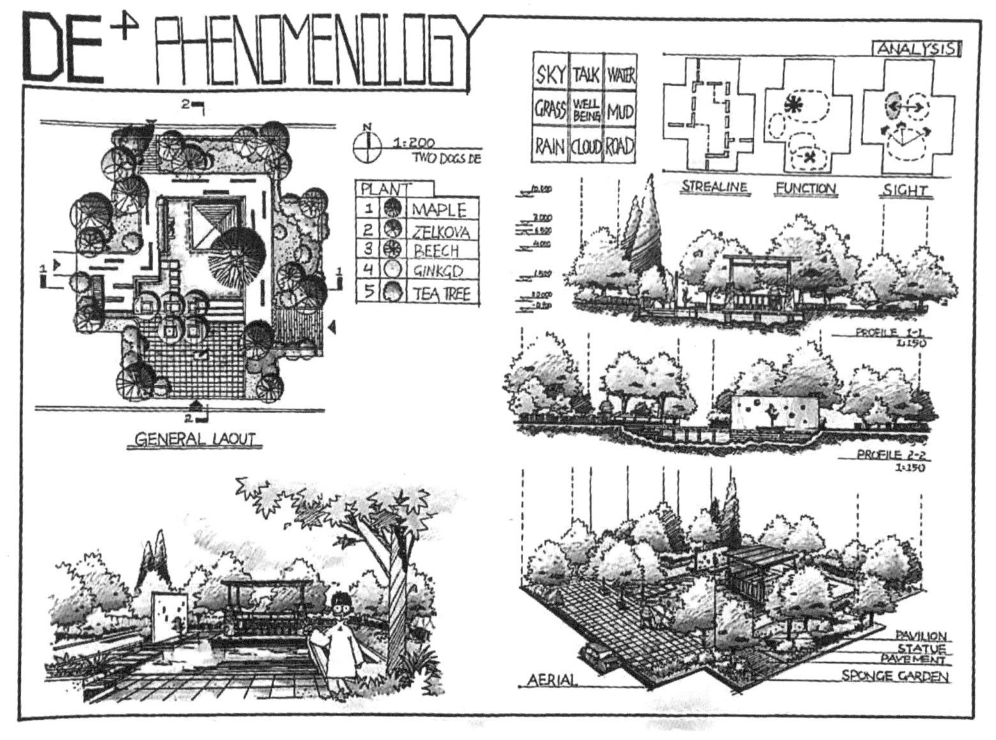


图6-6　作品Q

（图片来源：作品Q）

值的属性的具体解读。因此评阅人从该快题的逻辑性、可事实性、介质属性特征三方面评判，最终该作品平均分最低。

②作品D

排名倒数第二位的快题设计成果如图6-7所示，作品编号D。该作品从过程上来看似乎运用了MCEM模型工具进行设计的概念推导过程，但仔细观察会发现，该设计作品流于模型工具的空洞使用。从设计的具体内容来看，作者并没有具体分析MCEM模型工具中每个要素对应于该公共空间改造项目的具体内容。只是简单地将场地要素

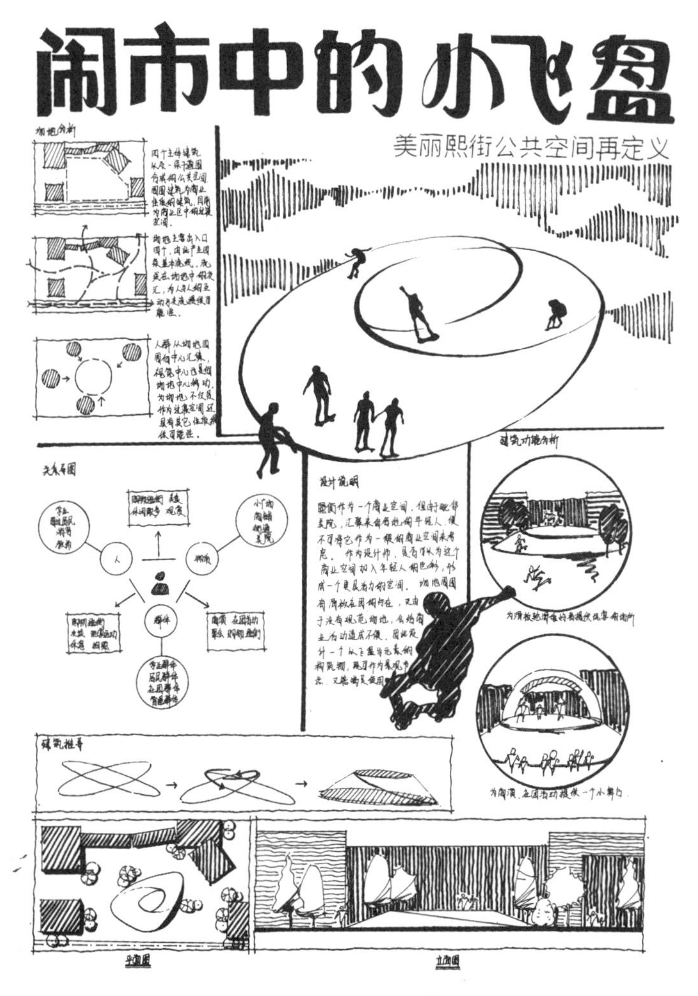


图6-7 作品D
（图片来源：作品D）

进行传统性分析。这种传统性的场地分析对应于没有经过分析与推理得到的几处物质要素的改造与设计。这也就导致该作品的社会关系图无法体现出新的贡献点。简单的三角形关系图，不进行改造，该空间也存在这一关系。评阅人很难从作品的设计中发现新的贡献，并且也无法看出作者是如何使用MCEM模型工具后对于该设计的最终成果的贡献度。同时，设计方案本身也缺乏与周边环境、适用对象和参与行为的关系与解读。这给评阅人带来了评分的难度，因为在空洞的效果图背后并没有体现出设计的创新点及设计工具的辅助作用。从具体的设计内容上来说，也缺乏具体的、成体系的设计结果的展示。总之，该作品之所以平均分较低，与其并未很好的使用MCEM工具进行场地设计的解读有关。当模型工具被虚假的使用时，可以看出设计的方法、过程与结果都不能很好地呈现一个具有说服力的公共空间设计。因此，对于MCEM模型工具的真正理解就显得格外重要。如果只是表象性的使用，而不能做到真实性的理解，那么这个工具就不能发挥出它原有对于设计实践的价值。

③作品P

排名倒数第三位的快题设计成果如图6-8所示，作品编号P。该作品的问题在于设计者的设计说明中表示该设计作品旨在为学校的同学和老师创造一个具有一定私密属性的交流、放松、社交空间。但从设计结果的平面图中并不能体现出私密属性的交流空间来，座椅与桌椅的摆放全都设置于开场的空间之中，并未体现出私密性空间的交往可能性。另外，私密属性的交流空间该由什么形式的物质空间来支撑？私密属性的空间能否承担社交空间的功能？并且私密属性与公共空间中的社会介质属性本身就存在矛盾点。因此评阅人普遍认为该作品的设计结果未能体现出公共空间的社会介质的属性特征。并且作者对于什么类型的物理空间能够支撑什么类型的参与活动还未能做到正确的解读与设计。尽管该设计者对于作品的设计表达较为完整，但设计结果的呈现与其想要达到的具有私密属性的社交空间、交流空间存在一定的距离。另外在设计中该设计者运用的水体要素。水体本身是一个能吸引人们发生活动的要素，但设计者只是设计了水体的造型，并未将这个极佳的介质利用好，来引发人们的交流与行为。水的不同物态可以与时间、空间发生关系，从而将人们的注意力聚焦于此。设计者在水体的设计上也仍显简单与拘谨。总体来说，该作品存在对于公共空间介质属性定义的误读，私密属性的空间如何体现介质属性，这是一个较难解决的矛盾点。作者对于场地选择以及设计方向的设定存在较大的问题。因此评阅者对该作品的评价普遍不高。

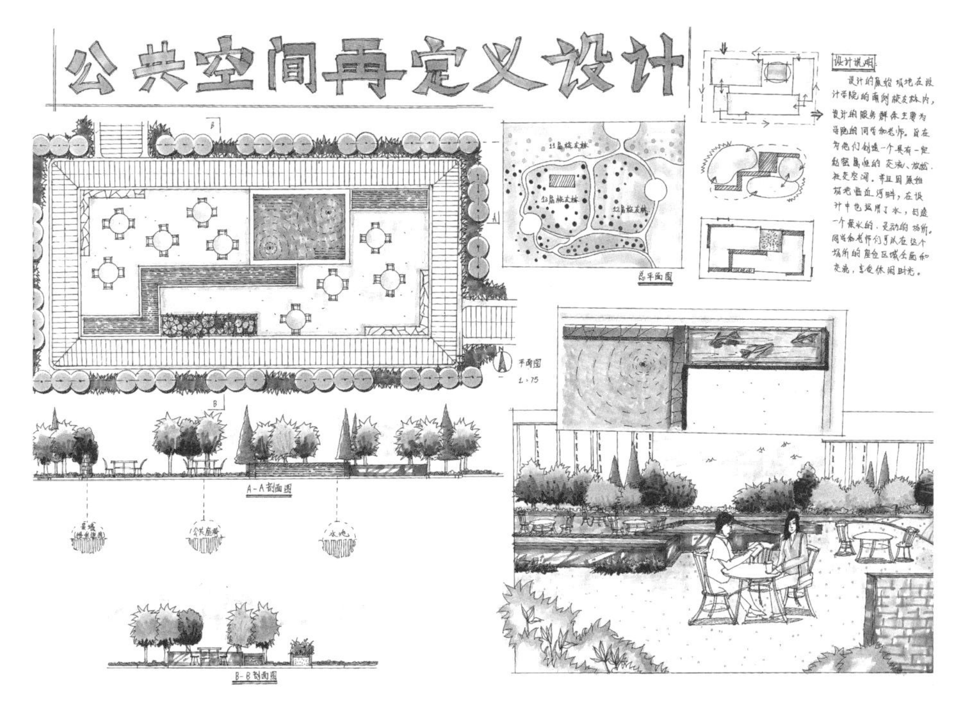


图6-8　作品P
（图片来源：作品P）

（3）作品A～J中不好的，以及作品K～T中比较好的作品分析。

由于前文已经交代了第一小组和第二小组评分的总体分数情况。A～J作品的平均分普遍高于K～T作品的平均分。接下来就通过对A～J中不好的作品以及K～T中比较好的作品进行分析，发现两组作品中的一些特例因素。

如图6-9所示，为作品A～J中得分倒数第二的作品，作品J。该作品从呈现的结果上来看首先缺乏具体设计结果的表达。虽然该作者使用了MCEM模型工具进行设计概念的分析。但完全停留于MCEM模型工具的文字概念解读是不够的。作为设计专业的设计者，我们应该具备模型工具到形象图形的转化。另外，该作品还存在一个问题，没有对该公共空间的社会关系进行设计与解读。尽管设计者列举了该公共空间中的利益相关者有哪些，但利益相关者们通过空间的改造能够建立的彼此之间的关系未能从最终的作品表达中看到。只有MCEM模型工具的运用与分析是远远不够的，公共空间的设计还需要在MCEM模型工具支持的基础之上向着公共空间的新的社会关系发起进攻。同时，设计者也需要将自身的设计基础打扎实，对于如何从逻辑推导到概念生成

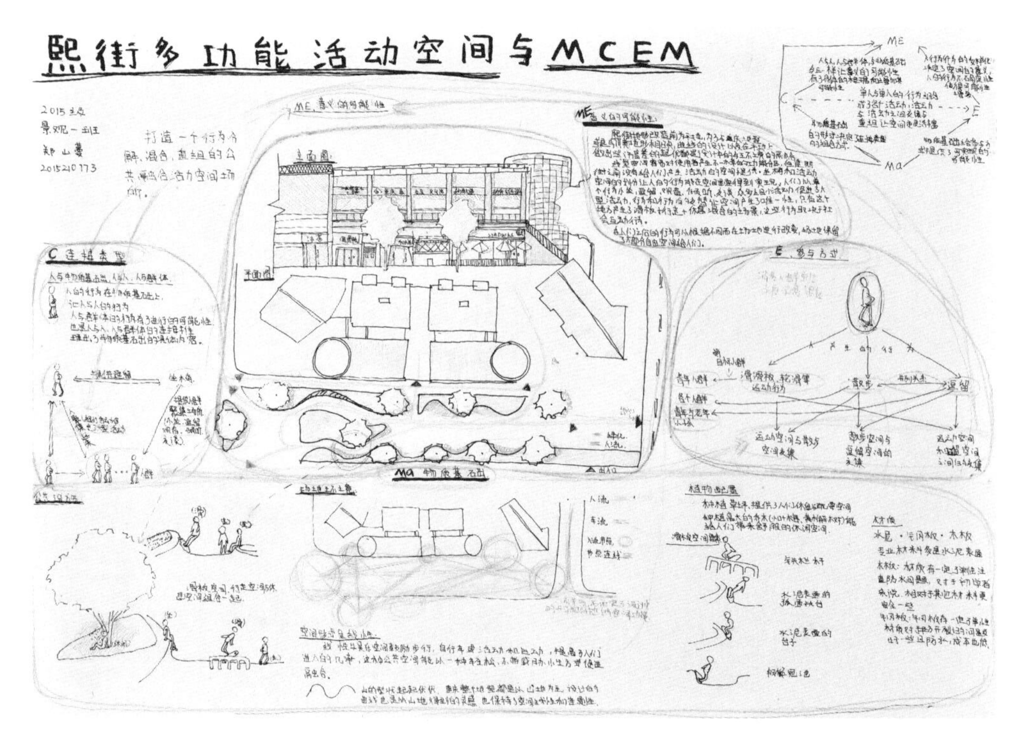


图6-9　作品J
（图片来源：作品J）

之后的图形化表达也需要设计者花工夫去学习。只有同时拥有了模型工具的分析与图形化转化的能力，才能将公共空间真正设计好。

接下来我们来解读一下在第一小组的K～T作品中排名靠前的作品N，如图6-10所示，该设计者虽然没有使用MCEM模型工具，但其设计思路较为清晰。他设计了一个设计思路分析图，从使用者入手，建立起使用者与公共空间之间的关系图，很好地建构出了将要设计的公共空间所要承载的功能与属性特征。例如，他分析了学生的需求主要是共享交流和休息以及与老师之间的户外课堂活动，于是针对学生的需求设计了可以缓解压力、提供思考的私密独处空间、散步空间、读书空间、音乐区以及观赏植物的功能区。同时又考虑了教室需要休闲，为教室提供了曲折的散步游戏区。并且还将学生与老师共同的交流需求融入对设计学院的宣传展示中来，通过学生作品的户外课堂展示，让这个户外公共区域成为设计学院具有展示功能的空间，同时也提供学生与老师们的共享交流空间。该作品很好地解决了学生、教室、设计学院三者之间的关系，共同建构出具有介质属性的复合功能空间。良好的概念推导配上清晰的图面表

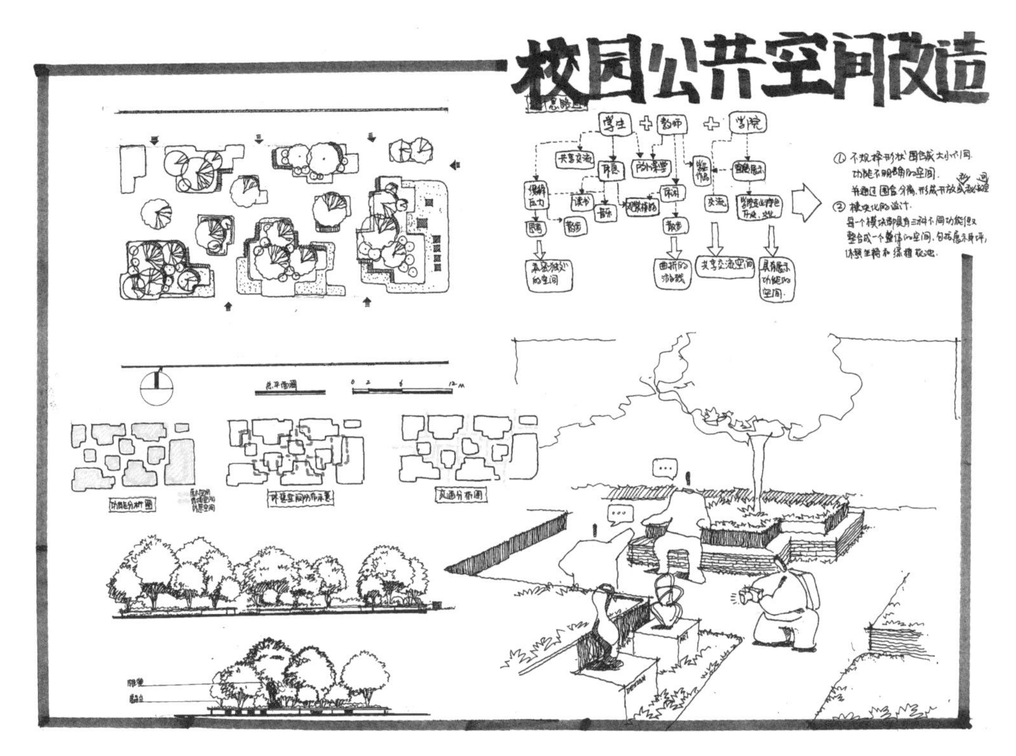


图6-10　作品N
（图片来源：作品N）

达，作品N虽然设计的空间面积并不大，却很好地设计出了这个小小空间中独特的连接、交流、传达的设计主题来。

因此，从这两份作品中，我们也可以判断出设计师自身设计思考的逻辑性水平以及具有扎实的专业基础是一个优秀的设计作品所必须具备的基本条件。MCEM模型工具并非是一个优秀公共空间设计的必备工具。但它可以是公共空间设计的一个优秀工具，为设计师提供一个更多的选择机会。

## 6.2　MCEM模型应用情况分析

根据工作坊的工作结果，通过两次不同对象不同方法的工作坊运行，最终发现使用MCEM模型工具的设计作品普遍得分要高于未使用MCEM模型工具的设计作品。下面本书根据这10份使用了MCEM模型工具的公共空间再定义快题作品进行归纳分析。

### 6.2.1 使用MCEM模型工具小组的快题作品解析

在工作坊的整个运行过程中，本课题作者首先用了一个小时时间向设计人员介绍MCEM模型工具的理论依托、要素特点以及各要素之间的运行机制。然后让设计人员在布置的快题设计对象中运用这个工具进行分析与设计。通过快题作品结果来看，设计人员在使用MCEM工具过程中普遍出现了以下三种使用方法。

第一种，是将MCEM工具的第一种运行机制，即从物质基础开始考虑连接类型或参与行为之间的关系，最终得出公共空间意义可能性。这一类运用方法是从物质基础开始思考，接着寻找连接类型，在连接类型中考虑所有可能的连接关系，然后将物质基础与连接类型综合起来对应于参与方式进行设计与思考，最后通过前面三个要素的递进关系，自然得出公共空间的意义可能性。如图6-11所示，这第一种使用方式适合设计者从物质基础的角度出发，首先将物质要素进行具体分类，然后再一一对应后面的连接类型和参与方式，从每一组具体的运行方式中得到最后的意义可能性。这种从物质基础向意义可能性递进的方式适合用来分析最终的方案设计，思路是由浅入深。即先寻找到设计对象，对应哪些具体的物质基础要素以及这些要素能够联系到的连接类型，然后针对设计对象进行公共空间的具体参与方式，最后通过这些参与方式的发生，得到公共空间能够获得的符号意义。

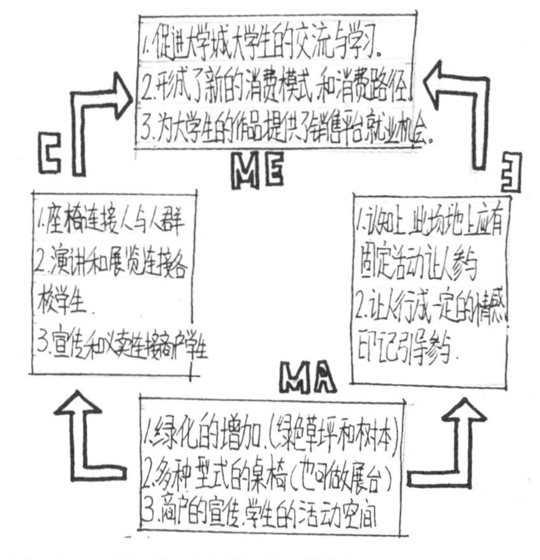


图6-11 MCEM第一种运行机制：递进式
（图片来源：作品B）

第二种，是将MCEM工具的第二种运行机制，即意义对物质基础及连接类型和参与方式的反作用方式运用于设计对象的过程之中。这第二种运行机制是指公共空间的意

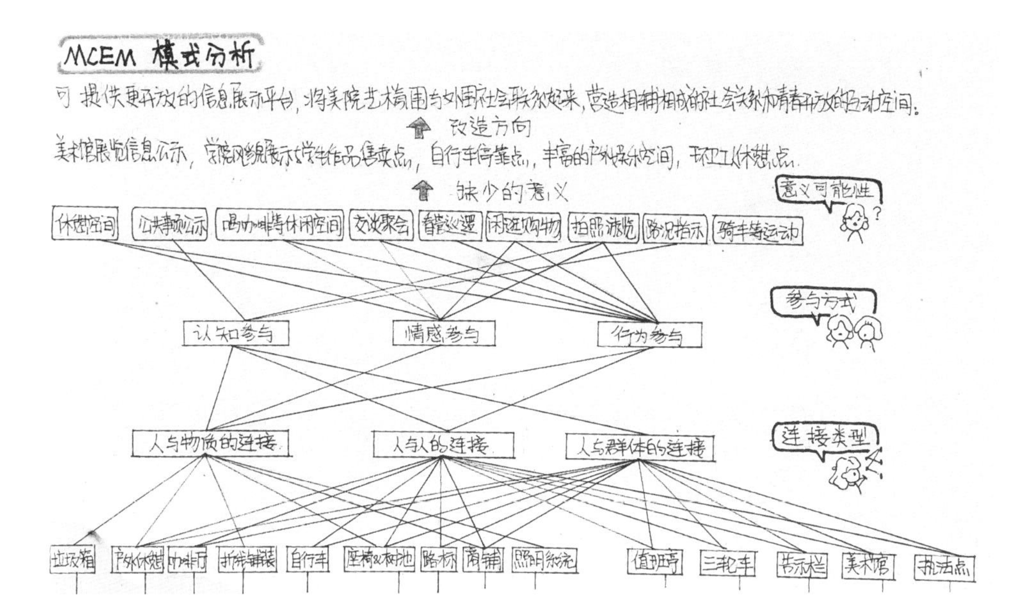


图6-12　MCEM第二种运行机制：反作用式

（图片来源：作品F）

义可能性会发生改变，随着意义的改变，意义会反作用于物质基础从而影响连接类型的变化以及参与方式的形式。如图6-13所示，这位设计者对设计学院一楼门厅的改造是从意义可能性的设计上着手的，他先确定了一楼门厅希望通过设计获得促进人际沟通的意义；促进学科交叉的意义和增强学院影响力的意义。然后根据这三个新的意义再去考虑物质基础要素的对应内容，例如增加了黑盒子空间：演艺中心、创客中心、吧台、文创商店、信息公示栏、接待台和导视系统的设计。而连接类型也随之发生了不少变化，例如学生、老师和校友之间可以通过物质基础而增加交流的可能性。以及各个连接类型之间可以通过怎样的设计改造加强彼此之间的联系，该设计者都做了详尽的设计与构思。通过意义反作用的模型推导，我们可以发现这类设计过程是一个由高入低的过程。先设定公共空间改造的意义方向，然后前三个要素的设计完全围绕这一个意义要素展开，彼此之间相互联系、相互影响，验证了公共空间的意义的可能性具有反向影响机制。MCEM模型工具既可以从物质基础着手进行一步步的要素推导过程，又可以从最后的意义可能性上入手，意义可能性的变化又会反作用于物质基础、连接类型和参与方式。两种运行机制都能被学生吸收和掌握，并被分别运用在具体的设计案例中。

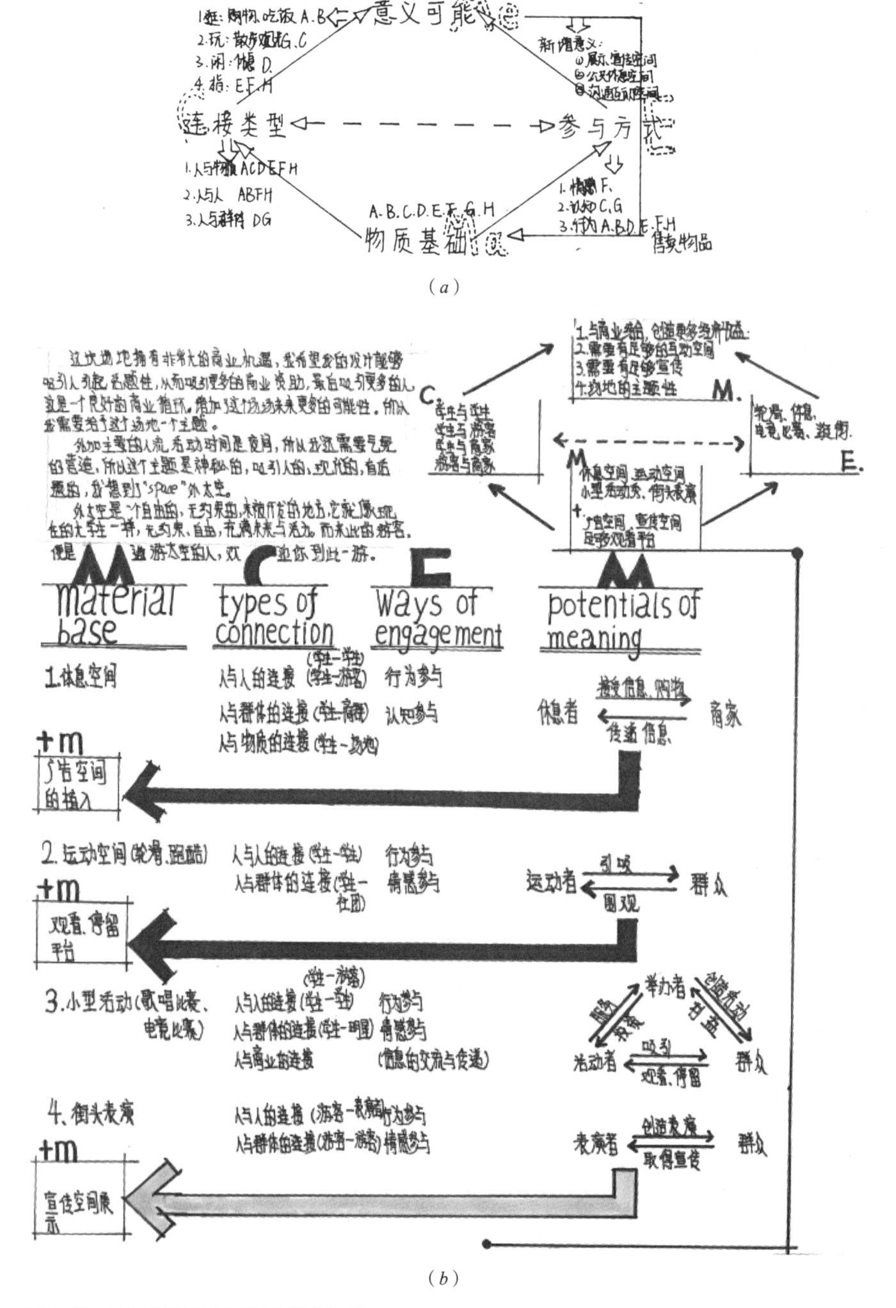


(*a*)

(*b*)

图6-13　MCEM模型双向运行机制的运用

（图片来源：作品H、I）

第三种，是指在设计过程中既运用了MCEM模型的第一种运行机制，又运用了MCEM模型的第二种运行机制。即从物质基础到意义的可能性运行机制可以被用来分析公共空间现有的现状问题，当分析完现状之后，就从意义的可能性上着手，以改变意义的可能性为设计的入手点，随后根据意义可能性的变化而对应于物质基础、连接类型和参与方式的变化。如图6-13所示，这两位设计者的设计思路完全是将MCEM模型的双向运行机制完整的运用了。他先从MCEM模型运行机制入手，分析出现有的公共空间存在的意义可能性是哪些，然后再从MCEM模型运行机制入手，反向思考新增的意义可能性有哪些，这些新增的意义又是如何对应于物质基础的，于是展示宣传空间、公共休息空间、沟通互动空间就应运而生。由此得出连接类型和参与方式也就需要与原有及新增的物质基础相协调。

这种较为完整的运用MCEM模型进行现状分析，进而确定设计方案的方法，在工作坊的过程当中并不多见，仅有两位设计者使用。但恰恰是这两位设计者，对MCEM模型的理解做到了透彻与灵活。他们将这个工具方法在实际设计中灵活运用，不拘泥于任何一种运行机制的束缚，突破了只有一种使用方法的限制。

## 6.2.2 社会关系的设计

在设计工作坊的过程中，对使用MCEM模型工具小组的设计者来说，设计任务书上明确要求了关于社会关系的设计。社会关系在这里作为使用MCEM模型工具设计人员的设计目标被要求了出来。实际上是希望使用MCEM工具模型的设计者能够站在更高的角度上来看待城市公共空间的本质。以往，快题作品多数是以图形的方式加以呈现，而这次在与不使用MCEM小组设计者相同的时间段内要求本组设计者使用MCEM工具模型的目标是要设计出新的社会关系。

通过社会关系的设计，设计者们对公共空间的设计目标得以明确，新的公共空间意义的确立并不是公共空间设计的终点。这个新的意义可能性是为了更好地建构起公共空间中的社会关系，为公共空间中的利益相关方，例如空间所有者、使用者和管理者之间建立起健康的社会关系。如图6-14所示，设计者在自己的快题作品中精心设计了熙街公共空间能够通过设计改造而建构起的社会关系。设计者以四川美院的学生作为出发点，建立起与熙街商业空间的管理者、经营者、游客以及其余学校学生之间的关系。新的社会关系的建立是通过具体的设计而获得的，新关系的构建也都对应在了

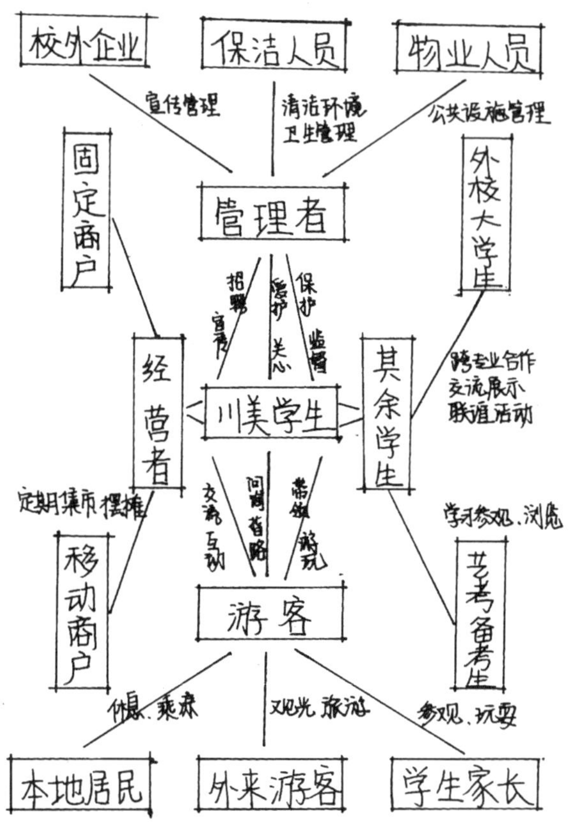


图6-14　社会关系图1
（图片来源：作品H）

公共空间中人际交流、商业资源对接、创作环境与展示平台的建构中。公共空间如何提升环境质量，如何建立信息流和如何营造文化氛围，可以通过社会关系的探索而获得新的途径与方法。

同时社会关系的设计还可以由设计者根据实际情况中已有的社会关系来进行修改与革新。在理性分析现有的社会关系基础之上，设计者依然可以提出未来新的社会关系的可能性，例如图6-15所示，列出了哪些是目前的强项联系关系，哪些是弱项联系关系，哪些关系需要加强。

社会关系图的设计将公共空间的关注对象从过去的物质空间转移到了人与人之间的社会关系上。也为MCEM工具模型的运用画上了一个完整的句号。

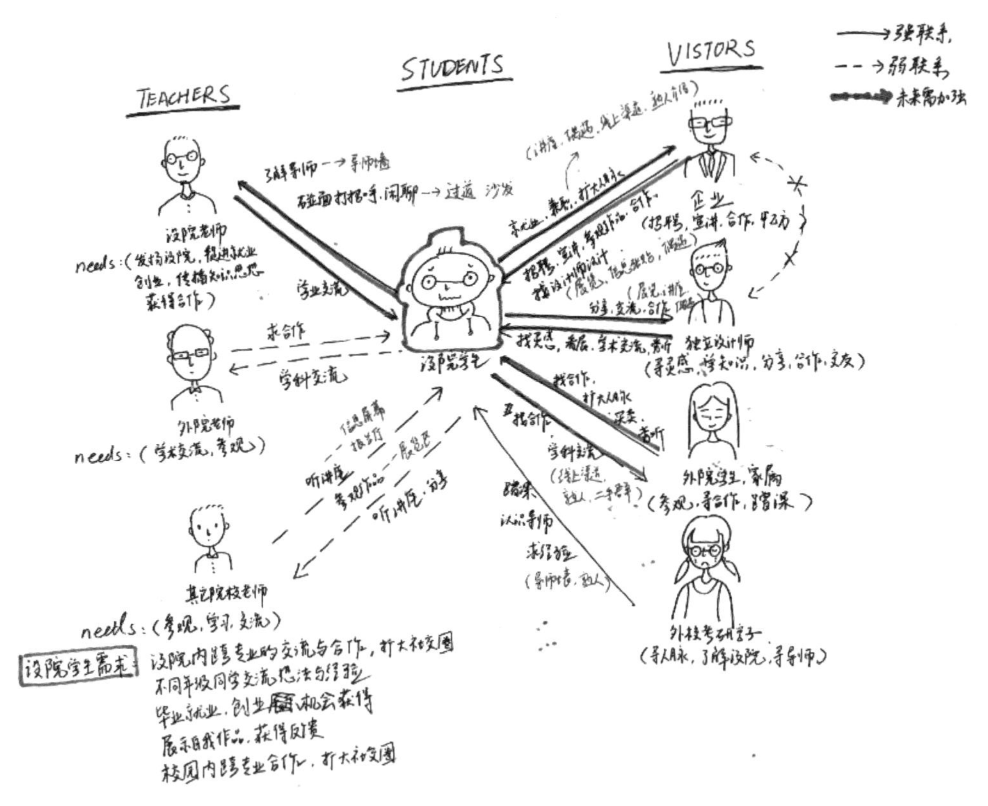


图6-15　社会关系图2

（图片来源：作者自绘）

## 6.3　小结

本章通过对MCEM模型工具实践运用于工作坊设计的结果，比较了使用该工具进行公共空间设计的小组作品与未使用该工具进行公共空间设计的小组作品之间的差异性。发现使用该工具进行公共空间设计的小组作品平均得分高于未使用该工具的小组作品平均分。并且进一步解读排名前三的作品和排名后三的作品，以及使用该工具小组中得分偏低的作品和未使用该工具小组中得分偏高的作品。通过这些具有代表性作品的解读，发现MCEM模型工具可以帮助公共空间的设计更有逻辑性与合理性，但并非是公共空间设计的惟一方法。公共空间设计的好坏还建立在设计者自身的设计能力的基础水平上。如果设计者自身水平有限，便无法良好地掌握该模型工具的运用方法。然而，MCEM模型工具对于公共空间作为社会介质属性上的设计定义与分析具有独特性和创新性。

同时也提出了该模型工具的运用目标是帮助人们重新构建具有社会介质属性的公共空间中的社会关系，而并非是传统的公共空间中的物理空间。公共空间设计的终极目标已经跨越物质要素而上升到了社会关系的层级。一个拥有多元化、积极互动的社会关系的公共空间才能是吸引所有人到达和参与的公共空间，并且为全社会的和谐做出贡献。无论是研究者还是设计者，都应该将公共空间的设计上升到社会关系的设计上，所有的物质基础、连接类型、参与方式和意义可能性都是为了创建一个良好的、和谐的社会关系的公共空间。

# 第七章

# MCEM模型应用实例分析

在本人的研究过程中一直尝试将研究成果与教学工作密切结合。于是当我的公共空间MCEM模型工具及作为介质的公共空间概念生成之后，便一直在尝试运用于日常的教学工作中。试图跳脱过去教学中程式化的公共空间设计步骤与方法，为学生们带来一种新的解读公共空间的视角，并教会他们一套新的设计工具，继而重新对城市公共空间进行设计与创新。以下案例均为我在教学过程中的学生课程作业和毕业设计作品。以此抛砖引玉，希望能为读者们带来更为直观的MCEM模型应用的具体实施及产出。

## 7.1 采摘记忆——无锡市朝阳农贸市场改造

该毕业设计作品的场地对象是以无锡市朝阳农贸市场为中心的槐古支路街道。此地段拥有强大的用户基础，在无锡人心中地位重要，是无锡人民的“菜篮子”。场地的使用十分活跃，由于地块位于传统与现代交接的地段，北临居民区分布，东临各大传统批发市场，南临南禅寺旅游风景区，同时又有地铁站、公交站的直接到达，使得朝阳农贸市场地块的使用人群非常密集。

通过MCEM模型工具分析，首先从场地物质基础层面而言，存在入口太窄、交通流线混乱、绿化缺少、菜市场气味重、视觉导向混乱、店铺混乱、有违章建筑和大量的废弃灰空间等等一系列问题。其次从连接对象和参与方式而言，连接对象大致分为买菜人群、卖菜店家、相关工作人员、路人，彼此关系主要为买菜和卖菜者之间。就参与方式而言，人们在农贸市场除了买菜之外，还会在街道上发生行走及交谈的具体参与方式。最后从意义上来说，场地的现有状况无法满足使用者的不同需求，整个买菜的体验感低下，同时要求整合改进的人民的呼吁声很大，但人们对此区域又有着很深的习惯和对其气氛的眷恋。

针对以上问题，设计方案选择如图7-1所示，总体对废弃墙体、废弃房屋进行拆除，重新利用废弃空间。确立新建建筑的基本形态以及调整摊位和周边区域的功能分区，主基地分为几个大块：街道区域、南部废弃空地区、北部拆迁区以及农贸市场区域（图7-2 ~ 图7-4）。根据具体的问题对几个大块进行细化。把通车的主要街道变成了专属的步行街，街道出入口及宽度进行调整，在周围设立了足够的机动车非机动车

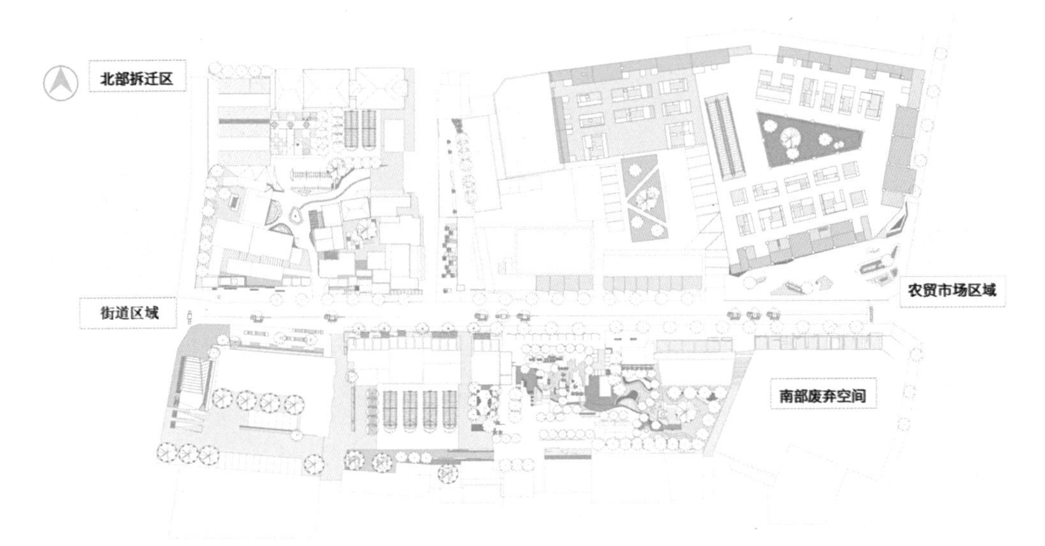


图7-1　无锡市朝阳农贸市场改造平面图
（图片来源：蔡思佳、张逸成）

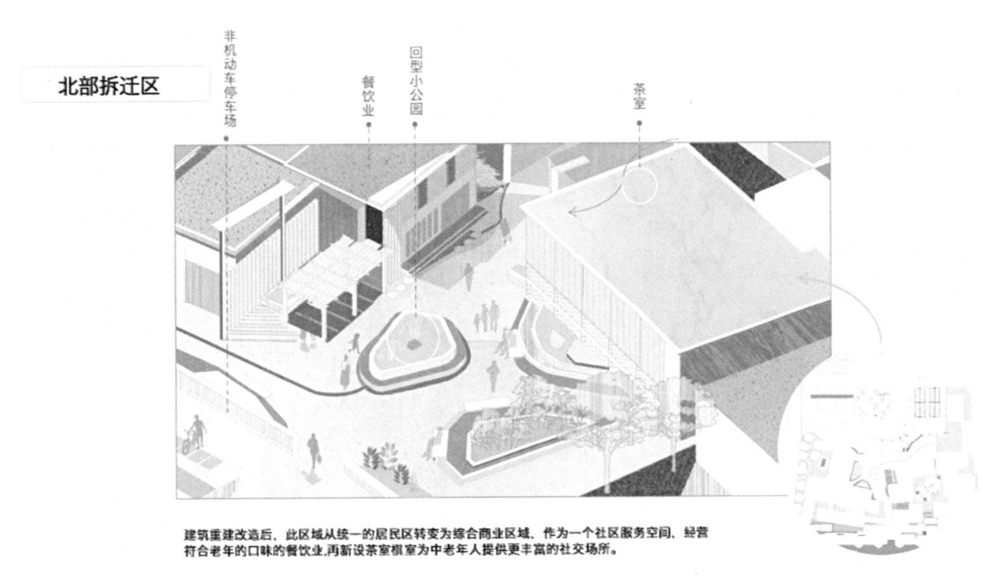


图7-2　北部拆迁区设计效果图
（图片来源：蔡思佳、张逸成）

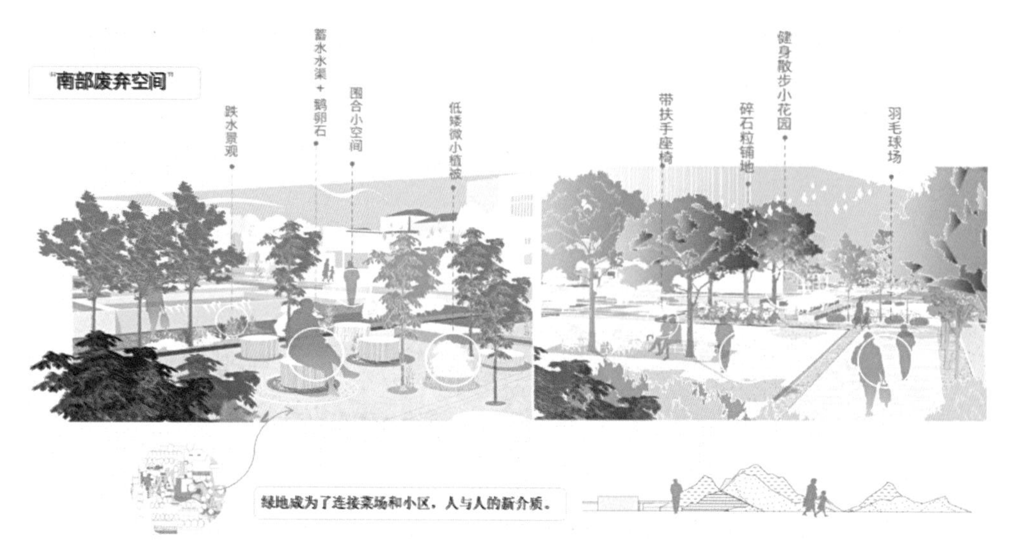


图7-3 南部废弃空间设计效果图
（图片来源：蔡思佳、张逸成）

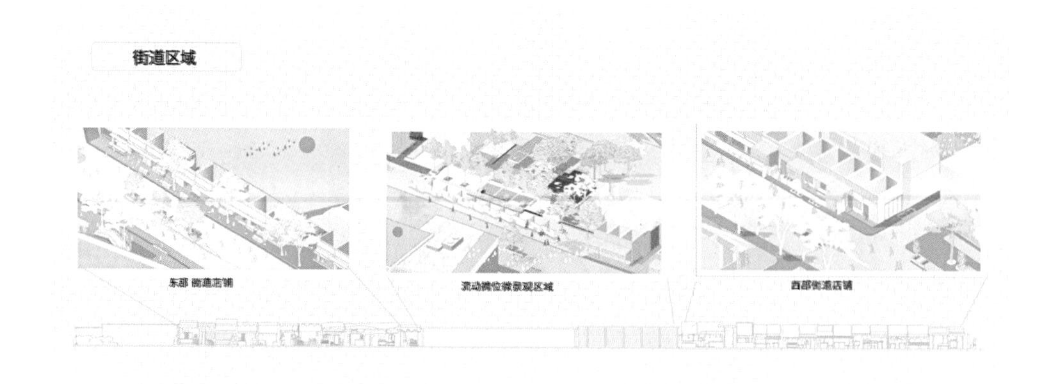


图7-4 街道区域设计效果图
（图片来源：蔡思佳、张逸成）

停车场。为了更好地解决功能单一、社交需求不能得到满足、交通拥堵难以疏散的重要问题，将人群的汇集处形成动区，新增大小功能不一的可使用绿色公共空间，新增小尺度景观和社交生活功能区，改善使用人群的感官体验。同时设计了专门为流动小摊位服务的半自由式的摊位幕墙，具有一定的轻巧性，如图7-5所示。

在局部上，在保留长期使用者在此地的习惯与记忆的基础上对视觉和导向系统进

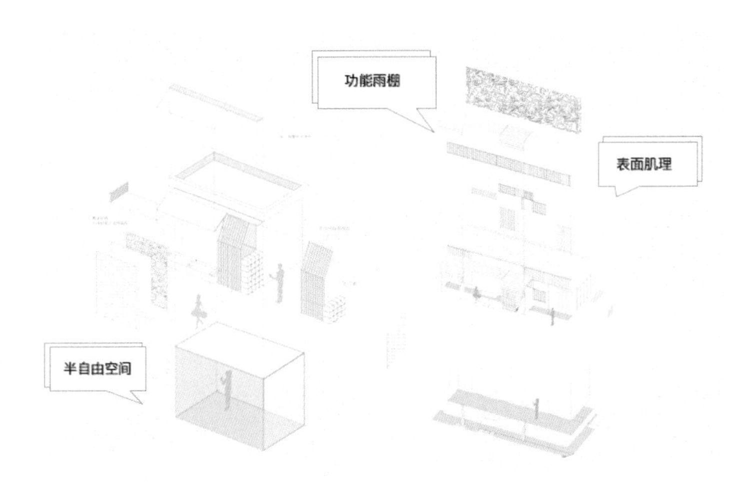


图7-5　街道摊位设计效果图
（图片来源：蔡思佳、张逸成）

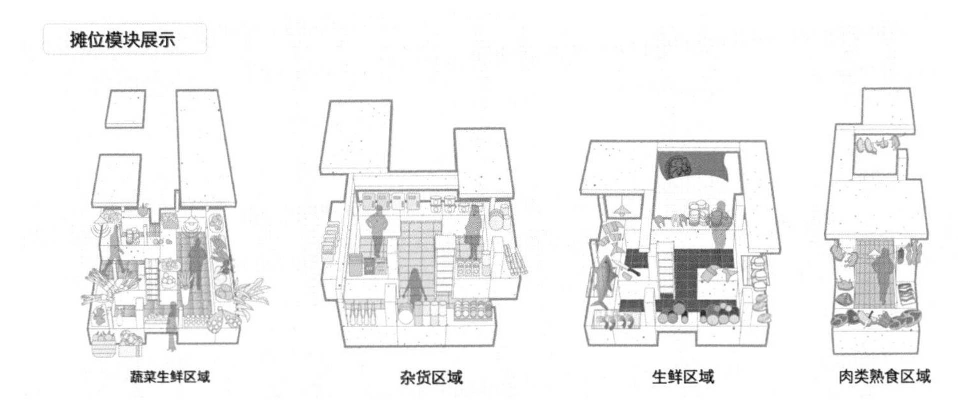


图7-6　菜场摊位设计效果图
（图片来源：蔡思佳、张逸成）

行梳理。排除视觉多余的干扰，对地面铺装，统一设立雨棚，对店铺立面进行改造增强菜场的标识性。在农贸市场建筑上将建筑三层打通设立中庭。一层中心为绿化区域，增加的采光绿化减少了灰空间。长条摊位进行拆分，设计了6个不同的摊位组合模式，来适应在摊位中心、转角处、沿墙处等等不同位置（图7-6）。农贸市场外的道路变为步行街后，为其重新构思了新的运输通道，在农贸市场后方开辟了专属通道，解决货物运输问题。在立面上运用栅格元素，让风格与街道风格相呼应，在日光的变换下，内部的光线变得更为迷离丰富。

该设计通过MCEM模型工具的运用，找到该公共空间存在的特殊问题，在保留其功能和特点的基础上去寻找新的突破点来解决零碎的问题，逐一优化菜市场环境空间体验与细节，创造出更多元化的菜市场空间，让公共空间作为介质真正能够连接人与人、人与社会、人与环境，并通过环境、街道、设施等的设计使其与连接对象发生故事与互动，让公共空间展现出本该具有的面貌，成为展示城市独有文化氛围，拉近邻里关系，构建和谐关系的介质空间。

## 7.2　生生田居——参与性生态社区改造

该课题设计基地选址为福建省龙岩市核工业二九五大队，如图7-7所示。福建省核工业二九五大队是福建省地质矿产勘察开发局下属的正处级事业单位，隶属于福建省地质矿产勘查开发局。整个基地社区为单位大院式管理，居民居住上班都在大院内，目前占地面积210亩。由于基地位于龙岩市新罗区市区北部，处于半山腰的位置，绿化面积庞大，其中菜地面积约占总面积的三分之一。区别于现代城市生活，当地住户仍然保持着简单的耕种生活，日常饮食的部分来自于自给自足的蔬菜，另一方面耕作也作为一种茶余饭后的休闲活动。学生通过前期调研还发现，基地内现存的居民大多为退休职工及职工家属，职工家属中尤其以十岁以下小孩居多；而年轻人在外工作，由于基地较为偏僻，且社区由20世纪80年代建成，整体居住环境较为老旧，因此也大都不愿在社区内居住。针对以上问题，该设计主要提出以下两类设计对策。

（1）本设计目的是唤醒当地生活，自然生态修复。使社区空间在生活方式和使用方式上重置与激活，令消极空间转变为市民公共生活与个人生活的载体，重新唤醒居民对社区的归属感（图7-8、图7-9）。例如休闲活动区舞台前的桌椅设计，由大大小小的方块组成，底部嵌有滑轨，可根据居民自身意愿改变其摆放方式，充分发挥作为桌椅的价值，增加居民参与公共生活的乐趣，引导居民做自身生活环境的设计师。此外，选取场地本身是20世纪80年代建成的社区，并进行着一代又一代的翻新，每次翻新所留下的旧墙砖被引入到本次设计中，通过对旧墙砖的重新整合，砌成新的景观墙，其最大的价值体现，已远远超过其本身的艺术形式，所表现出的不仅是朴实素雅返璞归真的外表，更是唤起老一代居民对社区的记忆，让新生代看到其生生不息的生机和活力。

（2）在场地中同时还引入了生活景观的概念，使生活成为风景，体现自然生态与生活环境相结合，相互参与相互融入（图7-10、图7-11）。场地原先植被作物种植杂乱无章，导致了许多资源的浪费，将场地重新规划后，由居民自己去设计菜地形式，在参与周围环境的过程中，充分发挥自身五感，欣赏生活环境，听虫鸣鸟叫，触碰不一样的植被，嗅到来自有机的大自然的味道，品尝随手采摘的乐趣。同时，能够让孩子体验到亲力亲为的乐趣，并且达到寓教于乐的目的。通过与生态的亲密接触，用自然元素引导人们体验自然。不仅实现对原有菜地的生态修复，在不同人群行为体验的过程中，增加居民对公共空间的意识，成为人与生态环境情感联系的天然纽带。

通过MCEM模型工具的分析，整个设计定位希望遵循居民原有习惯，形态跟随原有场地边缘，重新规划菜地使用率，缩减原先的不使用面积，利用坡地种植，增设雨

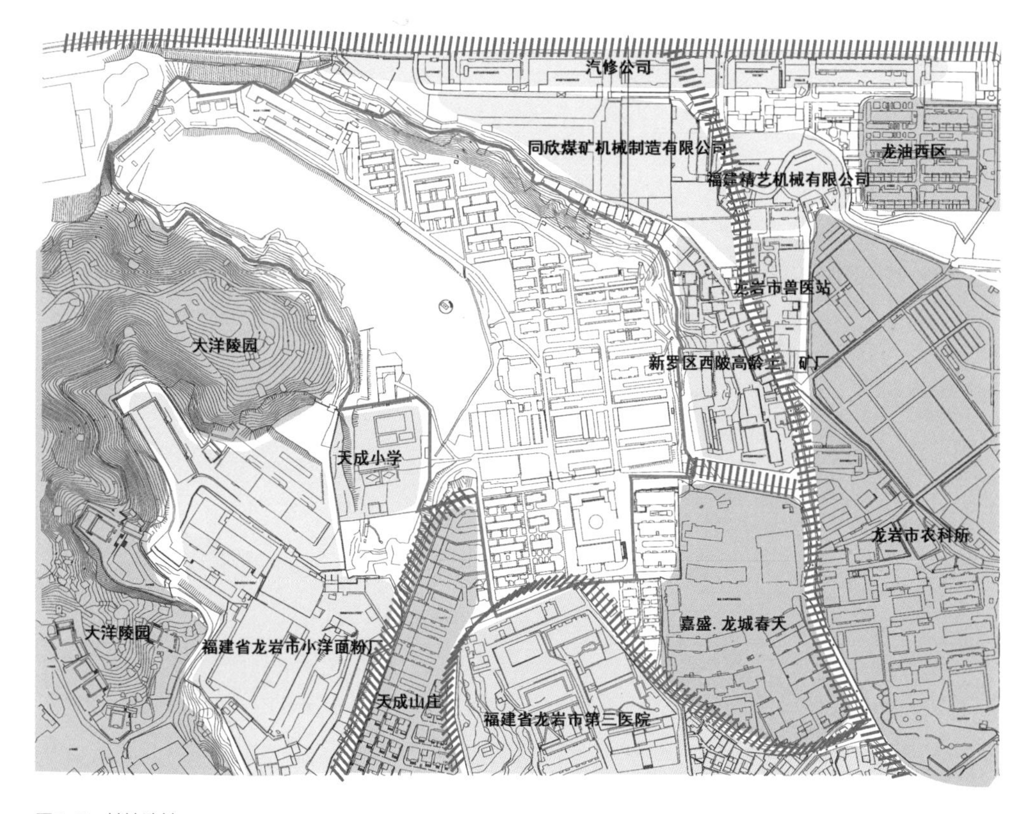


图7-7 基地选址
（图片来源：章梦含）

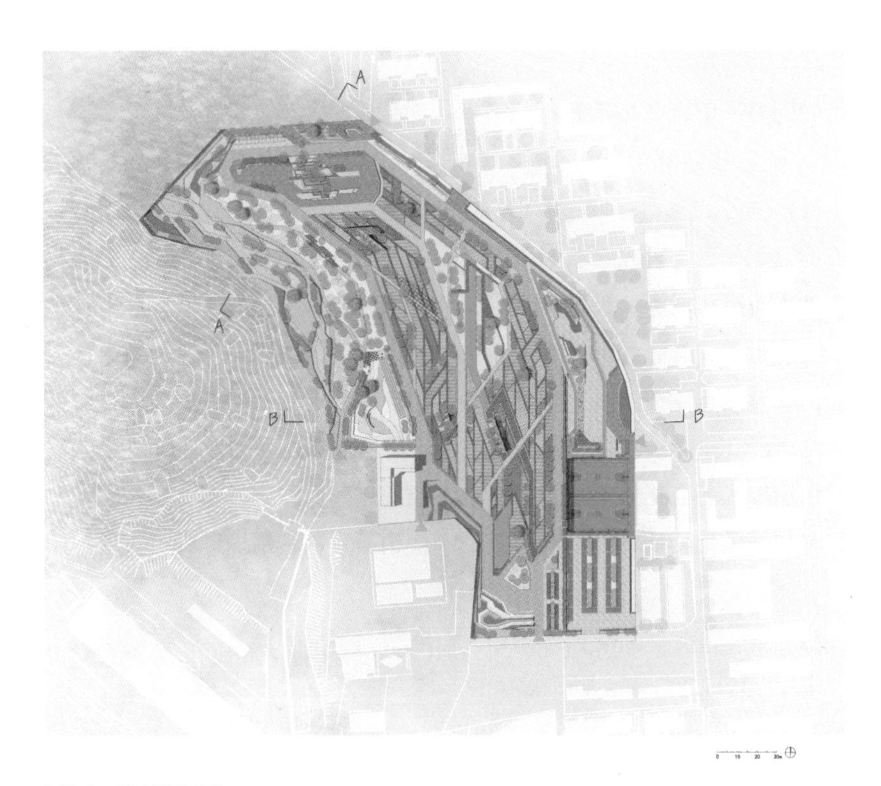


图7-8　设计总平面图
（图片来源：章梦舍）

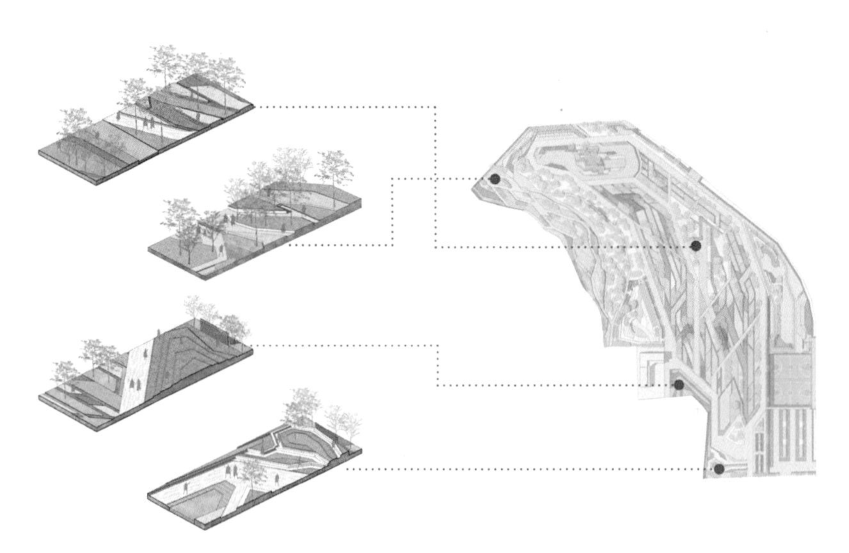

图7-9　轴测节点分析
（图片来源：章梦舍）

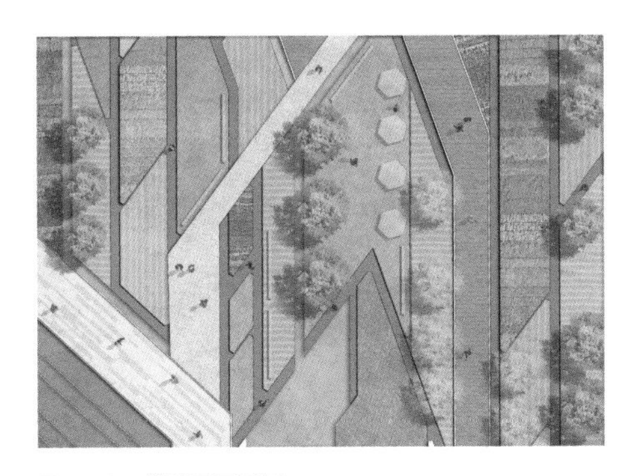
图7-10　耕种区平面图
（图片来源：章梦含）

图7-11　耕种区效果图
（图片来源：章梦含）

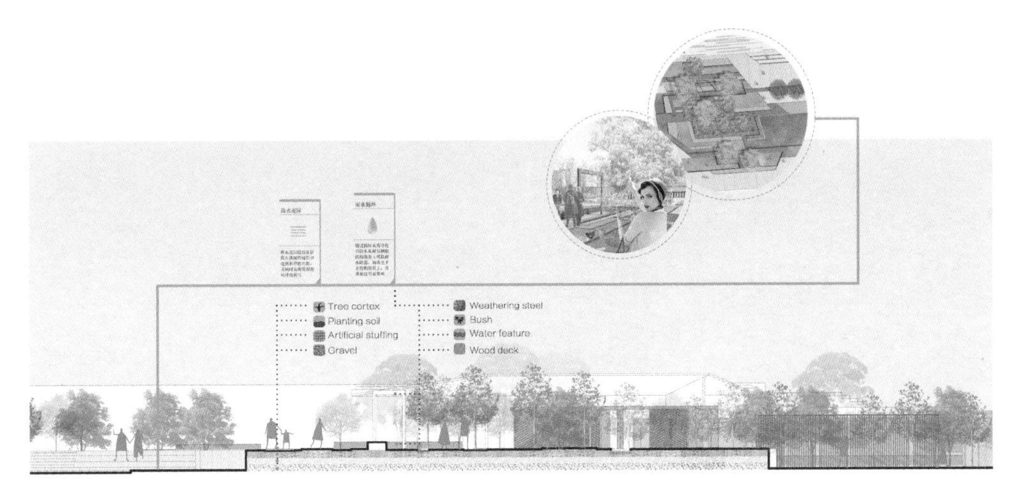

图7-12　雨水花园剖面图
（图片来源：章梦含）

水花园示范区（图7-12、图7-13），将场地划分为由西北至东南左中右三个纵向空间，根据光照条件及地形起伏划分种植作物的种类（图7-14、图7-15）。具体功能大体分为坡地景观区、雨水花园区、种植耕作区、儿童娱乐区以及休闲活动区。根据连接类型和参与方式的分析，发现社区缺少邻里之间交流互动的场所以及锻炼身体的去处。因此，开辟场地东部居民区为社区休闲活动场所，使居民能够在此地放松身心，进行跑步、健身、休闲、举办活动和观看表演等活动的同时体验绿色生态环境。同时，场地内还包含一所社区幼儿园，故将儿童娱乐区布置在幼儿园旁边，使儿童在游乐的过程中也能感受到大自然带来的独特感受。

图7-13　雨水花园效果图
（图片来源：章梦含）

图7-14　生态廊架效果图
（图片来源：章梦含）

图7-15　邻水草坪效果图
（图片来源：章梦含）

本研究在注重居民参与性的生态社区设计上还有很多细节需要推敲与深化落地，如最终设计的可行性、挡土墙的土方量能否承载本次设计等等。但设计者相信，公共空间是公众生活的载体，若是居民更加自主地参与进公共生活中，公共空间才能成为无限生长的场所，实现“生生不息”。而在当今资源匮乏的社会，用自然元素引导人们参与到公共空间中，回归自然的生活方式，实现“归园田居”的新型社会关系的重要尝试。

## 7.3 “拾光”——传承记忆的社区改造设计

该课题方案场地为广东省东莞市市桥社区，如图7-16所示。市桥社区位于东莞市莞城区向阳路、新芬路和市桥路之间，该社区具有悠久历史，整体居住环境比较老旧，目前占地面积131250平方米，常住人口4123人。基地位于东莞市中北部城市发展

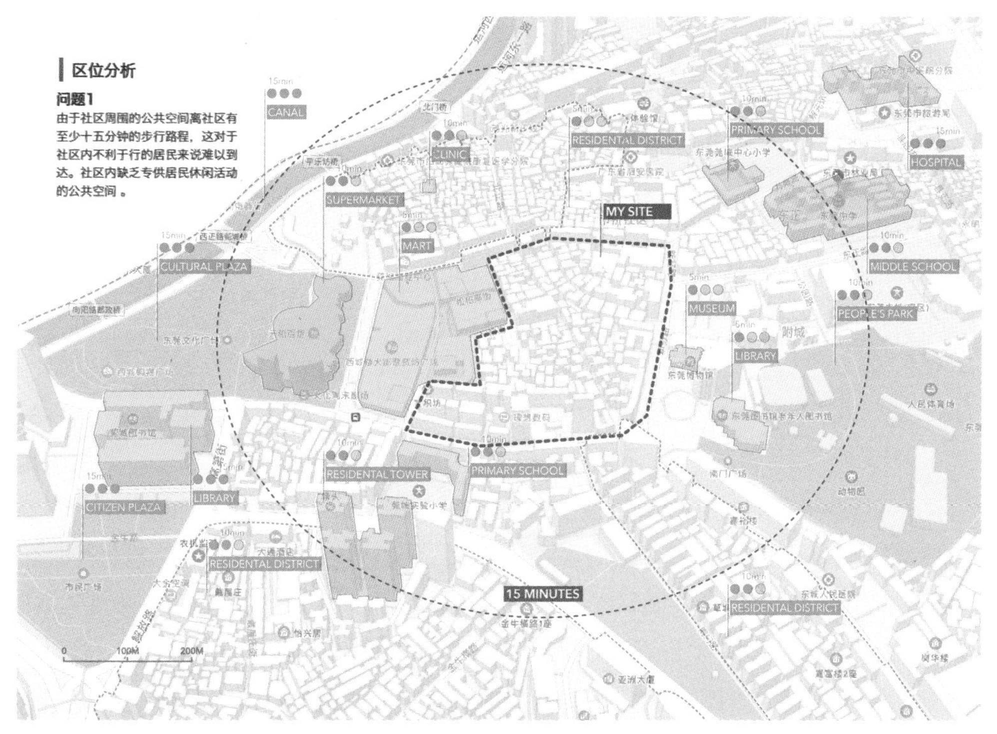


图7-16 东莞市市桥社区基地图
（图片来源：李文睿）

中心的莞城区中心，交通便利，周围有商业区、步行街和众多小区，邻近附近的学校（三所幼儿园、两所小学和一所高中），内部有迈豪街和同德街两条商业街（图7-17）。由于城市改造，许多旧生产工厂纷纷搬迁或者倒闭，因此场地居民大多为附近工厂的退休职工及他们的家属，家属中又有很多学龄儿童；而这个社区中的租户大多为刚出来工作的年轻人，由于旧社区租金划算或者靠近重点学校才租借于此。因此很多有条件的居民选择搬去新建的商品房。

通过前期调研以及运用MECM模型进行分析，发现该场地存在以下问题：

首先围绕物质基础来说：（1）社区内缺乏休闲活动的公共空间；（2）老旧建筑多，违章加建多，公共场地被挪作他用；（3）停放非机动车的停车场不足；（4）街道

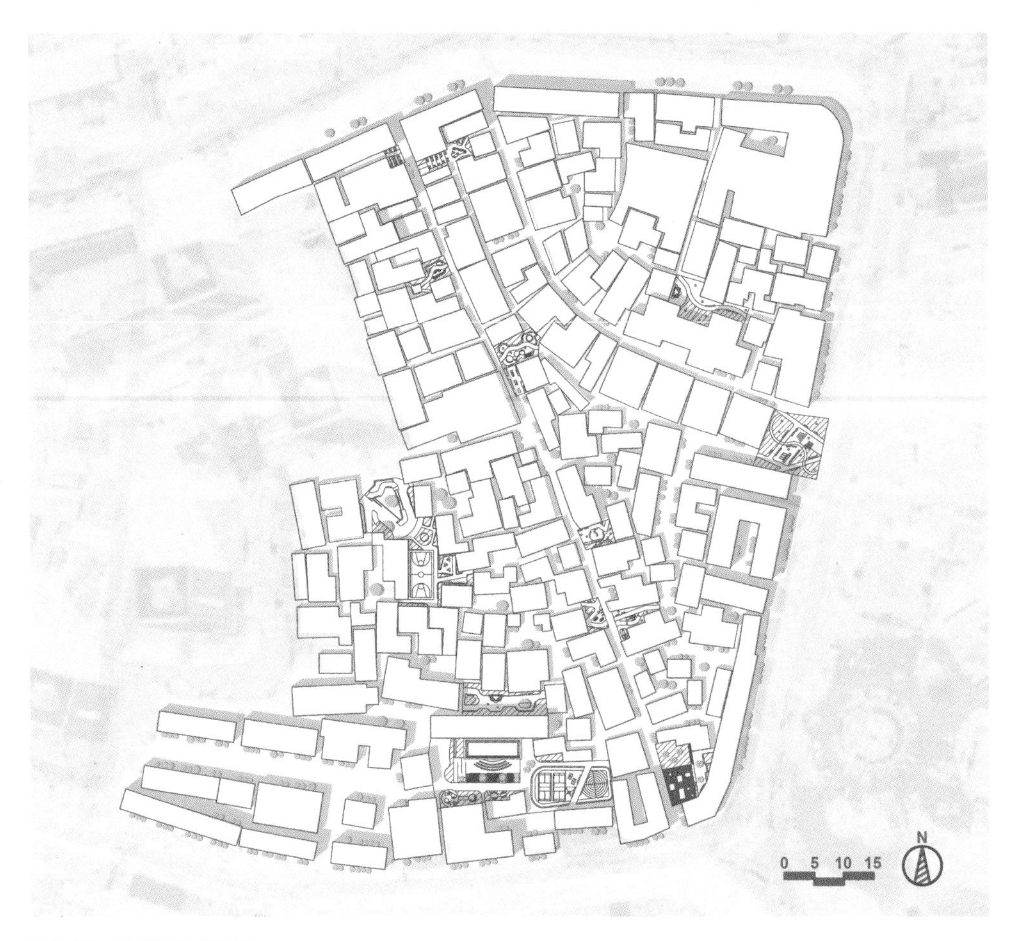


图7-17　市桥社区现状问题
（图片来源：李文睿）

违规占用情况普遍；（5）闲置空地多。

其次针对连接对象和参与方式来说：现有住户之间缺乏情感交流。社区内原住民的老年人与新型住户之间缺乏接触的可能与共同参与活动的场所。

最后围绕公共空间的意义来说：市桥社区的历史记忆被逐渐淡忘，传统的邻里关系也消失殆尽。

针对上述这些问题，设计者试图将“拾光”——传承记忆的社区设计理念注入改造方案。针对记忆传承的目标，首先将设计内容分为唤醒城市历史与恢复邻里关系为主要部分。其次围绕这两大目标依次进行方案的深入与细化（图7-18）。

（1）唤醒城市历史。城市业态和居民职业的转变，户外活动和公共行为的转变，使得部分城市和社区呈现出越来越相似的倾向，出现独特的城市文化逐渐消失、陷入灭绝的境地。老旧街区的公共空间眼见并参与了城市和当地居民公共生活的历史进程。这里是社区回忆的共同体，老一辈的青春在这里度过，年轻一辈的童年也在这里度过。这个作为城市记忆重要载体的场地不应停滞在此被浪费或遗忘。设计方案遵循设计原理和场地功能，尽可能结合历史特征合理分区突出当地化特色。重新塑造场所的布局，以“拾起被遗忘的光阴”为主线，设置记忆广场，室外小课堂，共享农场，

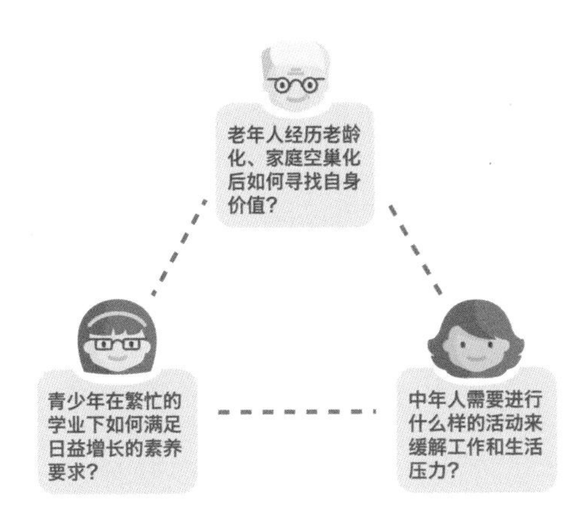


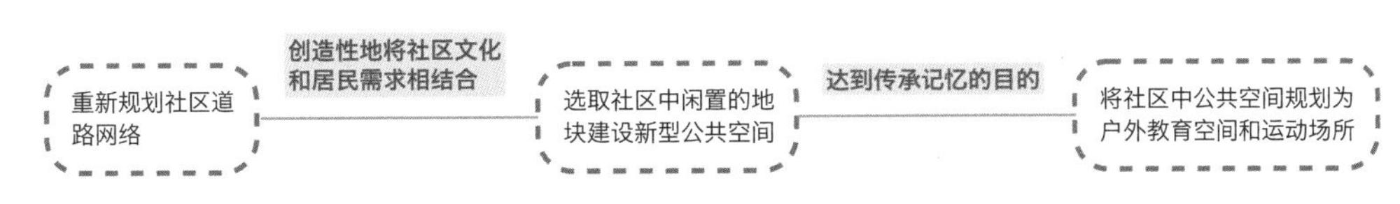


图7-18 设计定位
（图片来源：李文睿）

科普客厅等（如图7-19至图7-24所示）。从而，重新给予社区居民一处休闲的共享空间，以复兴这个充满场所记忆的社区。

（2）恢复邻里关系。随着城市化进程的推进，以往的邻里关系慢慢被淡化，睦邻友好的现象慢慢消失，造成了很多人相邻而住却不认识对方的怪状，邻里关怀变少。现在，很多地方的社区都在进行更新设计，但同时这也存在一些难题，难说这究竟对老社区的未来是利还是弊。在这种情况下，社区公共空间改造重点应该向促进居民的社交活动倾斜，并让居民在短暂的时间内与邻居和朋友加强交流。改造社区内跟不上发展节奏的公共空间，增强其中的体验感和独特性，为居民提供更多户外活动的选择，使之成为规模达到4936平方米的公共客厅，引导居民的积极参与，增强居民之间

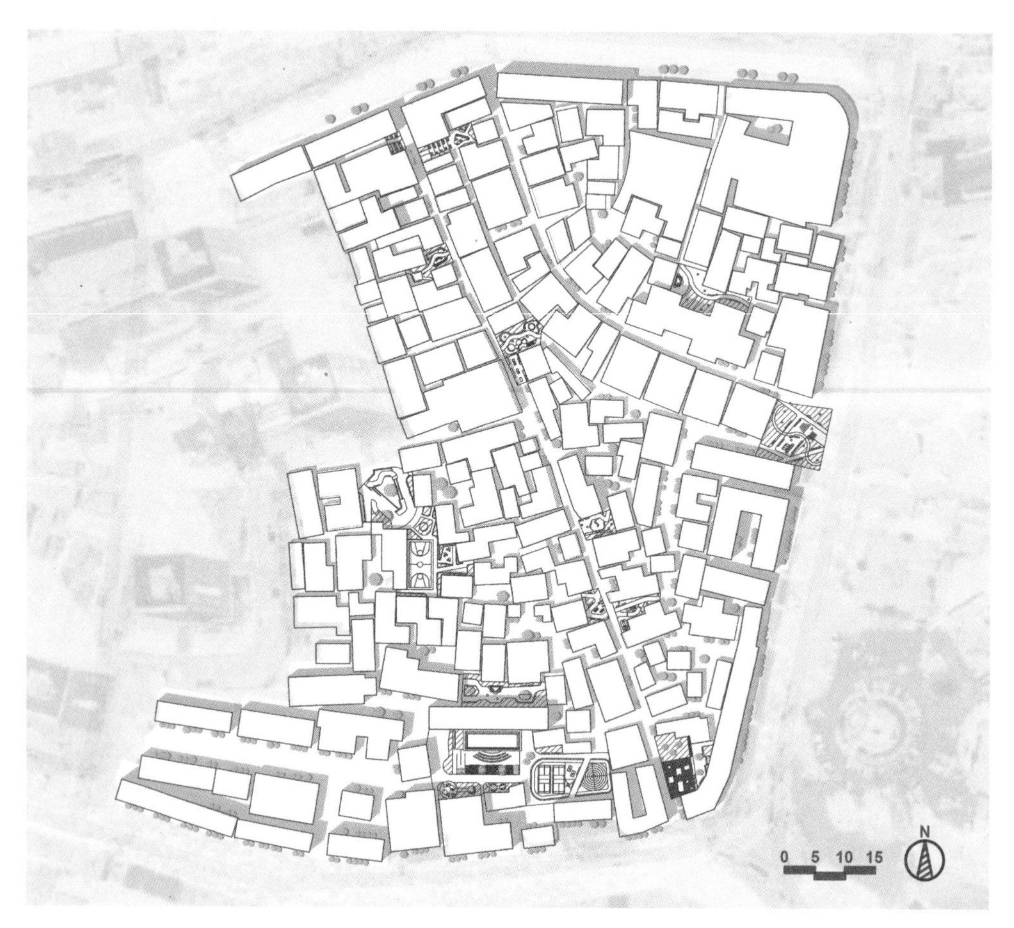


图7-19 方案总平面图
（图片来源：李文睿）

**设计成果**

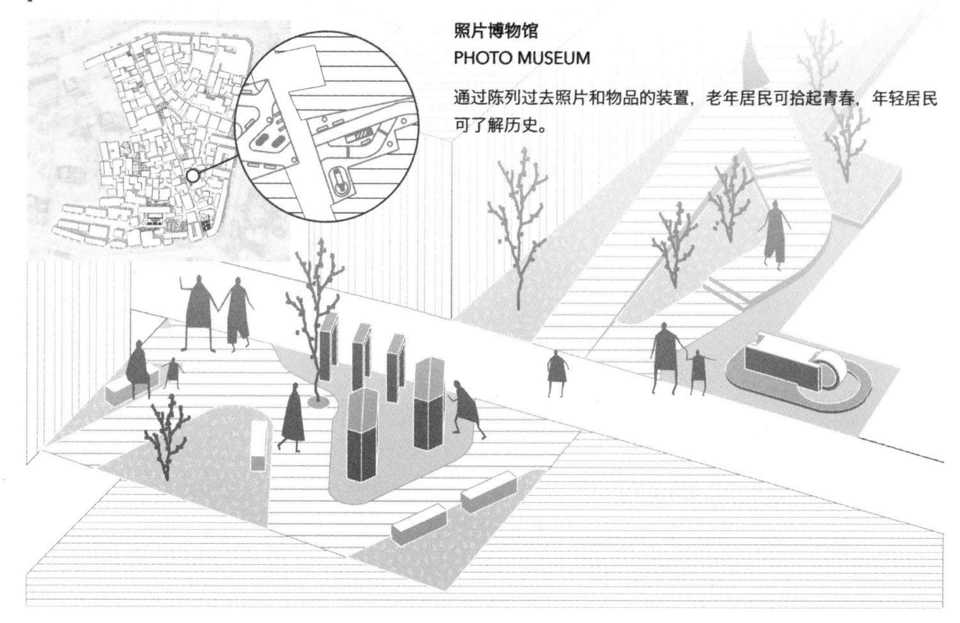

照片博物馆
PHOTO MUSEUM
通过陈列过去照片和物品的装置，老年居民可拾起青春，年轻居民可了解历史。


图7-20　照片博物馆
（图片来源：李文睿）

**设计成果**

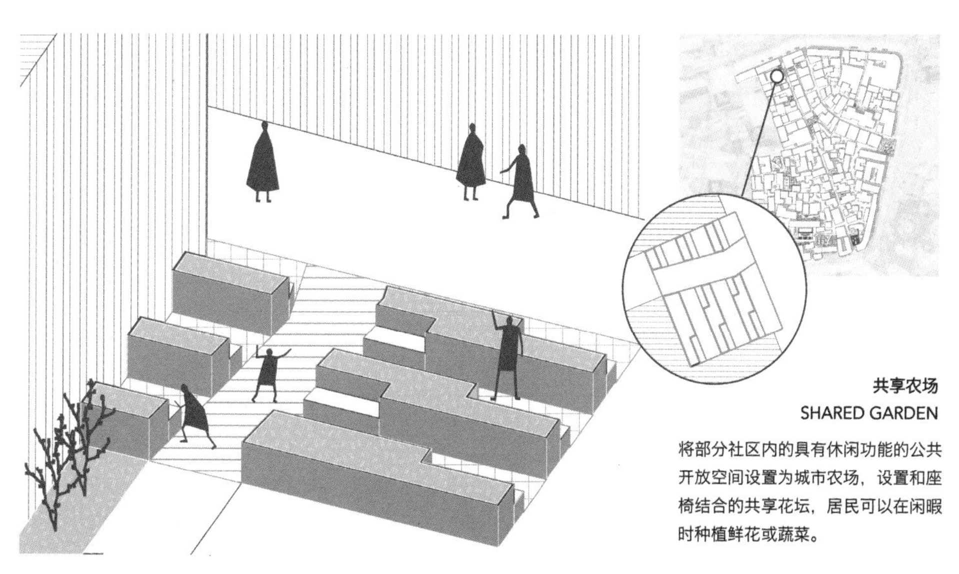

共享农场
SHARED GARDEN
将部分社区内的具有休闲功能的公共开放空间设置为城市农场，设置和座椅结合的共享花坛，居民可以在闲暇时种植鲜花或蔬菜。


图7-21　共享农场
（图片来源：李文睿）

**设计成果**

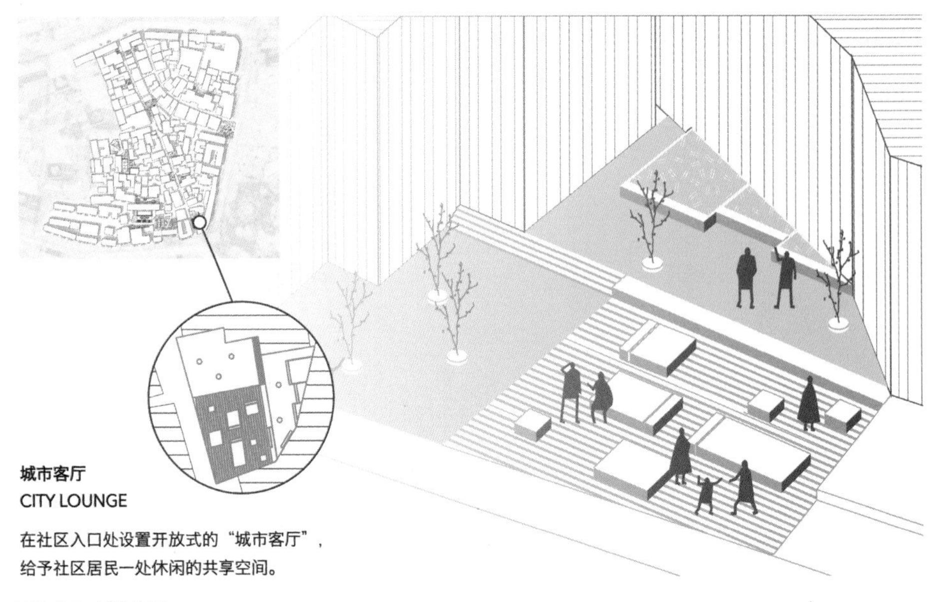

城市客厅
CITY LOUNGE
在社区入口处设置开放式的“城市客厅”，
给予社区居民一处休闲的共享空间。


图7-22 城市客厅
（图片来源：李文睿）

**设计成果**

街角花园
STREET PARK
在面向马路的出口处设置街角花园，
吸引社区内外的居民进入社区，促
进邻里关系。


图7-23 街角花园
（图片来源：李文睿）

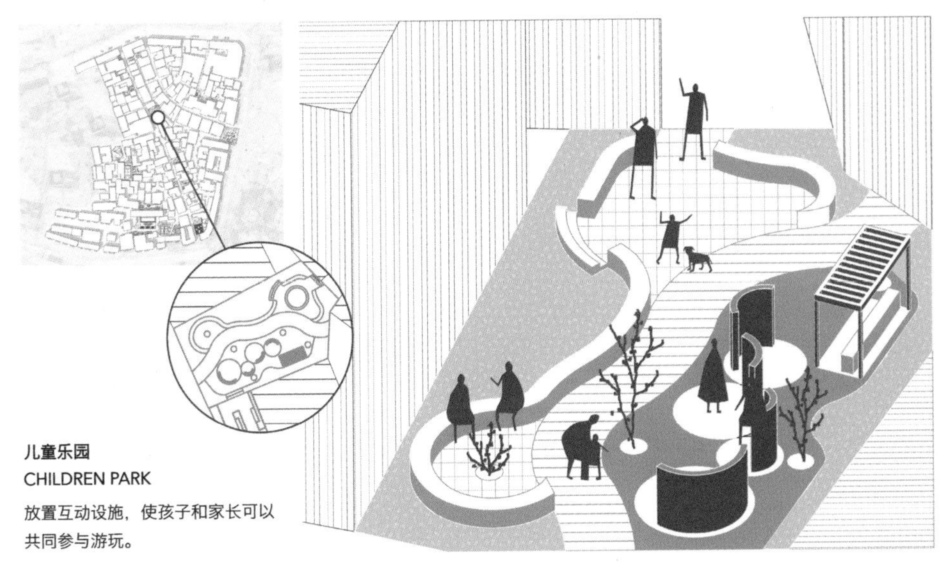

设计成果
儿童乐园
CHILDREN PARK
放置互动设施，使孩子和家长可以
共同参与游玩。


图7-24　儿童乐园
（图片来源：李文睿）

的交流与互动机会。它将成为位于主路段标志性的参考点，是邻里之间交流对话的空间，更是一个与居民们的日常相辅相成的空间。

## 7.4　“嘉渝磁韵”——磁器口清水门广场公共空间文化复兴设计

该课题设计的场地对象为重庆磁器口码头清水门广场，如图7-25、图7-26所示。清水门广场作为磁器口街区内较大的开放空间，街道的直接延伸提供了良好的可达性，人流量聚集情况可观，然而长期的废弃状态严重影响了来访者的体验感，如今市政府关注到此问题，也计划恢复码头的水运功能，打通与朝天门码头的水陆航线，使得两处重庆地标式景观空间能够在水路运输上取得联系。因此，对于磁器口码头空间的再设计就从挖掘重庆本地码头文化的意义生成角度出发，结合重庆的传统码头文化设置物质基础中的景观节点，为游客及本地居民提供一场文化之旅。

## SITE LOCATION
场地区位

图7-25　场地区位图
（图片来源：夏嘉）

## mainstreet
主街尽头

**节点**
**清水门广场（改造选地）**

清水门广场
**人流量大**
位于瓷器口主街，是旧时瓷器口水路入口。

如今作为瓷器口西门游客步行游览的尽头。

广场两边有设立停车场是开车游客的主要入口。

### 选地概况

该地块拟重新建设码头，开辟港口建立旅游航线，连接朝天门码头及磁器口码头

停车区域位于码头右侧道路

对岸江景

停车概况

图7-26　清水门码头选地概况
（图片来源：夏嘉）

重庆磁器口文化底蕴十分丰厚，旧时重庆水运的发展，使得清水门广场长期以来在商贸往来运输中占据着重要地位，码头旧时繁荣的景象如今由于城市发展，文化气息日益被冲淡，人们再也看不到在码头上来往的商人，山城棒棒军挑着货物爬坡上坎的场景也只停留在记忆中。陆路交通的发展使得水路运输变得萧条，清水门广场码头的作用也就逐渐淡去，虽然磁器口街巷仍以其独特的建筑形式及街巷布局吸引了大量游客前往参观，但码头却由于水运职能的缺失而长期处于废弃状态。

方案最终根据地形地势首先确立了场地划分，如图7-27所示。考虑到高差问题对场地进行了分层，使场地形态呈现出长条形阶梯状，再根据交通流线及人流概况划分区块，一层主要解决交通及停车问题，二层较大的空间内打造文化节点，三层滨水区域能够提供等待游船的休息区及亲水空间（图7-28）。

其次，在对场地内的连接对象的参与方式进行设计。结合码头蕴含的地域文化进行了参与方式的构想及具体活动设施的设计。针对场地西边人流量较为集中的区域，文化节点的设立参考了重庆特有的“川江号子”。依据重庆当地人文文化，探讨了人

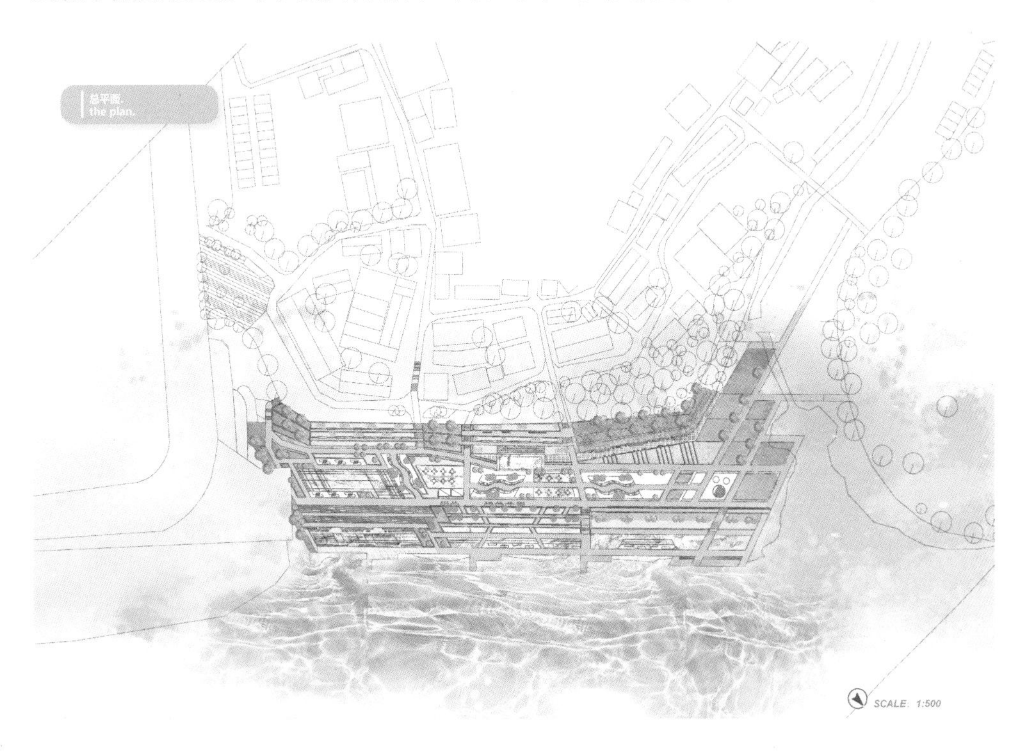


图7-27 总平面图
（图片来源：夏嘉）

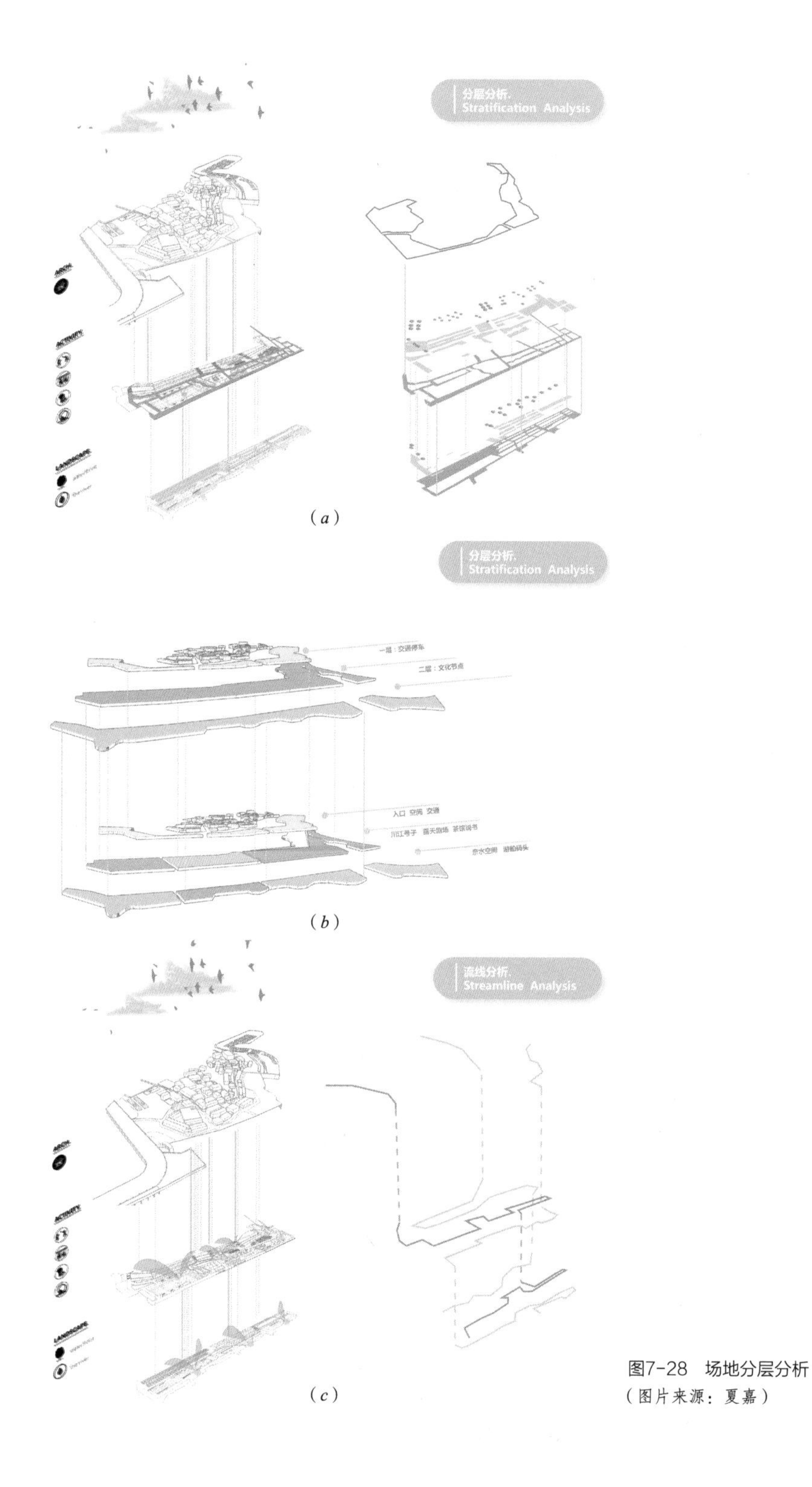


（*a*）

（*b*）

（*c*）

图7-28　场地分层分析
（图片来源：夏嘉）

们的生活娱乐方式，设立了“茶馆说书”“露天剧场”等节点（图7-29、图7-30）丰富场地文化，还原场地气息。并且对连接类型的人群进行再分类，为相应人群设立相应的活动空间及停留点，扩大人群的活动方式，为场地提供更多可能性。

如今磁器口作为一个国家级的旅游景点，吸引了大量本地及外地游客，磁器口码头作为一个大型开放空间，水路航线的打通将使得磁器口码头成为人流量聚集的大型景观节点。磁器口码头的文化复兴是让游客们能够参与进来的契机，文化节点结合互动设施，能够加强场地连接对象的参与性。该方案在物质基础部分的景观节点设计中，通过提升视觉，听觉，触觉上的感受，调动使用者的感官，让使用者能够产生情感上的共鸣，引发使用者对场地的思考。通过这种以文化复兴为目标的意义可能性设定，连接曾经对场地有情感的使用者们重拾对场地的记忆的同时，也给予新的使用者一个对公共空间文化传承的良好参与性体验。

该设计基于MCEM模型工具的分析与定位，着重通过对清水门广场进行文化意义

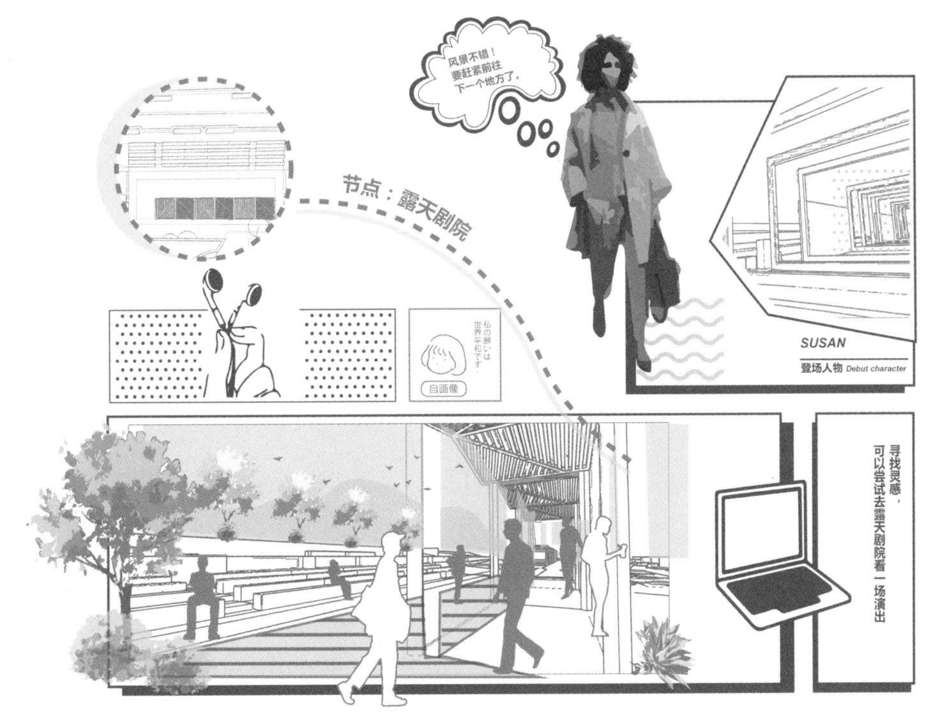


图7-29 露天电影院节点
（图片来源：夏嘉）

图7-30　货运长廊节点
（图片来源：夏嘉）

的寻找，打造一个寓教于乐的体验式空间，促进场地使用者们相互之间的连接、参与和交流，从而提升场地使用者们的文化体验。

## 7.5　小结

通过将MCEM模型运用于设计教学过程中，笔者发现设计者可以从中快速寻找到设计的目标与具体实现的途径。在为期一个学期的毕业设计过程中，学生们通过MCEM模型探索了另一种城市公共空间的设计方法与设计理念。区别于传统城市公共空间的设计，学生们运用模型工具可以对前期调研进行设计问题的分析与探讨，同时又能运用模型工具对公共空间进行设计定义、设计计划的展开。通过物质基础、连接类型、参与方式和意义的可能性这四个要素相互之间的作用与反作用，将城市公共空间的社会介质属性具体而清晰地落实在图纸的演绎上。如果说第六章是对MCEM模型工具有效性的检验，那么本章则是对如何运用MCEM模型进行一个完整公共空间方案设计的展示与分析。

诚然，MCEM模型工具在设计方案全过程的推进上仍然存在进一步细化的情况。可贵的是笔者与学生们已经开始在这条探索的道路上摸索与前行。城市公共空间不再是设计者与建设者们的最终目标，而是以此为起点，设计者认识到公共空间所具备的介质特性让其具有了创造新的社会关系的职责。一个有意义的城市公共空间自然对社会关系的营建起着正向作用。同时，公共空间中物质基础与连接类型及参与方式的协调、统一都是为了营建一个具有社会介质属性的能促进社会新型关系的，具有公共性本质意义的城市公共空间。

# 结　语

本研究从城市公共空间社会介质属性特征出发，重新定义了城市公共空间的概念，并在此基础之上概括提取作为社会介质的公共空间三个属性特征，继而提出公共空间的四个要素并建构作为社会介质的公共空间的要素模型：MCEM模型运行机制。

首先，提出了公共空间的再定义假设，论证了公共空间具有社会介质属性。

通过梳理学术界对于公共空间本质内涵“公共性”的定义及研究方法，评估模型的解读，更好地理解与审视公共空间中“公共性”的历时性发展脉络。重新思考新时代背景下公共空间的“新公共性”需求，提出公共空间再定义的假设，即公共空间是社会介质，具有社会介质的属性。社会介质具有双向连接、传播和反馈性，而公共空间正具备了这种特质。作为社会介质的公共空间，它是空间活动的主体与活动的价值产生关系的双向桥梁，同时它也能作为传播与被传播的“中介体”将不同的人群引入同一空间场所之中，支持他们的行为，并反向影响他们的行为乃至生活方式。

其次，定义了公共空间作为社会介质的属性的具体三个特征。

提出作为介质属性的公共空间具备三个特征：即载体属性、渠道属性和角色属性。这其中平台属性更偏向于物质要素，渠道属性更具有介质特征，而角色属性是对公共空间拟人化的特征定义。通过这三个特征的定义，明确了作为介质属性的公共空间的设计方向，也为公共空间的新定义构建了清晰的属性特征。

再者，解析了作为社会介质的公共空间的四个要素。

由于公共空间具有社会介质的属性特征，因此依据作为社会介质的公共空间的三个具体特征，提出了以下四个要素。

即物质基础、连接类型、参与方式和意义的可能性。物质基础涵盖了公共空间所有物质建构的内容，具体分为九个子指标，如场地要素、空间形式、分区规划、尺度、色彩、材料、植物配置和技术基础。连接类型是指作为社会介质的公共空间具有双向连接性，根据主体连接和客体连接的关系，定义了三种连接类型：人与物质基础的连接；人与人的连接；人与群体的连接。参与方式是指物质基础与连接类型如何在公共空间进行活动。将公共空间的参与方式分为以下三种类型：认知参与、情感参与和行为参与。同时提出关于参与性的三点假设：（1）提升公共空间中公众的参与性，从而影响公众持续愿意使用该城市公共空间，是作为参与性所具备的基本功能与终极目标；（2）越多的社会互动越能加深城市公共空间对于使用者参与性的影响；（3）如果城市公共空间的空间质量能够被使用者高度感受到，则会产生对于使用者参与性的积极影响。意义的可能性则是指公共空间具有的符号意义。公共空间的符号意义是指人们在公共空间中活动是基于这个空间对于人的意义。同时意义又会在人利用公共空间的场所与他人、社会进行互动中变化改变。通过这些社会活动，人们将公共空间符号化，从而产生了被人们所赋予的公共空间的意义，并且这种意义又是被大家公认的。因此公共空间中的意义是一个动态的要素，他具备了双向影响的作用。

继而，建构了作为社会介质的公共空间的要素模型：MCEM模型。

将作为社会介质的公共空间的四个要素进行模型建构，建立起这四个要素相互之间的运行方式，并得出MCEM模型具有两种运行方式。第一种运行方式是从物质基础开始，寻找到物质基础与连接类型或物质基础与参与方式之间的关系，即明确了公共空间中人的关系与行为，然后物质基础通过连接类型和参与方式的作用从而影响意义的可能性。而意义的创造并非一个抽象的概念，它作为MCEM模型的第四个要素，是由其前面的三个基础要素相互作用而产生的结果。第二种运行方式则是从意义的可能性入手，通过改变意义的可能性，从而改变物质基础、连接类型和参与方式。

公共空间的前三个要素一方面以彼此关联的方式构建出了意义的可能性，同时意义的可能性变化又会反作用于前三个要素，即意义的改变会导致物质基础的变化从而引发连接类型的变化和参与方式的变化。

最终，通过实例分析与实践运用，运用实证法与科学实验法分别论证了MCEM模型工具的可实施性与可实践性。

在本研究的最后部分，分别通过实例分析和实践运用来论证MCEM模型工具的理论方法以及可实施性和可验证性。通过运用案例分析的方式，具体论证了MCEM模型工具中四个要素相互之间的关系以及该模型工具在运行机制上的两种可能性，也进一步验证了本研究所提出的假设，公共空间具有社会介质属性。通过具体实践的工作坊，将MCEM模型工具运用到设计中去，并将该模型工具的使用进行了分组实验。运用MCEM模型工具的小组作品平均评价分数高于未使用该模型工具的小组作品平均评价分数。以此论证了该模型工具的实用价值，可以为公共空间的设计提供一种新的方法与思路。本研究使用了实证法与科学实验两种方法，来论证作为社会介质的城市公共空间的设计方法：MCEM工具的可实施性与实践性。

从概念到属性再到要素与模型，本书旨在为城市公共空间的一线设计者和研究者提供一个重新认识公共空间的视角，唤醒人们重新思考公共空间“在哪里”的意义。同时也为教育工作者们提供教学方法的探索，公共空间设计的教学能够借此获得新的启示与发展。

今天，人类社会已经进入了第四次工业革命的开端。人类社会已经从机械技术时代、批量生产时代、自动化时代来到了连接一切的时代。这个工业4.0时代是一个将真实空间与虚拟空间融合于一体的时代。

城市公共空间如何应对时代的新变化？在第四次工业革命①所带来的大数据和虚拟现实技术的影响下，人们可以做出更多更快的决定，有更多有效时间来进行决策的制定，运用创新的开源数据，为城市公民降低复杂性，同时提供更多的便利性等等。在这个大背景之下，科技帮助人们可以实现在任何时候都可以到达任何地方的可能性，这迫使人们重新思考“在哪里”的意义。今天的人们是否还需要聚集在公共空间这一实体环境中，并通过这种行为方式将人们拉回现实生活，使之形成与技术的完全对抗。抑或能寻找到另一条路径：利用最新的技术，将公共空间与新时代联系起来。答案必然是后者，留给研究者和设计师们的机会与可能性依然十分宽广。那些对城市公共空间充满忧虑的担心反而给予我们更强的信念，在保持城市公共空间精髓与初衷不变的基础上，利用最新的科技手段，结合人们的日常生活方式，吸引更多人进入公共空间，将公共空间作为社会关系的连接起点而非终点去设计。站在社会关系的起点上，城市公共空间势必能绽放出更大的社会价值，从而改变乃至创造出更多更具活力的社会关系。

---

① （德）施瓦布．第四次工业革命[M]．李菁，译．北京：中信出版社，2016：4.

# 附录1　工作坊设计作品

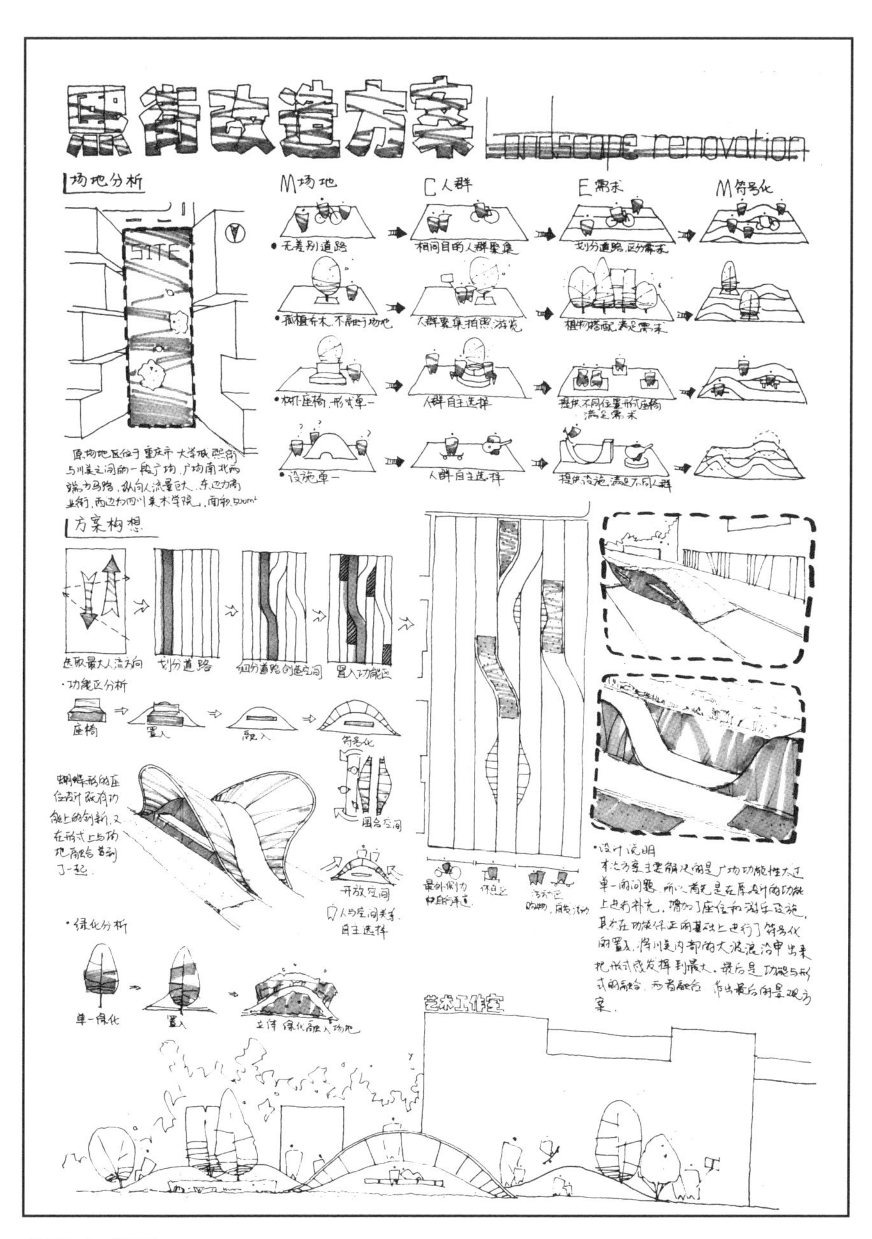


附图1-1　作品A

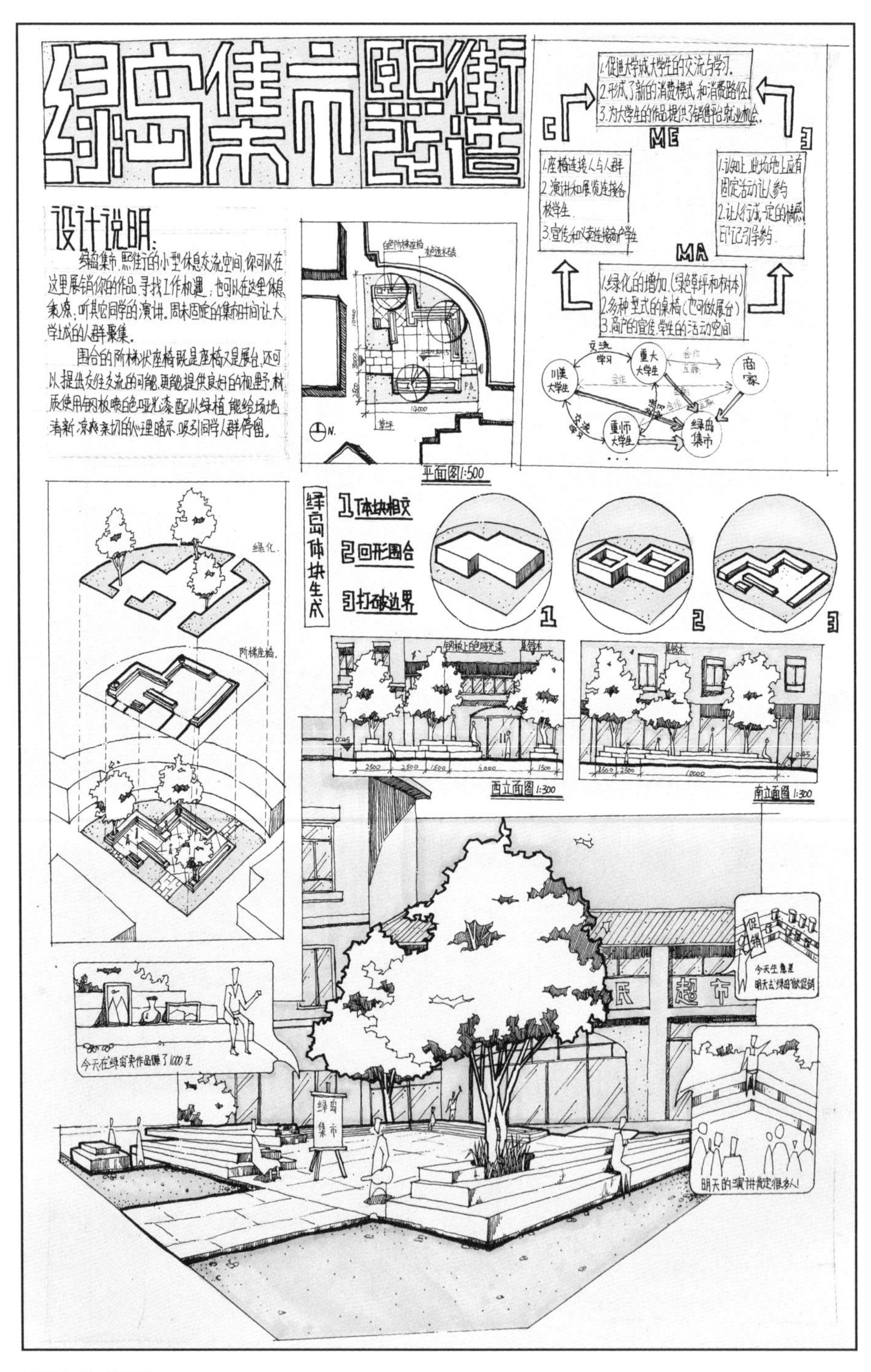
绿岛集市 熙街改造
设计说明：
绿岛集市，熙街们的小型休息交流空间，你可以在这里展销你的作品，寻找工作机遇；也可以在这里休息乘凉，听其它同学的演讲。周末固定的集市时间让大学城的人群聚集。
围合的阶梯状座椅既是座椅又是展台，还可以提供交往交流的可能，更能提供良好的视野。材质使用钢板喷白色哑光漆，配以绿植，能给场地清新、凉爽亲切的心理暗示，吸引同学人群停留。
1.促进大学城大学生的交流与学习。
2.形成了新的消费模式，和消费路径。
3.为大学生的作品提供了销售平台，就业机会。
ME
1.座椅连接人与人群
2.演讲和展览连接各校学生
3.宣传和交易连接商户学生
1.认知上，此场地上应有固定活动让人参与
2.让人们形成一定的情感印记引导参与
MA
1.绿化的增加（绿色草坪和树木）
2.多种型式的桌椅（也可做展台）
3.商户的宣传，学生的活动空间
川美大学生
重大大学生
重师大学生
商家
绿岛集市
交流
学习
合作
平面图1:500
绿岛体块生成
1 体块相交
2 回形围合
3 打破边界
绿化
阶梯座椅
西立面图1:300
南立面图1:300
今天在绿岛卖作品赚了1000元
今天生鲜超市明天去绿岛做促销
明天的演讲肯定很多人！
绿岛集市

附图1-2　作品B

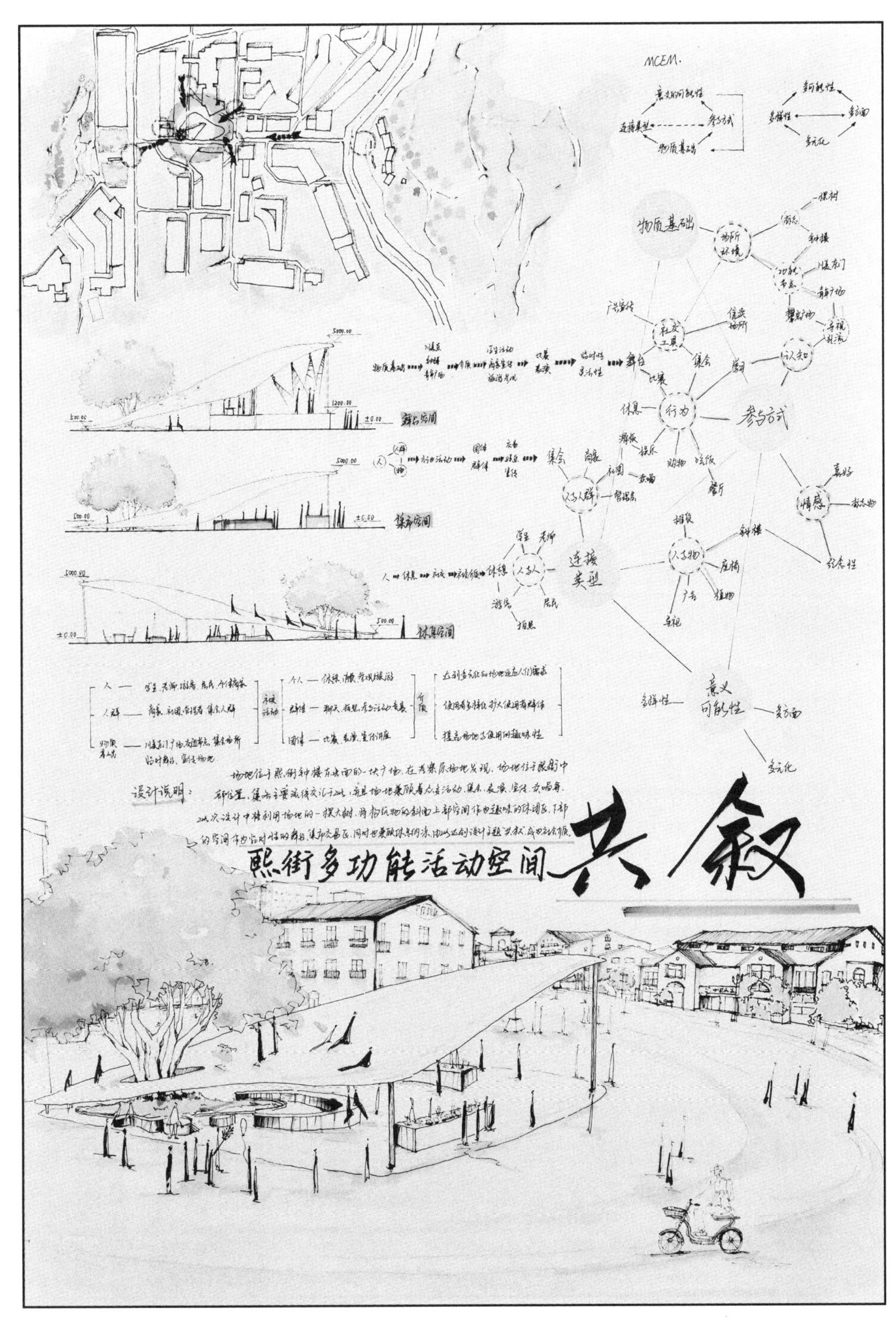


附图1-3　作品C

闹市中的小飞盘
美丽熙街公共空间再定义
场地分析
四个主体建筑以及一条干道围合成的公共空间，周围建筑为商业性质的建筑，用作为商业区中的过渡空间。
场地主要出入口四个，由此产生四条基本流线。流线在场地中的交汇，为人与人的互动与交流提供可能性。
人群从场地四周向中心汇集，视觉中心也是向场地中心转动。为场地不仅是作为过渡空间还具有其它性质提供可能性。
关系导图
设计说明
熙街作为一个商业空间，但由于毗邻美院，汇聚来自各地的年轻人，便不可将它作为一般的商业空间来考虑。作为设计师，是否可以为这个商业空间加入年轻人的色彩，形成一个更具活力的空间。场地周围有滑板社团的存在，又由于没有规范场地，会给商业活动造成不便。因此设计一个以飞盘为元素的构筑物，既可作为景观节点，又能满足使用
建筑功能分析
为滑板轮滑爱好者提供玩耍的场所
为表演、社团活动提供一个小舞台。
建筑推导
平面图
立面图

附图1-4 作品D

附图1-5 作品E

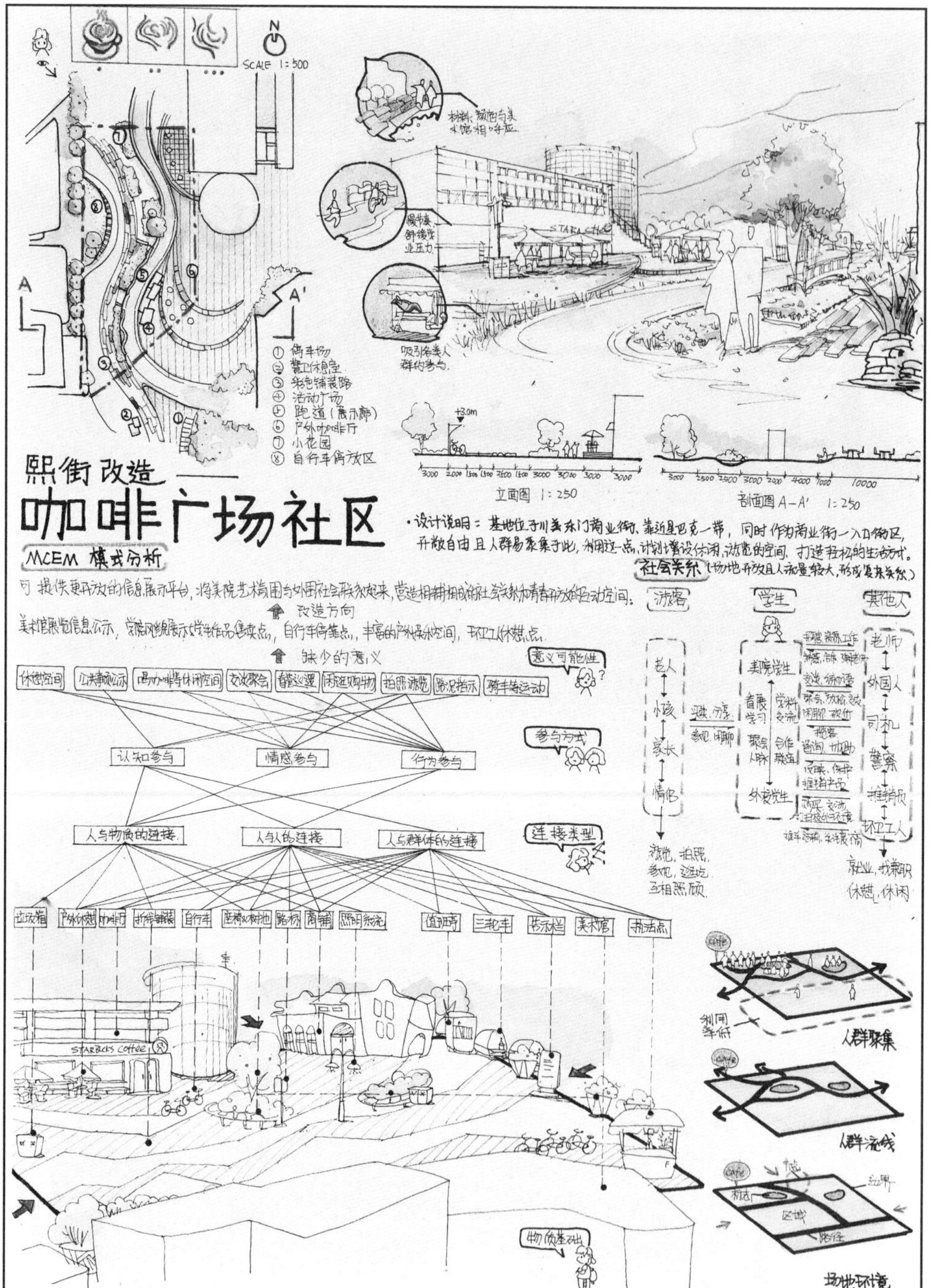
SCALE 1:500
A
A'
① 停车场
② 警卫休息室
③ 彩色铺装路
④ 活动广场
⑤ 跑道（展示廊）
⑥ 户外咖啡厅
⑦ 小花园
⑧ 自行车停放区
熙街改造
咖啡广场社区
MCEM 模式分析
立面图 1:250
剖面图 A-A' 1:250
社会关系
游客
学生
其他人
改造方向
缺少的意义
认知参与
情感参与
行为参与
人与物质的连接
人与人的连接
人与群体的连接
人群聚集
人群流线
场地环境
STARBUCKS COFFEE

附图1-6 作品F

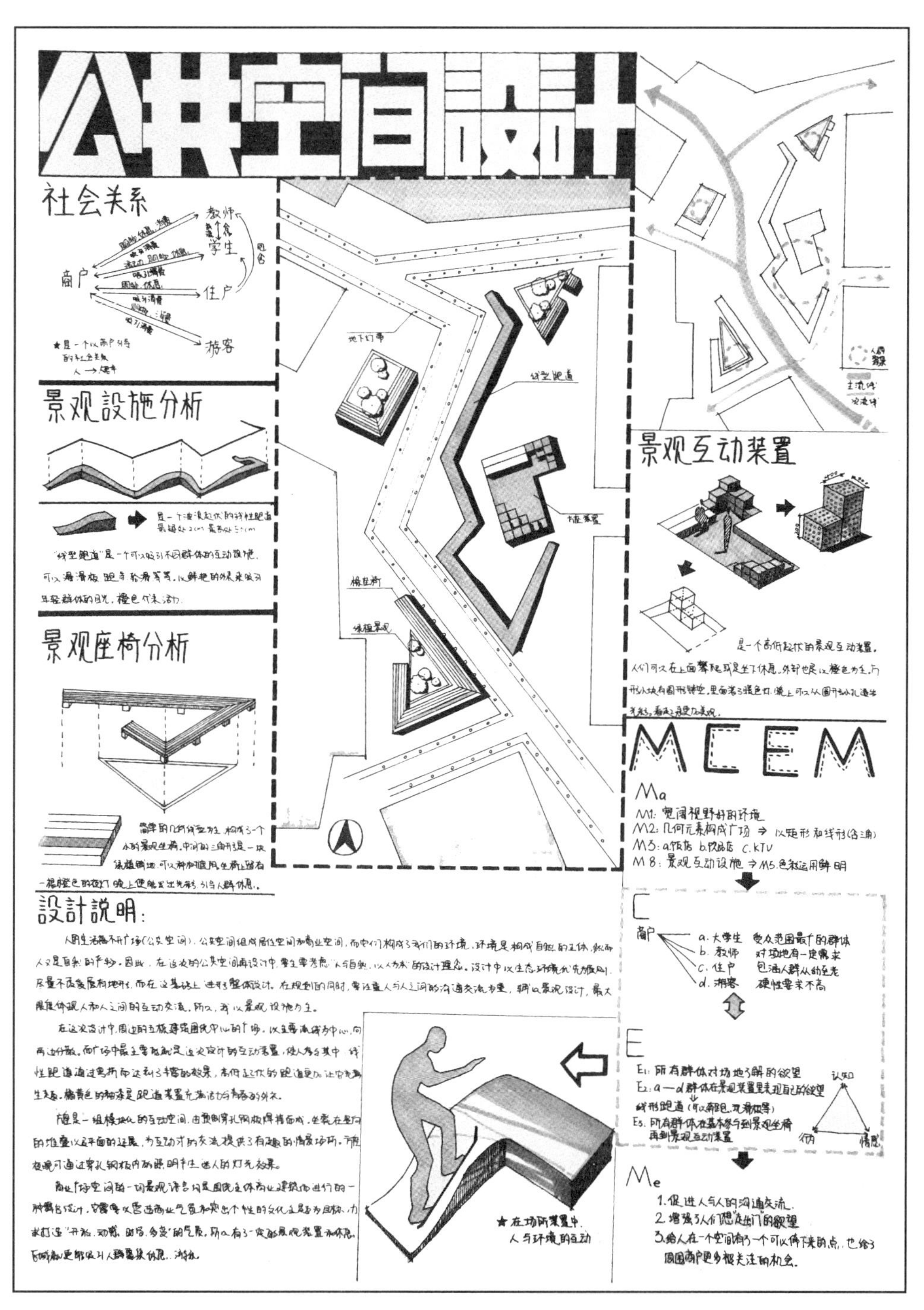


附图1-7 作品G

PASSENGERS
material base
types of connection
ways of engagement
potentials of meaning
1.休息空间
2.运动空间
3.小型活动
4.街头表演
太空休息站
月球滑坑

附图1-8　作品H

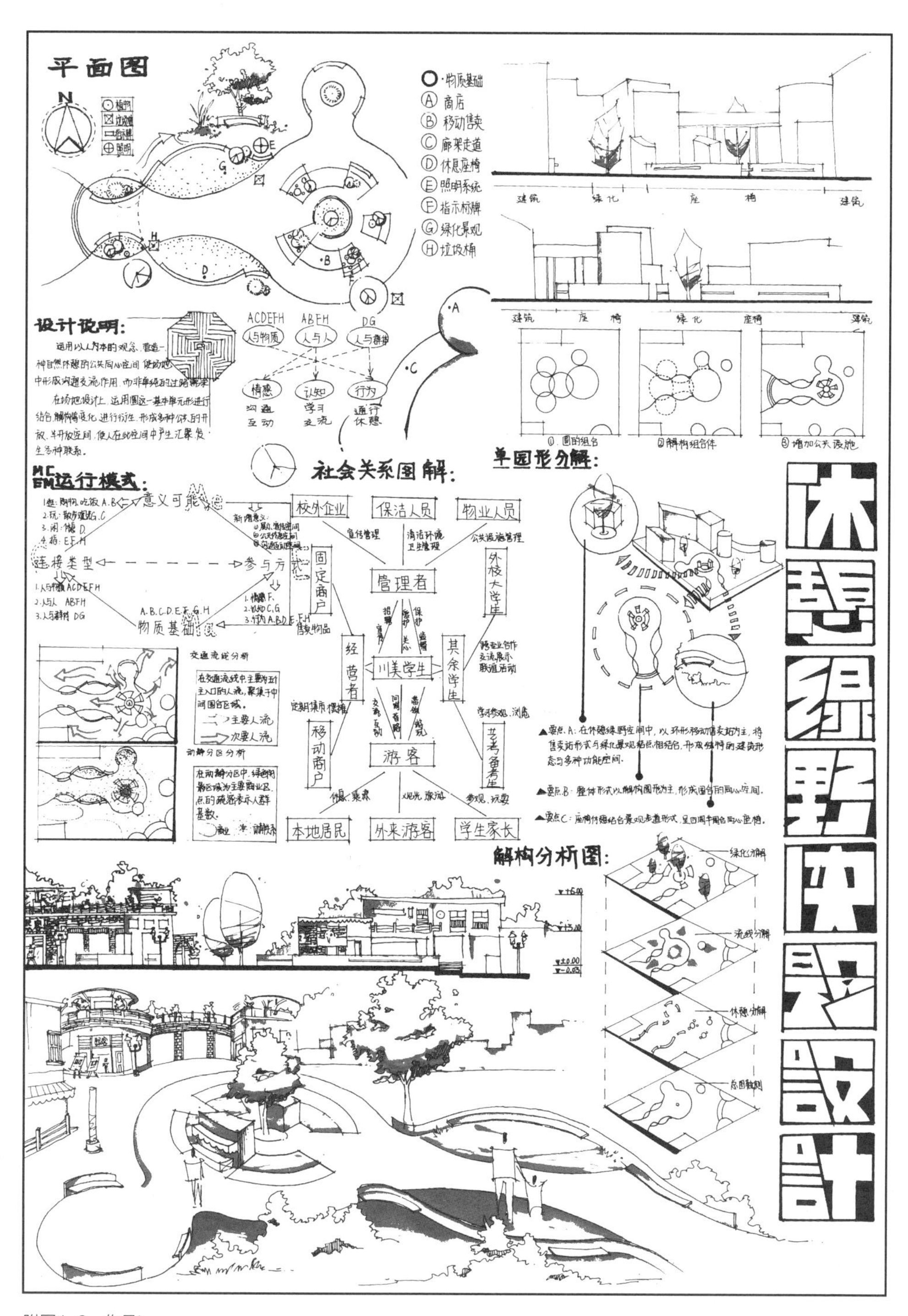


附图1-9 作品I

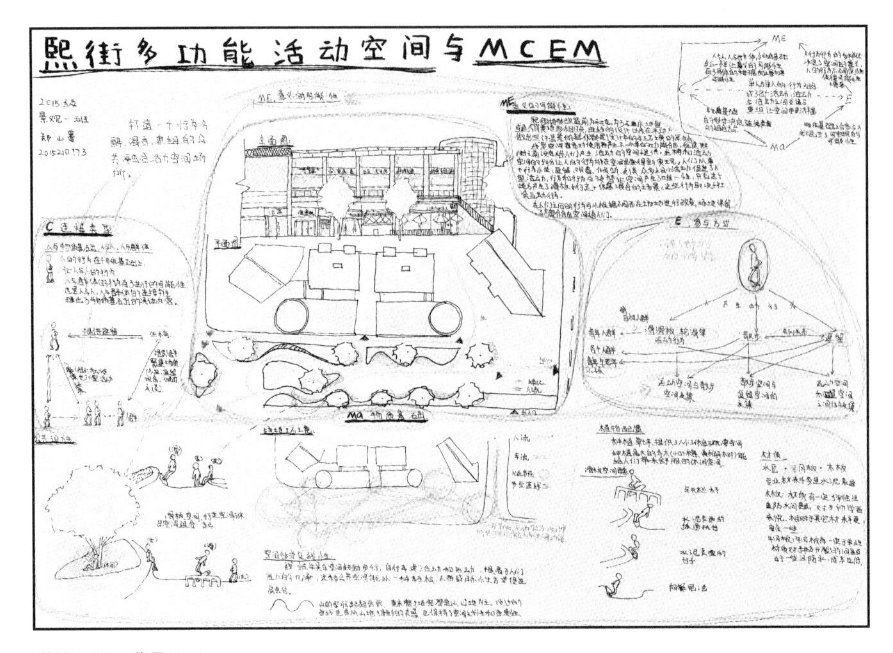


附图1-10　作品J

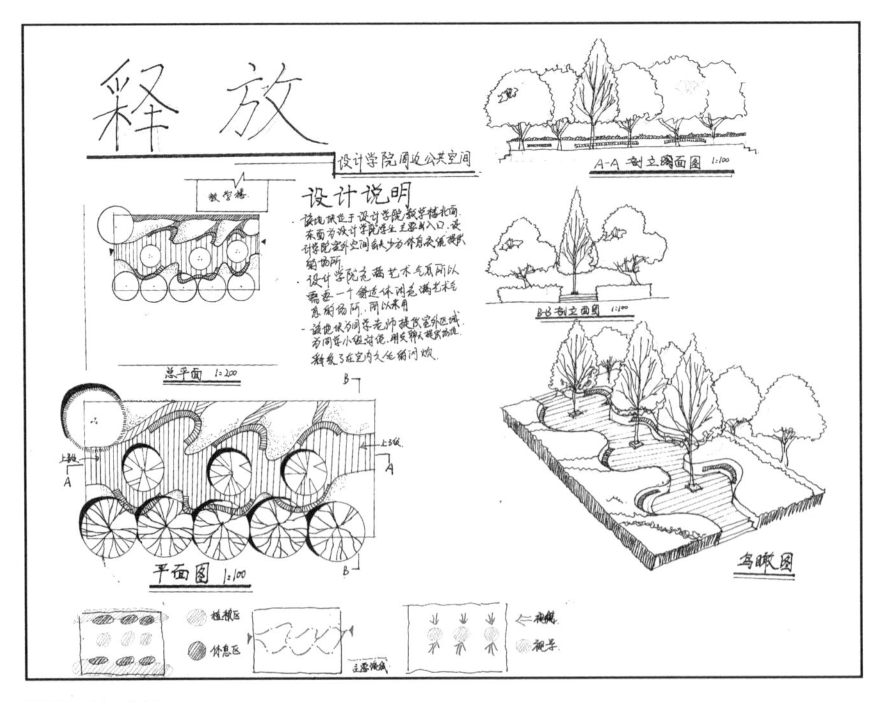


附图1-11　作品K

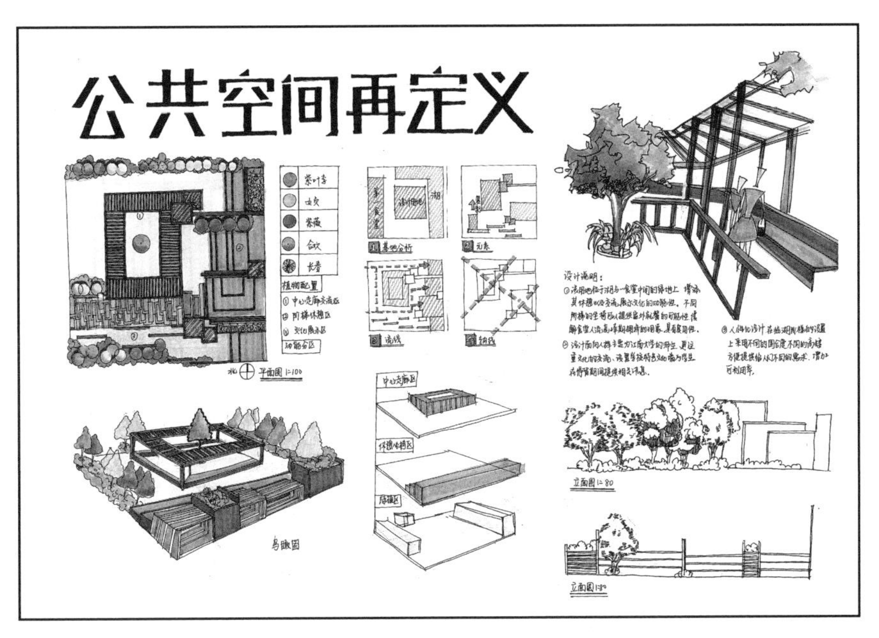


附图1-12 作品L

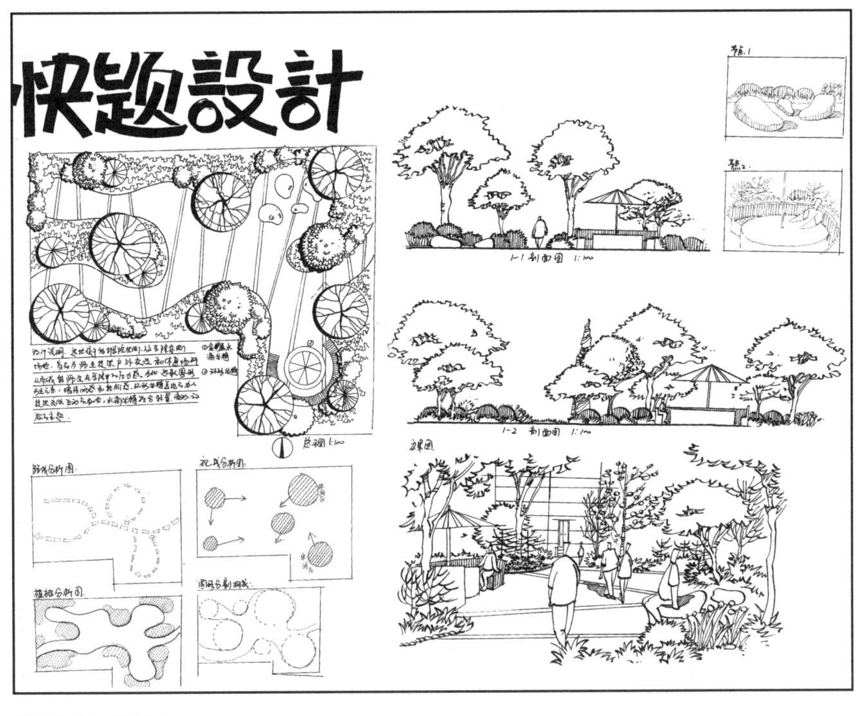


附图1-13 作品M

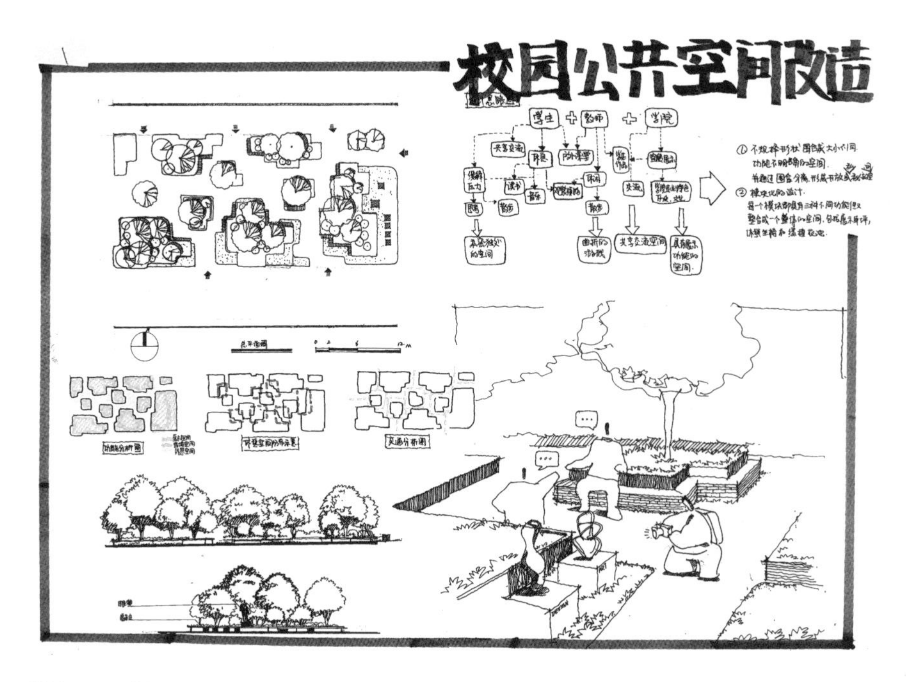


附图1-14　作品N

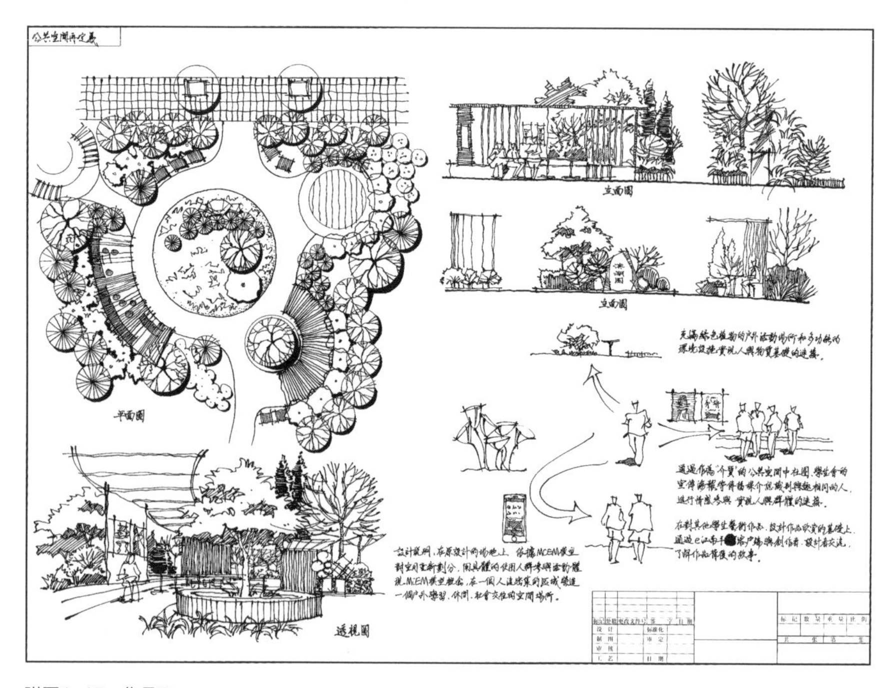


附图1-15　作品O

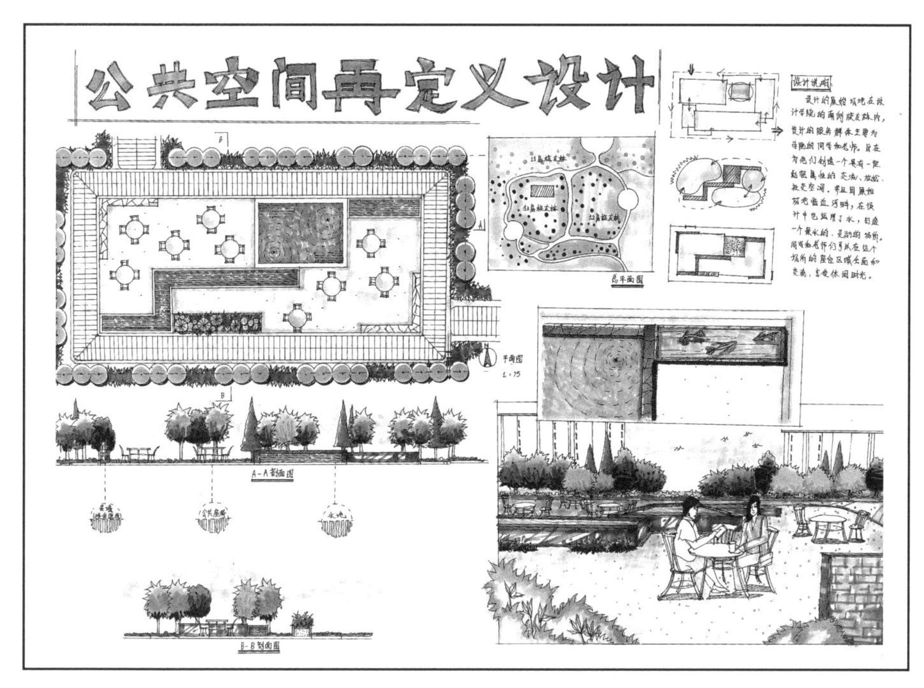


附图1-16　作品P

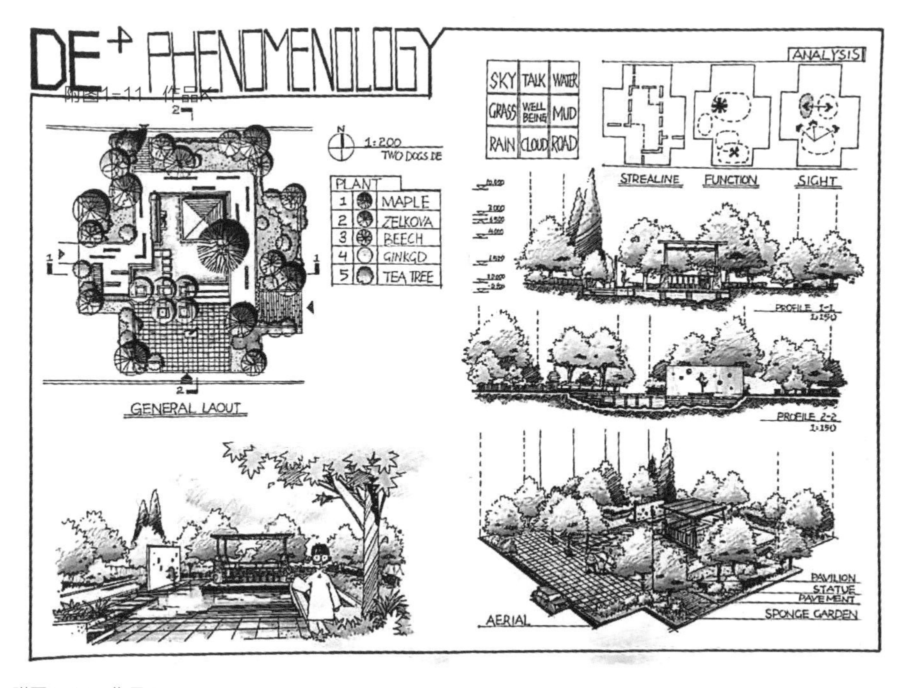


附图1-17　作品Q

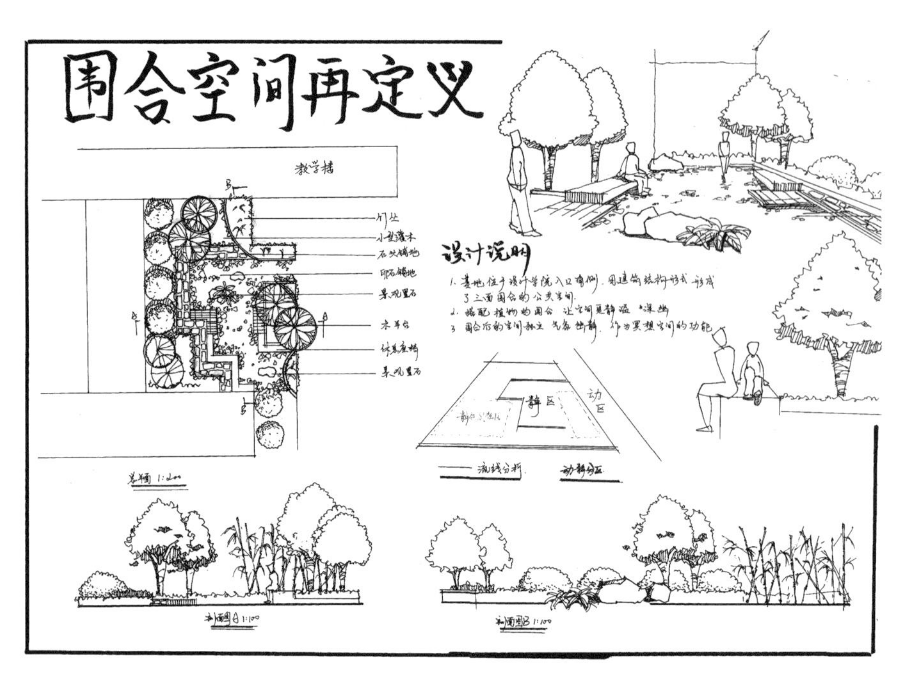


附图1-18　作品R

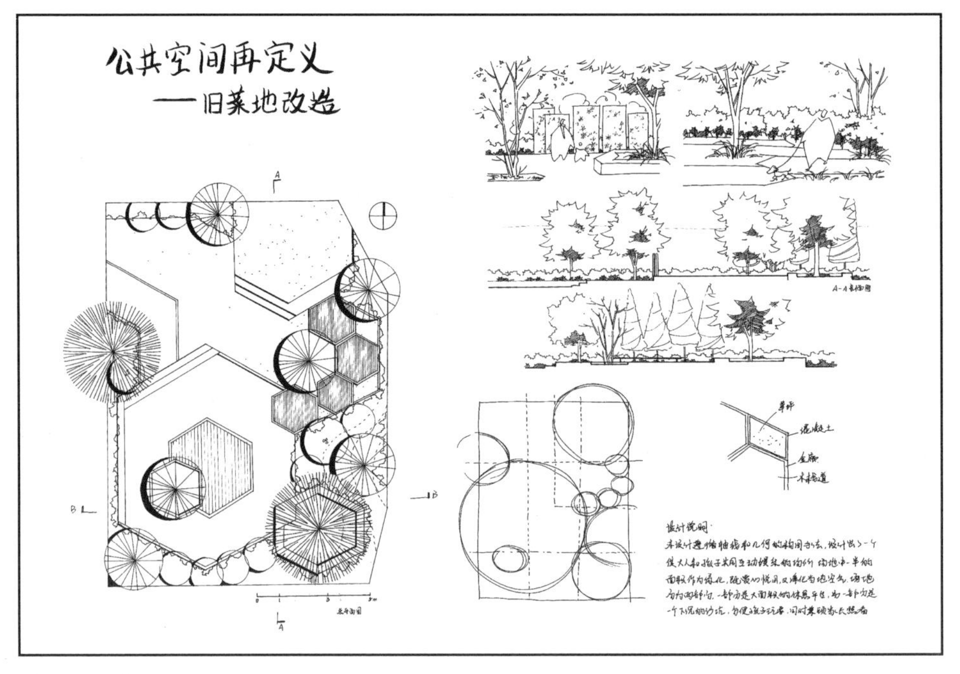


附图1-19　作品S

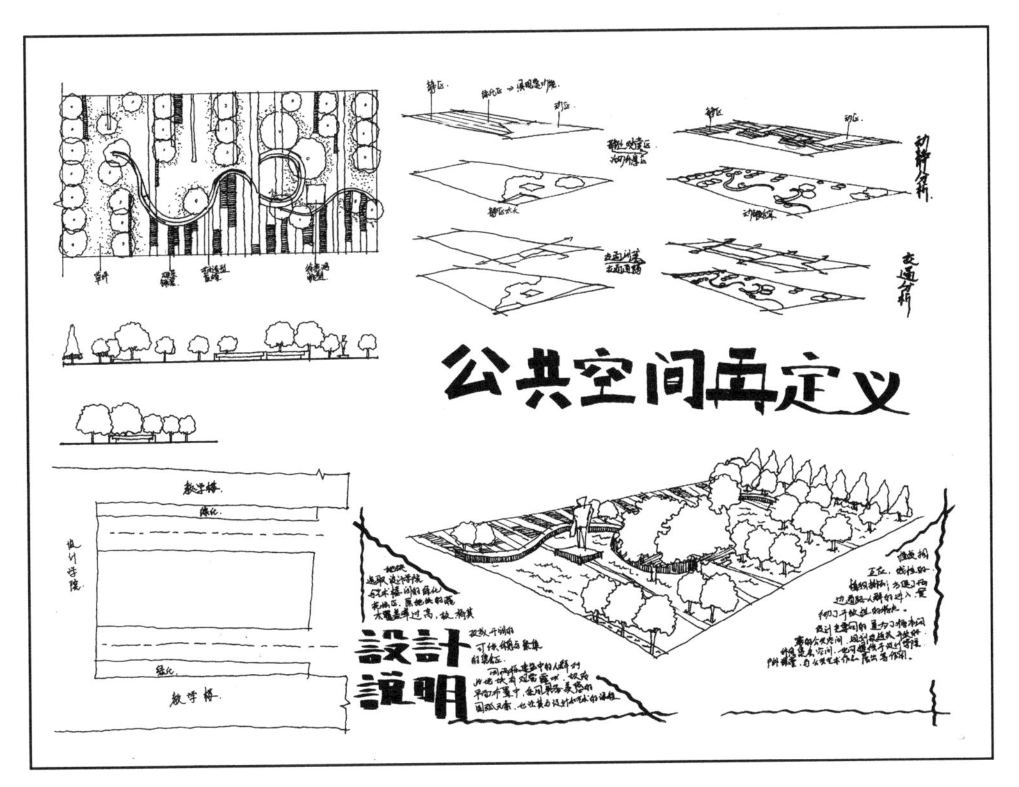


附图1-20　作品T

# 附录2 原始评分表

原始评分 附表1

| | A | B | C | D | E | F | G | H |
|---|---|---|---|---|---|---|---|---|
| 专家 1 | 9 | 19 | 18 | 3 | 7 | 20 | 16 | 8 |
| 专家 2 | 9 | 19 | 20 | 2 | 8 | 16 | 6 | 7 |
| 专家 3 | 9 | 20 | 18 | 3 | 14 | 19 | 6 | 11 |
| 专家 4 | 8 | 20 | 18 | 2 | 14 | 19 | 6 | 11 |
| 专家 5 | 5 | 6 | 4 | 1 | 3 | 17 | 18 | 16 |
| 专家 6 | 7 | 20 | 19 | 2 | 8 | 18 | 3 | 16 |
| 专家 7 | 9 | 19 | 17 | 2 | 10 | 18 | 16 | 11 |
| 专家 8 | 11 | 20 | 18 | 3 | 12 | 17 | 8 | 4 |
| 专家 9 | 14 | 19 | 20 | 4 | 13 | 17 | 9 | 12 |
| 专家 10 | 6 | 19 | 20 | 3 | 12 | 18 | 16 | 8 |
| 专家 11 | 10 | 20 | 19 | 2 | 12 | 18 | 8 | 6 |
| 专家 12 | 8 | 18 | 11 | 16 | 4 | 15 | 13 | 9 |
| 专家 13 | 13 | 20 | 19 | 2 | 12 | 18 | 15 | 11 |
| 专家 14 | 13 | 19 | 20 | 2 | 6 | 18 | 16 | 15 |
| 专家 15 | 13 | 16 | 20 | 3 | 6 | 19 | 9 | 17 |
| 专家 16 | 15 | 20 | 18 | 1 | 13 | 16 | 11 | 17 |
| 专家 17 | 15 | 20 | 18 | 2 | 10 | 17 | 16 | 8 |
| 专家 18 | 14 | 20 | 17 | 2 | 16 | 18 | 15 | 12 |
| 专家 19 | 13 | 7 | 10 | 5 | 19 | 6 | 14 | 12 |
| 专家 20 | 6 | 18 | 19 | 3 | 12 | 20 | 17 | 11 |
| 专家 21 | 11 | 12 | 4 | 1 | 3 | 19 | 13 | 15 |
| 专家 22 | 18 | 11 | 6 | 17 | 20 | 10 | 5 | 4 |
| 专家 23 | 13 | 20 | 19 | 1 | 11 | 18 | 15 | 16 |
| 平均得分 | 10.83 | 17.48 | 16.17 | 3.57 | 10.65 | 17.00 | 11.78 | 11.17 |

原始评分　附表2

| | I | J | K | L | M | N | O | P |
|---|---|---|---|---|---|---|---|---|
| 专家 1 | 12 | 6 | 17 | 4 | 10 | 15 | 5 | 2 |
| 专家 2 | 15 | 5 | 18 | 4 | 11 | 17 | 10 | 3 |
| 专家 3 | 10 | 4 | 13 | 16 | 15 | 17 | 5 | 2 |
| 专家 4 | 10 | 4 | 13 | 16 | 15 | 17 | 5 | 3 |
| 专家 5 | 13 | 8 | 19 | 14 | 9 | 10 | 2 | 15 |
| 专家 6 | 14 | 5 | 11 | 10 | 12 | 17 | 6 | 4 |
| 专家 7 | 4 | 5 | 15 | 7 | 13 | 20 | 8 | 3 |
| 专家 8 | 14 | 6 | 19 | 16 | 7 | 15 | 1 | 5 |
| 专家 9 | 6 | 5 | 1 | 7 | 11 | 18 | 16 | 2 |
| 专家 10 | 10 | 2 | 7 | 5 | 14 | 19 | 11 | 4 |
| 专家 11 | 14 | 4 | 17 | 11 | 9 | 16 | 7 | 3 |
| 专家 12 | 14 | 7 | 17 | 20 | 6 | 2 | 5 | 10 |
| 专家 13 | 14 | 6 | 5 | 9 | 17 | 16 | 7 | 4 |
| 专家 14 | 11 | 3 | 9 | 12 | 14 | 17 | 10 | 1 |
| 专家 15 | 11 | 5 | 7 | 14 | 10 | 18 | 8 | 1 |
| 专家 16 | 6 | 4 | 7 | 10 | 9 | 19 | 12 | 3 |
| 专家 17 | 12 | 4 | 11 | 9 | 14 | 19 | 6 | 1 |
| 专家 18 | 9 | 3 | 13 | 4 | 10 | 19 | 6 | 5 |
| 专家 19 | 11 | 2 | 17 | 16 | 4 | 15 | 20 | 1 |
| 专家 20 | 4 | 5 | 8 | 14 | 15 | 16 | 7 | 2 |
| 专家 21 | 16 | 7 | 17 | 2 | 18 | 14 | 20 | 5 |
| 专家 22 | 9 | 14 | 19 | 12 | 7 | 1 | 13 | 16 |
| 专家 23 | 7 | 3 | 4 | 9 | 14 | 17 | 8 | 6 |
| 平均得分 | 10.70 | 5.09 | 12.35 | 10.48 | 11.48 | 15.39 | 8.61 | 4.39 |

**原始评分** **附表3**

| | Q | R | S | T |
|---|---|---|---|---|
| 专家 1 | 1 | 13 | 11 | 14 |
| 专家 2 | 1 | 14 | 12 | 13 |
| 专家 3 | 1 | 7 | 12 | 8 |
| 专家 4 | 1 | 7 | 12 | 9 |
| 专家 5 | 11 | 20 | 12 | 7 |
| 专家 6 | 1 | 15 | 9 | 13 |
| 专家 7 | 1 | 14 | 6 | 12 |
| 专家 8 | 2 | 10 | 13 | 9 |
| 专家 9 | 3 | 15 | 10 | 8 |
| 专家 10 | 1 | 13 | 15 | 9 |
| 专家 11 | 1 | 15 | 5 | 13 |
| 专家 12 | 12 | 3 | 1 | 19 |
| 专家 13 | 3 | 8 | 1 | 10 |
| 专家 14 | 4 | 5 | 7 | 8 |
| 专家 15 | 2 | 15 | 4 | 12 |
| 专家 16 | 2 | 5 | 14 | 8 |
| 专家 17 | 3 | 13 | 5 | 7 |
| 专家 18 | 1 | 11 | 8 | 7 |
| 专家 19 | 9 | 8 | 3 | 18 |
| 专家 20 | 1 | 13 | 9 | 10 |
| 专家 21 | 8 | 10 | 9 | 6 |
| 专家 22 | 3 | 2 | 15 | 8 |
| 专家 23 | 2 | 10 | 12 | 5 |
| 平均得分 | 3.22 | 10.70 | 8.91 | 10.13 |

# 参考文献

## 1. 普通图书

### （1）中文


[1] 郝大海．社会调查研究方法［M］．3版．北京：中国人民大学出版社，2015.

[2] 段进，邱国潮．国外城市形态学概论［M］．南京：东南大学出版社，2009.

[3] 张勇强．城市空间发展自组织与城市规划［M］．南京：东南大学出版社，2006.

[4] 牛文元．中国新型城市化报告［M］．北京：科学出版社，2012.

[5]（英）大卫·哈维．后现代状况——对文化变迁之缘起的探究［M］．北京：商务印书馆，2003.

[6]（英）大卫·哈维，著．巴黎城记：现代性之都的诞生［M］．黄煜文，译．桂林：广西师范大学出版社，2010.

[7]（英）大卫·哈维，著．地理学中的解释［M］．高泳源，刘立华，蔡运龙，译．北京：商务印书馆，2009.

[8]（英）大卫·哈维著．新帝国主义［M］．初立忠，沈晓雷，译．北京：社会科学文献出版社，2009.

[9]（美）Jonathan H.Turner，著．社会学理论的结构［M］．6版．邱泽奇等，译．北京：中国建筑工业出版社，2002.

[10]（美）欧文·戈夫曼，著．日常生活中的自我呈现［M］．冯钢，译．北京：北京大学出版社，2008.

[11] 宋秀葵，著．地方、空间与生存：段义孚生态文化思想研究［M］．北京：中国社会科学出版社，2012.

[12] 钱穆．中国历史政治得失［M］．北京：生活·读书·新知三联书店，2001.

[13] 米歇尔·福柯·空间、知识、权利［M］//包亚明主编．后现代性与地理学的政治．上海：上海教育出版社，2001.

[14] 孟超．转型与重建：中国城市公共空间与公共生活变迁［M］．北京：中国经济出版社，2017.

[15]（英）卡蒙纳，蒂斯迪尔．公共空间与城市空间——城市设计维度（原著第二版）［M］．马航等，译．北京：中国建筑工业出版社，2014：154.

[16] 陈弱水．中国历史上“公”的观念及其现代变形［M］//许纪霖，宋宏编．现代中国思想的核心观念．上海：上海人民出版社，2011：592-593.

[17] 金观涛，刘青峰．观念史研究：中国现代重要政治术语的形成［M］．北京：法律出版社，2009.

[18] 罗威廉．汉口：一个中国城市的商业和社会（1796-1889）［M］．江溶，鲁西奇，译．北京：中国人民大学出版

社，2005.

［19］施坚雅．中华帝国晚期城市［M］．叶光庭，徐自立，王嗣均等，译．北京：中华书局，2002.

［20］张仲礼．中国绅士研究［M］．李荣昌，费成康，王寅通，译．上海：上海人民出版社，2008.

［21］沟口熊三．中国的公与私·公私［M］．郑静，译．北京：生活·读书·新知三联书店，2011.

［22］费孝通．乡土中国与乡土重建［M］．台北：风云时代出版公司，1993.

［23］牟复礼．元末明初南京的变迁［M］//施坚雅编．中华帝国晚期的城市．叶光庭，徐自立，王嗣均等，译．北京：中华书局，2002：112-175.

［24］许纪霖．近代中国知识分子的公共交往1895-1949［M］．上海：上海人民出版社，2008.

［25］简·雅各布斯．美国大城市的生与死［M］．2版．金衡山，译．上海：译林出版社，2006.

［26］(挪)诺伯舒兹著．场所精神：迈向建筑现象学［M］．施植明，译．武汉：华中科技大学出版社，2010.

［27］王笛．街头文化——成都公共空间、下层民众与地方政治（1870-1930）［M］．李德英，谢继华，邓丽，译．北京：商务印书馆，2012：18，20.

［28］郭恩慈．东亚城市空间生产［M］．台北：田园城市文化事业有限公司，2011：52.

［29］(德)施瓦布著．第四次工业革命［M］．李菁，译．北京：中信出版社，2016.

［30］杜威．艺术即经验［M］．高建平，译．北京：商务印书馆，2005.

［31］(法)古斯塔夫·勒庞著．乌合之众：大众心理研究：中英双语·典藏本［M］．冯克利，译．北京：中央编译出版社，2017：5.

［32］芒福汀．街道与广场［M］．张永刚，陆卫东，译．北京：中国建筑工业出版社，2004：48.

［33］约瑟夫·马·萨拉．城市元素［M］．周荃，译．大连：大连理工大学出版社，2001：5-25.

［34］说辞解字辞书研究中心编．现代汉语词典：新版［M］．北京：华语教学出版社，2014：358.

［35］清·张玉书等．康熙字典［M］．上海：上海书店出版，1985：92.

［36］周进．城市公共空间建设的规划控制与引导——塑造高品质城市公共空间的研究［M］．北京：中国建筑工业出版社，2005.

（2）英文

［1］ David Harvey. The Condition of Postmodernity. Cambridge: Basil Blackwell Ltd，1989.

［2］ Tuan，Yi-fu. Space and Place. Minneapolis: University of Minnesota Press，2007.

［3］ Robert H. Binstock, Linda K. George. Handbook of Aging and the Social

Sciences, Seventh Edition.Academic Press，2010.

[ 4 ] Jon F. Nussbaum , Justine Coupland. Handbook of Communication and Aging Research.Lawrence Erlbaum Associates Inc; 2nd ed.

[ 5 ] Kate De Medeiros. Narrative Gerontology in Research and Practice.Springer Publishing Co Inc. 2014.

[ 6 ] John Dewey. Art as Experience. New York: the Penguin Group（USA）Inc，2005.

[ 7 ] J. Gehl. Life Between Buildings: Using Public Space. 3rd ed. Skive: Arkitektens Forlag，1996: 19.

[ 8 ] Jan Gel. Birgitte Svarre. How to Study Public Life. Washington: Island Press，2013: 64-65.

[ 9 ] Jan Gehl. Public space, Public Life. Copenhagen: Danish Architectural Press，1996.

[ 10 ] Jan Gehl. Cities for People. Washington: Island Press，2010.

[ 11 ] Henri Lefebvre. Critique of Everyday Life Volume Ⅱ. Translated by John Moore. London•New York: Verso，2002: 67.

[ 12 ] Carr, S, M. Francis, L.G. Rivlin and A.M. Stone. Public Spaces. Cambridge: Cambridge University Press，1992.

[ 13 ] Christian Crasemann Collins, George R. Collins. Camillo Sitte.Camillo Sitte: The Birth of Modern City Planning. Mineda, NY: Dover Publications，2006.

[ 14 ] Colin Rowe, Fred Koetter. Collage City. Cambridge: MIT Press, Reprint 1978.

[ 15 ] Kevin Lynch. The Image of the City. Cambridge, MA: The MIT Press，1960: 17-18.

[ 16 ] Erving Goffman. Behavior in Public Places.N.Y: the Free Press，1966.

[ 17 ] Henri Lefebvre. Critique of Everyday Life Volume Ⅱ. Translated by John Moore. London•New York: Verso，2002.

[ 18 ] William Rowe. The Public Shere in Modern China.Modern China，1990（3）: 315.

[ 19 ] Dines N& Cattell V. Public Spaces, Social Relations and Well-being in East London. Bristol: The Policy Press，2006.

[ 20 ] Saalman, Howard. Medieval Cities. New York: Braziller Press，1968.

[ 21 ] Richard Sennett. The Fall of Public Man. New York: Norton & Company，2017.

[ 22 ] Weintraub, Jeff & Krishan Kumar des. Public and Private in Thought and Practice: Perspectives on a Grand Dichotomy. Chicago: University of Chicago Press，1997.

[ 23 ] Kohn, M. Brave New Neighbourhoods: The Privatisation of Public Space. London: Routledge，2004.

[ 24 ] Loukaitou-Siders, A. & Banerjee, T. Urban Design Downtown: Poetics

and Politics of Form. Berkeley, CA: University of California Press，1998.

［25］Flusty, S. Architecture of Fear. New York: Princeton Architectural Press，1997: 48-49.

［26］Carr, S., Francis, M., Rivlin, L. G & Stone, A. M. Public space. Cambridge: Cambridge University Press，1992.

## 2．学位论文

［1］Luc Nadai. Discourses of Urban Public Space：USA 1960-1995 A Historical Critique［D］. Columbia University，2000：26，39，40，48-49，42，55.

［2］朱东风. 1990年代以来苏州城市空间发展［D］. 南京：东南大学研究生院，2006.

［3］范燕群. 作为管理与沟通工具的城市街道景观导则［D］. 上海：同济大学，2006.

## 3．期刊论文

### （1）中文

［1］缪朴. 在高密度城市中创造公共空间——昆山金谷园多功能建筑群［J］. 建筑学报，2013，542（10）：7-11.

［2］缪朴. 谁的城市？图说新城市空间三病［J］. 时代建筑，2007（1）：4-13.

［3］赵秀敏，葛坚. 城市公共空间规划与设计中的公众参与问题［J］. 城市规划，2004（1）：69-72.

［4］张烨. 作为过程的公共空间设计——再谈哥本哈根经验［J］. 建筑学报，2011（1）：1-4.

［5］刘乃全等. 中国城市体系规模结构演变：1985-2008［J］. 山东经济，2011（2）：5-14.

［6］（美）爱德华·索亚，以空间书写城市［J］. 强乃社，译. 苏州大学学报（哲学社会科学版），2012.33（1）：21-28.

［7］叶超，柴彦威. 城市空间的生产方法轮探析［J］. 城市发展研究，2011，12：86-89.

［8］冯健，吴芳芳. 质性方法在城市社会空间研究中的应用［J］. 地理研究，2011.30（11）：1956-1969.

［9］诸葛净. 时空中的缝隙：明代城市中“公共”空间的涵义及其时间性——居住：从中国传统住宅到相关问题系列研究之四［J］. 建筑师，2016，（6）：87-94.

［10］杨宇振. 从“乡”到“城”——中国近代公共空间的转型与重构［J］. 新建筑，2012，5：46.

［11］杨宇振. 权利、资本与空间：中国城市化1908-2008［J］. 城市规划学刊，2009（1）：62-73.

［12］曹新宇. 社区建成环境和交通行为研究回顾与展望：以美国为鉴［J］. 国际城市规划，2015，4：46.

［13］张帆，邱冰. 自发性空间实践：大运河遗产保护研究的盲点——以无锡清名桥历史文化街区为研究样本［J］.

中国园林，2014，2：23-25.

［14］霍珺，韩荣，历史街区功能置换中公共空间的营造——以无锡市南长街为例［J］. 城市问题2014，1：40-41.

［15］许尊，王德，商业空间消费者行为与规划：以上海新天地为例［J］. 规划师，2012，28（1）：23-28.

［16］布鲁默. 论符号互动论的方法论［J］. 霍桂桓，译. 国外社会学，1996，04.

［17］胡荣. 符号互动论的方法论意义［J］. 社会学研究，1989，03-02：96，98.

［18］周尚意. 英美文化研究与新文化地理学［J］. 地理学报，2004，59（S1）：162-166.

［19］杨建华，林静，陈力. 城市公共空间环境设施规划建设的现状问题分析［J］. 中国园林，2013，29（4）：58-62.

［20］陈竹，叶珉. 什么是真正的公共空间？——西方城市公共空间理论与空间公共性的判定［J］. 国际城市规划，2009，3：44-49.

［21］陈竹，叶珉. 西方城市公共空间理论：探索全面的公共空间理念［J］. 城市规划，2009，6：59.

［22］杨保军. 城市公共空间的失落与新生［J］. 城市规划学刊，2006，6：9-15 .

［23］邹德慈. 人性化的城市公共空间［J］. 城市规划学刊，2006，5：9-12.

［24］马林兵，曹小曙. 基于GIS的城市公共绿地景观可达性评价方法［J］. 中山大学学报（自然科学版），2006，6：111-116.

［25］龙瀛，周垠. 街道活力的量化评价及影响因素分析——以成都为例［J］. 新建筑，2016，1：52-57.

［26］邱书杰. 作为城市公共空间的城市街道空间规划策略［J］. 建筑学报，2007，3：9-14.

［27］刘念雄. 商业建筑的公共开放空间［J］. 新建筑，1998，4：30-33.

［28］吴必虎，董莉娜，唐子颖. 公共游憩空间分类与属性研究［J］. 中国园林，2003（19），5：48-50.

## （2）英文

［1］ K. Warner Schaie, Sherry L. Willis. Handbook of Psychology of Aging, Seventh Edition.Academic Press; 7.2010.11.

［2］ M. Powell Lawton. The Elderly in Context: Perspectives from Environmental. Environment and Behavior, 1985, 17（4）: 501-509.

［3］ Wahl, Hans-Werner; Weisman, Gerald D. Environmental gerontology at the beginning of the new millennium. The Gerontologist, 2003, 43,（5）: 616-627.

［4］ Golant, Stephen M.Conceptualizing time and behavior in environmental gerontology. The Gerontologist, 2003, 43,（5）. 638-648.

［5］ Nicole Ruggiano. Intergenerational Shared Sites: An Examination of Socio-Physical Environments and Older Adults` Behavior. Research on Aging,

2012, 34（1）: 34-55.

［6］ Hibert Simmon. The Science of Design: Creating the Artificial［J］.Design Issue, 1988 Vol.Ⅵ, NO1-2: 67-82.

［7］ Richard Buchanan. Wicked Problems in Design Thinking［J］. Design Issue, 1992 Vol.8, NO.2: 5-21.

［8］ Andrews G J, Cutchin M, McCracken K, et al. Geo-graphical gerontology: The constitution of a discipline.Social Science & Medicine, 2007, 65（1）: 151-168.

［9］ Maddox G L. Aging differently. The Gerontologist, 1987, 27（5）: 557-564.

［10］ Páez A, Scott D, Potoglou D, et al. Elderly mobility: De- mographic and spatial analysis of trip making in the Ham- ilton CMA, Canada. Urban Studies, 2007, 44（1）: 123-146.

［11］ Rosenberg G. City planning theory and the quality of life. American Behavioral Scientist, 1965, 9（4-5）: 3-7.

［12］ Warnes A M. Geographical questions in gerontology: Needed directions for research. Progress in Human Geography, 1990, 14（1）: 24-56.

［13］ Matthew Carmona. Contemporary Public Space, Part One: Classification. Journal of Urban Design, 2010, 15（1）: 130.

［14］ Matthew Carmona. Contemporary Public Space, Part Two: Classification. Journal of Urban Design, 2010, 15（2）: 166, 169.

［15］ Na Xing, Kin Wai Michael Siu. Historic Definitions of Public Space: Inspiration for High Quality Public Space, The International Journal of the Humanities, 2010, 7（11）: 39-56.

［16］ Mitchell, D. Iconography and Locational Conflict from the Underside: Free Speech, People's Park and the Politics of Homelessness in Berkeley, California. Political Geography 11 : 152-169.

［17］ Smith, N. Contours of a Spatialized Politics: Homeless Vehicles and the Production of Geographical Scale. Social Text, 1992, 33: 54-81.

［18］ Smith, N.Homeless/Global: Scaling Places. In Mapping the Futures: Local Cultures Global Change, ed. J. Bird, B. Curtis, T. Putnarn, C. Robertson, and L. Tickner. London: Routledge, 1993, 87-119.

［19］ Don Mitchell. The End of Public Space? People's Park, Definitions of the Public, and Democracy. Annals of the Association of American Geographers, 1995, 85（1）: 115.

［20］ Madanipour A. Why are the design and development of public spaces significant for cities?. Environment and Planning B: Planning and Design, 1999, 26: 879-891.

［21］ George Varna & Steve Tiesdell. Assessing the Publicness of Public Space: The Star Model of Publicness. Journal of Urban Design, 2010, 4, 15: 580-586.

[22] Marcuse, P. The 'threat of terrorism' and the right to the city. Fordham Urban Law Journal, 2005, 32（4）: 767-785.

[23] Oc, T. & Tiesdell, S. The forthress, the panoptic, the regulatory and the animated: planning and urban design approaches to safer city centres, Landscape Research, 1999, 24（3）: 265-286.

[24] Pu Miao, Public Places in Asia Pacific Cities: Current Issues and Strategies. Dordrecht, Kluwer Academic Publishers, 2001.

[25] B Mccully. City at the Water's Edge: A Natural History of New York. Rutgers University Press, 2007.6.

[26] AN Shah. Deformational History of the Manhattan Rocks and its Relationship with the State of In-situ Stress in the New York City Area, New York. Dynamics & Control, 1992, 2（3）: 255-263.

## 4. 相关网站

[1] 维基百科. https://en.wikipedia.org/wiki/.

[2] 美国纽约中央公园网站. http://www.centralparknyc.org.

[3] 美国纽约高线公园网站. https://www.thehighline.org/.

[4] 美国辛辛那提芬德利市场网站. http://www.findlaymarket.org.

[5] 美国辛辛那提华盛顿公园网站. https://washingtonpark.org.